Entwurf

der

astronomischen Wissenschaften

von

Dr. J. E. Bode,

Königl. Astronom, Ritter des Preußischen rothen Adler- und des Russischen St. Annen-Ordens zweiter Classe, Mitglied der Berliner und mehrerer auswärtigen Akademien und gelehrten Gesellschaften.

Neue umgearbeitete Auflage.

Mit 7 Kupfertafeln.

Berlin, 1825.
Bei Georg Reimer.

Vorerinnerung.

Gegenwärtiger Entwurf rc. erschien hieselbst zuerst im Jahr 1793 im Himburgschen Verlag, auf 30 Bogen in klein 8. Ich habe ihn seitdem bei meinen populären astronomischen Privat-Vorlesungen im Winterhalbenjahre zum Grunde gelegt. Er fehlte im Buchhandel seit einigen Jahren, und daher entschloß ich mich, eine neue Ausgabe davon im Verlag des Herrn Reimer zu veranstalten. Diese erfolgt hiermit auf 21 Bogen in gr. 8., dem Inhalte nach vermehrt und durchaus verbessert. Ich habe gesucht, die Materien so viel als möglich in der Kürze und im Zusammenhange deutlich und faßlich vorzutragen, manches weiter ausgeführt, nichts von Wichtigkeit unberührt gelassen, und die seit 30 Jahren gemachten neuen wichtigen Entdeckungen eingeschaltet. Mein Wunsch ist, daß ich dadurch nicht allein Liebhabern der astronomischen Wissenschaften eine allgemeine Uebersicht der Haupt-Wahrheiten derselben verschafft, sondern auch beim Unterricht einen Leitfaden zu gemeinnützigen astronomischen Vorlesungen veranlaßt haben möchte. In Betreff einer weitern und vollständigern Ausführung der vorgetragenen Sätze oder eines Unterrichts in den nicht angeführten, verweise ich auf andere astronomische Werke, oder auf meine Erläuterung der Sternkunde, wovon im Jahr 1808 die dritte sehr vermehrte und verbesserte Auflage, 2 Bände, gr. 8

mit 19 Kupfertafeln, im Himburgschen Verlag herausgekommen. Ich setze, den Schranken meines Plans gemäß, für diejenigen Zuhörer und Liebhaber, welche die Beweise und Gründe mancher wichtigen Wahrheiten näher einzusehen wünschen, die Kenntniß der gemeinen Geometrie so wie der ebenen und sphärischen Trigonometrie und ihrer Anwendung voraus, oder daß sie sich die Lehrsätze derselben ins Gedächtniß zurück rufen, und erläutern lassen. Bei völliger Ermangelung dieser Grund-Begriffe würde mancher freilich zufrieden seyn müssen, größtentheils nur historische Kenntnisse von astronomischen Wahrheiten und Entdeckungen aus diesem Entwurfe sich zu verschaffen, aber bei den mehresten meiner Leser werden auch diese schon dienen können, eine edle Wißbegierde zu befriedigen und ein Vergnügen für Verstand und Herz zu erwecken und zu unterhalten, welches bereits mittelmäßige Einsichten von der herrlichen systematischen Einrichtung und hohen Vortrefflichkeit des Weltgebäudes gewähren. Sollte dies Buch auch nur zur Erreichung dieses letztern Endzwecks etwas beitragen, so würde ich die darauf verwendete Mühe nicht für vergeblich halten.

Berlin, im December 1824.

Inhalt.

Erster Abschnitt.

Zweiter Abschnitt.

Dritter Abschnitt.

Vierter Abschnitt.

Fünfter Abschnitt.

Sechster Abschnitt.

Siebenter Abschnitt.

Achter Abschnitt.

Von den Gesetzen der Bewegung und den Wirkungen der Centralkräfte beim Lauf der Planeten; von der Schwere auf der Erdoberfläche und im Planetensystem; wechselseitige Anziehung, Masse und Dichtigkeit der Planeten; verschiedene Erscheinungen der Wirkung einer allgemeinen Anziehungskraft; Bestimmung der Planeten, von Seite 175 bis 205.

Neunter Abschnitt.

Zehnter Abschnitt.

Eilfter Abschnitt.

Zwölfter Abschnitt.

Dreizehnter Abschnitt.

Vierzehnter Abschnitt.

Erster Abschnitt.

Allgemeine Vorstellung der Sternkunde; verschiedene Arten der Himmelskörper; Erfahrungen beim Anblick des Weltgebäudes; und künstliche Eintheilung der Himmelskugel.

1.

Die Sternkunde (Astronomie) lehrt die Erscheinung, Bewegung, Größe, Entfernung und Beschaffenheit der Himmelskörper beobachten, berechnen, ausmessen und bestimmen.

2. Der Sternkundige untersucht: 1) Welche Erscheinungen und Ortsveränderungen sowohl allgemein am Firmament, als an einzelnen Weltkörpern vorgehen; wie solche genau zu beobachten und durch eine schicklich angeordnete Abtheilung der erscheinenden Himmelskugel in Kreisen und Punkten vorgestellt und erklärt werden können; 2) ob es mit diesen Erscheinungen seine Richtigkeit habe, oder ob uns nicht dabei Scheinbewegungen täuschen, und wie die wahren Fortrückungen der Himmelskörper eigentlich geschehen; wie sich solche genau berechnen, und die Oerter derselben, so wie eine richtige Zeitabtheilung und die Himmelsbegebenheiten, Finsternisse, Sternbedeckungen rc. im voraus darnach finden lassen; wie sich die Entfernung und Größe der andern Himmelskörper in Vergleichung mit unserer Erde ergiebt; was sich über die natürliche Beschaffenheit jener großen Weltkörper durch unsere Fernröhre entdecken, oder über ihre Bestimmung aus Vernunftgründen oder analogischen Schlüssen folgern läßt; endlich 3) nach welchen Gesetzen sich selbige auf immer in sich wiederkeh-

renden, fast kreisförmigen Bahnen im Weltraum fortwälzen, und wie mechanische Kräfte dabei wirken. Diese verschiedenen Untersuchungen sind Gegenstände der sphärischen, theoretischen und physikalischen Sternkunde.

3. Die bekanntesten Himmelskörper sind Sonne und Mond, und alle übrigen, welche nur als glänzende Punkte erscheinen, führen den allgemeinen Namen Sterne, und gehören entweder zu den Fixsternen oder zu den Planeten.

4. Die Fixsterne machen fast allein das ganze zahllose Heer der Sterne aus. Sie scheinen an der innern Höhlung der Himmelskugel angeheftet zu seyn, indem sie gegen einander ihre Entfernung und Stellung nicht verändern; sie zeigen sich gewöhnlich mit einem funkelnden Lichte, und werden, ihrer in die Augen fallenden Lichtstärke nach, in Klassen eingetheilt: die hellsten sind Sterne, erster; die diesen an Glanz zunächst kommenden, zweiter; dann folgen die der dritten, vierten u. s. w. Größe. Bis zur siebenten Größe unterscheidet noch ein scharfes Auge die Fixsterne, das ganze übrige zahllose Heer derselben ist nur durch Fernröhre zu erkennen. Sie sind haufenweise unter bildliche Vorstellungen von Menschen, Thieren rc. gebracht, welche Gestirne formiren; auch hat man verschiedenen eigene Namen beigelegt. Zu den Fixsternen gehören ferner: Die sogenannte Milchstraße, eine lichtschimmernde Zone am Sterngewölbe; die Nebelsterne, Nebelflecke, welche sich in allen Gegenden des Himmels befinden; die in der Lichtstärke periodisch veränderlichen Sterne.

5. Planeten sind eigentlich nur zehn, welche in einer gewissen Zone mit verschiedentlicher Geschwindigkeit von einem Fixsterne zum andern um den ganzen Himmel laufen. Ihre Namen und Bezeichnungen sind: Merkur ☿, Venus ♀, Mars ♂, Vesta ⚶, Juno ⚵, Pallas ⚴, Ceres ⚳, Jupiter ♃, Saturn ♄ und Uran ⛢. Diese zehn heißen Hauptplaneten, außer welchen bis jetzt noch achtzehn Nebenplaneten (Monde) bekannt sind,

wovon einer um unsere Erde, nemlich der Mond; vier um den Jupiter, sieben um den Saturn, und sechs um den Uran laufen. Zu den beweglichen Himmelskörpern kann man auch die Kometen rechnen, welche in einen Lichtnebel eingehüllt und gewöhnlich mit einem Schweif versehen, erscheinen. Sie sind einzeln nur zuweilen eine Zeitlang sichtbar, und laufen mittlerweile einen kleinern oder größern Weg am Himmel nach allen möglichen Richtungen und mit verschiedentlicher Geschwindigkeit durch. Ihre Anzahl läßt sich nicht bestimmen, muß aber sehr ansehnlich seyn.

6. Der sogenannte Himmel (das Firmament) erscheint uns als eine hohle Halbkugel, in deren Mittelpunkt wir auf der Erde stehen, und an deren innern Fläche alle Himmelskörper sich zeigen.

7. Giebt man einige Stunden auf diese gestirnte Halbkugel Acht, so zeigt sichs, daß überall die Sterne ihre Weite und Stellung von benachbarten nicht ändern, sondern alle gemeinschaftlich von Osten nach Westen oder von der linken zur rechten Hand, auf parallel unter sich liegenden Bögen schräge auf- und abwärts fortrücken. Die Dauer ihrer Sichtbarkeit ist sehr ungleich; es giebt aber auch eine Gegend, wo Sterne die ganze Nacht hindurch sichtbar bleiben. Mond und Sonne folgen gleichfalls dieser allgemeinen Fortrückung nach Westen. Am folgenden Abend findet man die Sterne um eine gleiche Stunde fast in eben dem Stande, so daß die Himmelskugel in 24 Stunden sich von Osten nach Westen herumzuwälzen scheint.

8. Nach einigen Tagen nimmt man aber wahr, daß der Mond und die Planeten, außer dem vorigen allgemeinen Umlauf noch eine eigene Bewegung haben, und in einem gewissen Streife der Himmelskugel zwischen den Fixsternen hindurch, die mehrste Zeit von Westen nach Osten fortrücken.

9. Diese Ortsveränderung läßt sich am leichtesten am Monde bemerken. Denn wenn dieser Himmelskörper heute Abend nahe bei einem bekannten Fixstern steht,

so wird er morgen um etwa 13° (26 Mondscheiben) von demselben nach Osten erscheinen. Diese Entfernung nimmt täglich um eben so viel zu, und nach 27 Tagen zeigt sich der Mond wieder bei dem nemlichen Fixstern. Demnach läuft der Mond in 27 Tagen einmal den Himmel von Westen nach Osten herum, und macht den gleichen Weg mit allen Gestirnen gemeinschaftlich in 24 Stunden von Osten nach Westen. Ein ähnliches zeigt sich, aber nach einer längern Zeit, an den Planeten.

10. Giebt man mehrere Abende nach einander auf die Fixsterne Acht, welche nach geendigter Abenddämmerung an der Westseite des Firmaments stehen, so zeigt sichs, daß dieselben nach und nach niedriger erscheinen, und endlich unsichtbar werden. Hingegen kommen an der Ostseite, um eben diese Abendzeit, andere Sterne herauf, welche sich gleichfalls dem westlichen Himmel nähern und nach einem Monat etwa 2 Stunden früher auf- und untergehen, oder am nemlichen Orte erscheinen. Nach einiger Zeit werden diejenigen Sterne vor Sonnenaufgang im Osten glänzen, welche sich vorhin des Abends im Westen zeigten. Endlich sind, nach einem Jahre, am Abend- und Morgenhimmel um gleiche Zeit eben dieselben Gestirne zu sehen.

11. Der Mond leuchtet mit einer periodisch abwechselnden Lichtsgestalt. Wenn er bei der Sonne steht, ist er unsichtbar, und für uns gar nicht erleuchtet (Neumond). Einige Abende darauf zeigt er sich nach Sonnenuntergang zuerst wieder am westlichen Himmel sichelähnlich. Sieben Tage nach dem neuen Lichte steht er 90° von der Sonne ostwärts, ist an der Westseite halb erleuchtet, und des Abends um 6 Uhr in Süden. Am 15ten Tage nach dem Neumond steht er der Sonne entgegen, scheint mit vollem Lichte die ganze Nacht, und erscheint um Mitternacht in Süden. Hierauf nimmt sein Licht ab. Nach 7 Tagen hat er sich wieder der Sonne von Westen her bis auf 90° genähert, ist noch halb an der Ostseite erleuchtet, und kömmt des Morgens um 6 Uhr in Süden. Er geht nachher in abnehmender Lichtsgestalt näher zur

Sonne, und kömmt nach 29 Tagen mit derselben abermal an einem Ort des Himmels. Der erleuchtete Theil ist allemal der Sonne zugewendet.

12. Merkur und Venus sind nur entweder des Abends in Westen oder des Morgens in Osten sichtbar. Ersterer geht aufs höchste 28° und letztere 48° von der Sonne weg. Beide bewegen sich um die Zeit, da sie das erstemal mit der Sonne an einem Ort des Himmels erscheinen, und sonst gewöhnlich vorwärts, oder von Westen nach Osten, stehen aber, wenn sie etwa ihre größte Entfernung von der Sonne erreichen, stille und gehen rückwärts, da sie abermal bei der Sonne sich zeigen und zugleich größer erscheinen ꝛc. Hingegen Mars, Jupiter, Saturn, Uran und die übrigen Planeten können zu aller Zeit des Nachts sichtbar seyn. Kommen sie um Mitternacht in Süden, so erscheinen sie größer, als in der Nähe der Sonne. Sind sie bei der Sonne, so laufen sie am geschwindesten vorwärts nach Osten. Einige Zeit vorher, ehe sie der Sonne gegenüber sind, fangen sie an, sich langsamer zu bewegen, hierauf eine Weile stille zu stehen, und dann um einige Grade rückwärts zu gehen, welches letztere am merklichsten ist, wenn sie 180 Grad von der Sonne entfernt sich zeigen. Endlich stehen sie abermals stille, und gehen dann wieder vorwärts.

13. Die Sonne, der Mond und alle Planeten vollführen ihre in der Dauer sehr verschiedene Umläufe zwischen zwölf in einer gewissen Himmelszone liegenden Gestirnen. Die Sonne beschreibt jährlich genau die nemliche Kreisbahn; der Mond und sämmtliche Planeten hingegen weichen jedesmal innerhalb gewisser Schranken gegen Norden oder Süden davon ab.

14. Die Planeten scheinen oft Fixsternen nahe vorbey zu gehen, oder sie auch zuweilen zu bedecken. Dann und wann kommen zwei Planeten nahe zusammen, oder bedecken sich, welches letztere aber äußerst selten geschieht. Der am schnellsten fortlaufende uns am nächsten stehende Mond bedeckt sehr oft Fixsterne, auch dann und wann irgend einen Planeten.

15. Zuweilen wird die **Sonne** von einem dunkeln runden Körper, der von Westen her kömmt, auf einige Stunden zum Theil, oder auf wenige Minuten ganz bedeckt, und dies geschieht allemal nur, wenn der Mond bei der Sonne oder im neuen Lichte ist; auch ist zu merken, daß die Sonne auf der Erde nicht überall gleich stark, ja an einigen Oertern gar nicht verfinstert erscheint. Ein andermal verliert der **Mond**, wenn er der Sonne gegenüber des Nachts im vollen Lichte glänzt, seinen Schein auf einige Stunden, entweder völlig, oder nur zum Theil, und diese Verdunkelung verursacht eine Schattenscheibe, die sich von Osten her über dem Mond ausbreitet. Dabei ist zu merken, daß alle, welche den Mond zu der Zeit sehen, einen gleich großen Theil desselben verdunkelt erblicken.

16. Beim ersten Anblick des Himmels fehlen alle Gründe, nach welchen wir die sehr verschiedenen Entfernungen der Himmelskörper von uns beurtheilen könnten. Wir ziehen in Gedanken gerade Linien nach einem jeden, und können nur die Winkel, unter welchen diese Linien ins Auge fallen, als ein Maaß zur Bestimmung ihrer Abstände von einander betrachten. Es läßt sich nach fig. 1., wenn das Auge in O ist, nicht empfinden, ob der Lichtstrahl MO oder RO von einem Himmelskörper in m, oder von einem vielmal entfernten in r herkomme, aber der Winkel MOR, unter welchem beide erscheinen, bleibt uns durch Instrumente zu messen übrig.

17. Weil wir nun überall die Längen dieser Gesichtslinien nicht kennen, so entsteht die Vorstellung, daß alle Himmelskörper an der innern Fläche einer Kugel sich aufhalten, und mit derselben herumgeführt werden; und wenn man sich blos um Erscheinungen bekümmert, so läßt sich solche bei allen noch so sehr verschiedenen Entfernungen der himmlischen Körper beibehalten. Denn es sey nach fig. 1. in O das Auge, so werden wir den Mond m in M, den Stern r in R und s in S an diesem eingebildeten Himmelsgewölbe BMZA zu sehen glauben. Unter dem Winkel MoR, dessen Maaß der Bogen RM ist, wird der Mond über dem Stern r, und um ROS oder den Bo-

gen **RS** werden beide Sterne r und s daselbst über einander stehen. Dies sind scheinbare Entfernungen nach Bogen der eingebildeten Himmelskugel; die wahren hingegen mr und sr ergeben sich an geraden Linien im Weltraume. Scheinbare und wahre Entfernungen stehen daher niemals in Verhältniß mit einander.

18. Der Himmel hat nicht allein überall auf der Erde die Gestalt einer Kugel, sondern die scheinbaren Entfernungen der Sterne von einander werden aller Orten von gleicher Größe befunden. Dies scheint dem geometrischen Satz zu widersprechen, daß sich die Anzahl Grade vom Bogen eines Kreises nur im Mittelpunkt desselben an einem Winkel ergeben, dessen Schenkel diesen Bogen einschließen, wenn man nicht hieraus schon im voraus folgern könnte, daß wir an allen Orten der Erdoberfläche den Mittelpunkt der Himmelskugel antreffen müssen, oder daß die ganze Erde in Vergleichung der Größe der scheinbaren Himmelskugel fast für nichts zu rechnen ist.

19. Aus dem vorigen wird es begreiflich, wie sich die Astronomen an der inwendigen Fläche einer blos erscheinenden und nirgends vorhandenen Himmelskugel, Kreise und deren Umfang, wie bei allen übrigen in 360° abgetheilt vorstellen, weil es hierbei nicht auf die Größe dieser Grade, noch auf die Länge des Halbmessers, womit der eingebildete Kreis beschrieben worden, sondern lediglich auf die Größe des am Auge, das im Mittelpunkt desselben zu stehen glaubt, sich formirenden Winkels ankömmt.

20. Der hohe oder niedrige Stand der Himmelskörper zeigt daher bei den Astronomen nur an, ob die nach denselben gezogenen Gesichtslinien, mit dem an der Gränze der sichtbaren Halbkugel des Himmels liegenden Kreise, dessen Durchschnitt **BA** fig. 1. ist, mehr oder weniger nach dem Punkt **Z** gerade über uns gerichtet sind, in Graden der Himmelskugel gerechnet. Nach fig. 1. steht hiernach der Mond m höher als die Sterne r und s.

21. Die scheinbare Größe eines Grades der Himmelskugel läßt sich aus der in die Augen fallenden Größe der Sonne und des Mondes, welche bei uns zufälligerweise

fast gleich groß erscheinen, und etwa 30 Minuten oder einen halben Grad fassen, abnehmen. Hiernach ist auch der scheinbare Abstand zweier Sterne beiläufig zu schätzen. Durch diese scheinbare Größe der Sonne und des Mondes allein, wird unterdessen nichts über ihre wahre Größe bestimmt: denn nach fig. 2. kann die Mondkugel die sehr verschiedene Größe m und s haben, und doch von a aus betrachtet, unter einem gleich großen Sehewinkel b a c erscheinen. Die Bestimmung der wahren Größe setzt die Kenntniß der wahren Entfernung am oder as voraus.

22. Da wir im Mittelpunkt der Himmelskugel zu stehen uns einbilden, so sind wir auch im gemeinsamen Mittelpunkt der Ebenen aller größten Kreise derselben *). Diese Ebenen kann man vom Standort aus, so weit man will, ausgebreitet sich vorstellen; denn nicht auf ihre Ausdehnung, sondern allein auf ihre Neigung gegen unser Auge und gegen einander kommt hier alles an.

23. Wenn z. B. der Mond mit einem Stern in einem gewissen größten Kreise der Sphäre sich befindet, so geht die Ebene dieses Kreises, vom Auge bis an die Himmelskugel ausgebreitet, gemeinschaftlich durch den Mond und den Stern, der Abstand beider Himmelskörper von uns sey auch noch so sehr verschieden. Wäre nach fig. 1. BZA die Hälfte dieses größten Kreises, und der Zwischenraum BOAZ dessen Ebene, in welcher die Punkte mrs liegen, so müssen Mond und Stern, so lange beide in dieser Ebene bleiben, von O aus auf BZA erscheinen; sobald aber der Mond senkrecht über m oder MO im Weltraum steht, so kann er nicht mehr mit dem Stern r oder s zugleich in jenem Kreise sich zeigen.

24. Nach fig. 1. sey AOB der Durchschnitt der Ebene eines größten Kreises, und das Auge in deren Mittelpunkt in O. Der Mond stehe senkrecht über h in n, so wird der Winkel gOA, dessen Maaß der Bogen eines andern auf dem vorigen senkrecht stehenden größten Kreises BZA

*) Nach der Lage eines jeden größten Kreises wird eine Kugel allemal zur Hälfte durchschnitten.

ist, den scheinbaren Abstand des Mondes von OA in Graden bestimmen. Die wahre Entfernung des Mondes von der Ebene AOB, nemlich hn, ist hieraus nicht abzunehmen: denn wenn der Mond weiter weg in l steht, so bleibt der Winkel gOA unverändert, obgleich alsdann seine Weite von der Ebene AOB, kl ist; im Gegentheil kann der Mond in n oder d gleich weit hn = kd von dieser Ebene entfernt seyn, und doch in O unter verschiedenen Winkeln gOA, fOA von derselben oder ihrem größten Kreise entfernt ins Auge fallen.

25. Die Ebenen der kleinern oder mit den größten parallel liegenden Kreisen der scheinbaren Himmelskugel, kann man nicht auf gleiche Art erweitert sich vorstellen, weil das Auge nicht im Mittelpunkt ihrer Kreisebene steht. Ihr Umfang und folglich auch die Größe ihrer Grade nimmt ab, je weiter sie von dem größten Kreise entfernt sind, mit welchem sie parallel liegen, und ihre Grade müssen bei der Berechnung auf das allgemeine Maaß scheinbarer Entfernungen am Himmel, nämlich: Bögen größter Kreise, deren Grade überall gleich groß sind, reducirt werden. Es sey ferner in fig. 1. FD der Ebenen-Durchschnitt eines sich auf AOB beziehenden, also mit demselben parallel liegenden kleinern Kreises, so ist Oi die senkrechte Entfernung des Auges von derselben, und zwei Sterne, die in u und w stehen, erscheinen von O aus in a und e.

26. Unter allen gedenkbaren Punkten, größten und kleinern Kreisen der Himmelskugel, haben schon seit dem entfernsten Alterthum diejenigen, welche sich auf den Gesichtskreis eines Orts, und den allgemeinen scheinbaren Umlauf des Himmels oder auf die wirkliche Fortrückung einzelner Körper beziehen, besondere Namen erhalten, und verdienen deshalb eine nähere Beschreibung ihrer Lage und Bestimmung. Verschiedene stehen mit einander in Verbindung, beziehen sich aber insgesammt auf drei Haupt- oder größte Kreise, nemlich den Horizont, den Aequator und die Ecliptik.

27. Der Horizont (Gesichtskreis) ist ein größter Kreis, welcher die jedesmal sichtbare Halbkugel des Himmels von der unsichtbaren scheidet. Wenn man auf einem sehr weiten ebenen Felde, oder auf der offenen See, über die Erd- und Meeresfläche allenthalben frei wegsehen kann, so zeigt sich da, wo der Himmel sich mit der Erde zu vereinigen scheint, der Gesichtskreis. Dies ist aber eigentlich nur der scheinbare oder sichtbare, dessen Kreisebene, wovon fig. 10 den Durchschnitt RrT zeigt, man sich vom Standort r waagerecht, nemlich so, daß RrT mit der zum Mittelpunkt der Erde gehenden Linie rC einen rechten Winkel (90 Grad) macht, bis an die Himmelskugel ausgebreitet vorstellen kann. Bei einem erhöheten Standort auf dem Lande oder einem Schiff, hat dieser Horizont eine geringe Senkung, und es zeigt sich da, wo die Erd- oder Meeresfläche mit dem Firmament zusammenzustoßen scheint, der sogenannte Meerhorizont. Die Ebene des wahren oder astronomischen Horizonts nCm hingegen geht von dem Mittelpunkt der Erde mit der Ebene des scheinbaren parallel eben dahin; und beide sind wegen der großen Entfernung der Himmelskörper fast für einerlei zu halten, so daß wir auf einmal, wenn uns keine nahe oder entlegene irdische Gegenstände hindern, auf der Erdoberfläche in r die völlige Halbkugel des Himmels = 180° übersehen. Von allen größten Kreisen liegt daher jedesmal genau die Hälfte über diesem astronomischen Horizont. Die Himmelskörper gehen am Horizont auf und unter. In fig. 3 ist RZHF der Umfang der Himmelskugel nach einem senkrechten größten Kreise, folglich erscheinen alle größte Kreise nur zur Hälfte; HWR ist der halbe Kreis des Horizonts; HZR der Umfang des sichtbaren, HFR der unsichtbaren Halbkugel.

28. Zenith heißt der Scheitel, und Nadir der Fußpunkt. Der erste befindet sich senkrecht über unserm Standort in Z, und ist vom Horizont am weitesten, nemlich überall 90° entfernt. Der andere liegt in der unsichtbaren Halbkugel dem Scheitelpunkt gerade gegenüber in F.

29. Verticalkreise, sind Bögen größter Kreise von

90° (Quadranten) ZD, ZB, ZH, vom Zenith Z senkrecht nach allen Punkten des Horizonts gezogen, auf welchen die Höhe der Sterne gerechnet wird. Im Horizont hat ein Stern keine; im Zenith die größte mögliche Höhe von 90°. Der Bogen BT ist die Höhe des Sterns T über dem Horizont.

30. Almucantharats (Höhenkreise) sind kleinere Kreise der Sphäre, wie LM, XG, mit dem Horizont parallel gezogen, und werden folglich gegen den Scheitelpunkt immer kleiner. Sie bemerken auf dem Verticalkreis die Höhe eines Sterns, wie LM für T und alle Sterne, die auf einem gleichen Höhenkreise stehen, haben eine gleiche Höhe, wie hier T und V.

31. Weltgegenden heißen vornemlich die vier Hauptabtheilungen des Gesichtskreises nach den Tageszeiten: Morgen, Mittag, Abend, Mitternacht; oder nach den Winden: Osten, Süden, Westen, Norden. Sie liegen folglich 90° von einander. Die Sonne geht am 21sten März und 23sten September des Morgens um 6 Uhr genau in Osten auf, und des Abends um 6 Uhr in Westen unter. Alle Mittage um 12 Uhr zeigt sie genau den Punkt und Verticalkreis Mittag oder Süden an, welchem gerade gegen über Mitternacht oder Norden ist, wo sie um 12 Uhr des Nachts unter dem Horizont steht. Hat man die Sonne des Mittags in Süden gerade vor sich, so ist zur rechten Westen, zur linken Osten und im Rücken Norden. Ein Compaß zeigt auch diese Weltgegenden beiläufig, weil die Magnetnadel beinahe nach Norden weiset, und genau, wenn deren Abweichung bekannt ist. Zwischen diesen 4 Hauptgegenden liegen 4 Nebengegenden, die halb von der einen, halb von der andern ihre Benennung erhalten; Nordost, Südost, Südwest und Nordwest. Diese 8 haben noch 24 Nebengegenden, so daß bei der Schiffahrt der Horizont 32 dieser Abtheilungen hat. In der Astronomie theilt man den Horizont in 360° ein, und zählt solche gewöhnlich von Ost- und West- bis zum Süd- und Nordpunkt demnach von 0 bis 90°. Die Himmelskörper gehen von Norden durch Osten

bis nach Süden am Horizont auf, und von Süden durch Westen nach Norden unter.

32. Die **Morgen- und Abendweite** ist ein Bogen des Horizonts, vom Punkt Ost oder West nach Süden oder Norden bis dahin, wo ein Himmelskörper auf- oder untergeht. Es sey W der West- also H der Süd- und R der Nordpunkt; ein Stern gehe in B unter, so ist WB seine **Abendweite** nach Norden.

33. **Azimuth**, der Winkel am Zenith zwischen dem Vertikalkreis nach Süden und einem andern an der West- oder Ostseite des Himmels befindlichen. Sein Maaß ist der zwischen beiden am Horizont liegende Bogen. Es sey ZH der Vertikalkreis gegen Süden, ein Stern am westlichen Himmel in T, so ist dessen Azimuth der Winkel HZB oder der Bogen HB westwärts.

34. **Dämmerungskreis**, ein kleinerer Kreis rw, welcher 18° tief unter dem Horizont mit demselben parallel liegt. Wenn ihn die Sonne vor ihrem Aufgang erreicht, so fängt die Morgendämmerung an, und wenn sie ihn nach ihrem Untergange verläßt, so hört die Abenddämmerung auf.

35. Die bisherigen Kreise und Punkte behalten mit und gegen den Horizont, und unter sich eine unverrückte Lage, wenn der Beobachter seinen Standort nicht verändert. Geschieht dies aber gegen Norden oder Süden, so ziehen sie sich gemeinschaftlich durch andere Punkte der Himmelskugel; bei einer Orts-Veränderung auch noch so weit nach Osten oder Westen, kommen die Himmelskörper täglich einmal mit demselben wieder in die nemliche Stellung.

36. Die Himmelskugel scheint sich in 24 Stunden einmal von Osten gegen Westen umzudrehen. Die beiden Punkte, welche hierbei unbeweglich bleiben, heißen die **Weltpole**. Der eine steht gegen Norden, und der andere gegen Süden. Wir haben den Nordpol über dem Horizont in dem Verticalkreis nach Norden. Der Südpol liegt um eben so viel unter unserm Horizont im Vertikal nach Süden. In fig. 3 ist N der Nord- und S der Südpol. Man nennt RN die **Polhöhe**.

37. Weltaxe, heißt die Linie NS von einem Weltpol zum andern, und um selbige geschieht eigentlich die scheinbare Umdrehung der Himmelskugel. Sie macht mit der Horizontal-Ebene allemal einen der Polhöhe gleichen Winkel.

38. Der Aequator AQ ist ein größter Kreis der Himmelskugel, welcher gerade zwischen beiden Weltpolen, die zugleich seine Pole sind, also 90° von denselben entfernt, liegt. Er theilt die Himmelskugel in die nördliche und südliche Hälfte, ANQ und ASQ. Wenn die Sonne am 21sten März und 23sten September diesen Kreis erreicht, so sind auf der ganzen Erde Tag und Nacht gleich lang. Weil der Nordpol bei uns beständig in dem nach Norden gehenden Vertical bleibt, so hat der halbe jedesmal über dem Horizont liegende Kreis des Aequators eine unverrückte Stellung schräg nach Süden hin *), so daß er den Horizont genau im Ost- und Westpunkt, hier in W berührt.

39. Der Meridian (Mittagscircul) RZHF, ist ein größter Kreis, welcher die Himmelskugel in die westliche und östliche Hälfte abtheilt, den Aequator senkrecht durchschneidet, durch beide Pole, ingleichen durch den Scheitel- und Fußpunkt geht, und für jeden Stand des Beobachters eine unverrückte Lage behält. Wenn die Himmelskörper in ihrem täglichen Umlauf den Meridian eines Orts erreichen, so sind sie gerade in der Mitte ihres Weges vom Auf- bis Untergang, und haben ihren höchsten Stand über dem Horizont. Die Sonne steht allemal um 12 Uhr des Mittags im südlichen Theil des Meridians ZAH. Durch den Meridian gehen, heißt: culminiren.

40. Tageskreise sind diejenigen, welche die Himmelskörper in 24 Stunden mit dem Aequator parallel zu beschreiben scheinen, wie Sh und nZ; es sind kleinere Kreise, deren Umfang vom Aequator zu den Polen abnimmt. Im Aequator, als dem größten Tageskreise, erscheint da-

*) Unter einem Winkel der gleich ist, das, was die Polhöhe von 90° übrig läßt = AWH.

her ihre tägliche Fortrückung am schnellsten, und wird nach den Polen hin immer langsamer. Eigentlich aber führt der Theil dieser Kreise, welchen die Himmelskörper während ihrer Sichtbarkeit vom Auf- bis Untergange beschreiben, wovon on, u♋ die Hälften sind, diesen Namen. Vom Aequator ist allemal die Hälfte WA über dem Horizont, daher sind die in demselben stehenden Sterne 12 Stunden sichtbar. Weil der Nordpol über unserm Horizont steht, so ist von den Tageskreisen, nordwärts vom Aequator, mehr; und von den südlichen weniger als die Hälfte über dem Gesichtskreis, wie h♋ und ♑n zeigt. Die nordlichen Tageskreise bleiben endlich völlig über, und die südlichen völlig unter dem Horizont, wie dac und fbe.

41. Die Tropici, Wendekreise, zwei kleinere oder Parallelkreise, 23½° auf einer jeden Seite vom Aequator. Sie schließen eine Zone von 47 Grad ein, in welcher sich beständig die Sonne aufhält. Der Nordliche h♋ heißt der Wendekreis des Krebses, welchen die Sonne an unserm längsten, und der Südliche ♑n der Wendekreis des Steinbocks, welchen sie an unserm kürzesten Tage beschreibt. Beide sind also Tageskreise der Sonne für die bemerkte Zeit, nach welcher sie sich wieder zum Aequator wendet.

42. Polarkreise, zwei kleinere Circul, cad und ebf, welche um die Weltpole in einem Abstande von 23½°, folglich mit dem Aequator und den Wendekreisen parallel gezogen werden. Ihr Gebrauch und Nutzen wird nachher gezeigt.

43. Die Coluren, zwei durch die Weltpole und den Aequator unter rechte Winkel gehende Meridiane, wovon der eine auf dem Aequator, da wo sich die Sonne, wenn Tag und Nacht gleich lang sind, befindet, und der andere in der Sonnenbahn die beiden Punkte angiebt, wo die Sonne, wenn bei uns der längste oder kürzeste Tag einfällt, ihren Stand hat. Jener heißt daher der Colur der Nachtgleiche, und dieser der Colur der Sonnenwende.

44. Der erste Punkt des Widders ist der Punkt ♈ des Aequators, von welchem man anfängt, die

Grade desselben von Westen gegen Osten zu zählen, und wo zugleich die Sonnenbahn den Aequator durchschneidet. 180° davon liegt der Punkt des Aequators, wo dies noch einmal geschieht.

45. Gerade Aufsteigung, ist ein jeder Bogen des Aequators oder seiner Parallelen, der zwischen dem durch den ersten Punkt des Widders, und dem durch einen Himmelskörper gehenden Meridian liegt, dessen Größe allemal derjenige Punkt des Aequators angiebt, welcher mit diesem Himmelskörper zugleich im Meridian steht. Culminirt z. B. die Sonne in ♋, so ist der zugleich culminirende Punkt A des Aequators ihre gerade Aufsteigung *); dahingegen ist

46. Die schiefe Auf- oder Niedersteigung, derjenige Punkt des Aequators, welcher mit einem Stern oder der Sonne 2c. zugleich auf- oder untergeht. Geht die Sonne in u unter, so steht vom Aequator der Punkt W zugleich im Horizont. Zwischen der geraden Aufsteigung und der schiefen Auf- und Niedersteigung findet sich, wenigstens bei den Fixsternen, allemal genau der nemliche Unterschied.

47. Abweichung, ist der Abstand eines Himmelskörpers vom Aequator nach Norden oder Süden, bis zum Pol, also von 0 bis 90° in einem auf dem Aequator senkrecht gezogenen Meridian gerechnet; daher heißt auch der Meridian ein Abweichungskreis.

48. Stundenwinkel, ein Bogen vom Tageskreise eines jeden Himmelskörpers in Zeit verwandelt, 15 Grad auf eine Stunde gerechnet, indem alle 360 Grade in 24 Stunden durch den Meridian gehen 2c. Dieser Winkel ergiebt sich zugleich an den Weltpolen zwischen zwei Meridianen, welche durch die beiden Himmelskörper gehen, deren Stundenwinkel man verlangt. So ist fig. 3 KNP der Stundenwinkel zwischen K und P.

---

*) Man nennt den für jeden Augenblick culminirenden Punkt des Aequators: die Mitte des Himmels.

49. Bei dem veränderten Standort des Beobachters nach Norden oder Süden leidet die Höhe des Pols, die Lage der Weltaxe, des Aequators, der Tagescircul und ihre Größe, der Wende- und Polarkreise gegen den Horizont, eine gemeinschaftliche Veränderung, auch fällt die schiefe Auf- und Niedersteigung in andere Punkte des Aequators. Eine Fortwanderung auf dem Parallel des Ortes, also gerade nach Westen oder Osten, verändert hier nichts, außer daß der Beobachter an jedem Ort einen andern Meridian erhält.

50. Die Ecliptik, Sonnenbahn, ♋ ♈ ♑ fig. 3. ist derjenige größte Kreis der Himmelskugel, in welchem sich die Sonne jährlich von Westen gegen Osten zu bewegen scheint. Sie durchschneidet den Aequator in den einander gegenüber liegenden Punkten ♈ und ♎, wovon sich hier ♈ zeigt, unter einem Winkel von $23\frac{1}{2}°$, so daß der um diese Weite vom Aequator entlegenste Punkt ♋ der nördlichen Hälfte den Krebs- und der südliche ♑ den Steinbockswendekreis berührt. Die Ecliptik wird in 12 gleiche Theile (Zeichen), und jeder besonders in 30° abgetheilt. Ihre Namen und Bezeichnungen sind von gewissen Sternbildern hergenommen, welche im Alterthum ihre Stellen einnahmen, nemlich: Widder ♈; Stier ♉; Zwillinge ♊; Krebs ♋; Löwe ♌; Jungfrau ♍; Waage ♎; Scorpion ♏; Schütze ♐; Steinbock ♑; Wassermann ♒; Fische ♓. Von der Ecliptik, als einem größten Kreise, liegt für jeden Augenblick die Hälfte über dem Horizont, obgleich unter sehr verschiedenen Neigungswinkeln.

51. Da die Ecliptik den Aequator unter einem Winkel von $23\frac{1}{2}°$ durchschneidet, so hat sie auch ihre besondere Pole, welche in einer dieser Neigung gleichen Weite von den Weltpolen abstehen, und sich in 24 Stunden um dieselben bewegen, und daher entsteht die vorhin bemerkte veränderliche Lage der Ecliptik über dem Horizont. Ein größter Kreis vom Nordpol der Ecliptik durch den Scheitelpunkt gezogen, trifft die Ecliptik allemal in dem jedesmaligen höchsten Punkt, der 90° von dem auf- und untergehenden Punkt derselben entfernt ist. Die Pole der Eclip-

tik

tik liegen auf den Polarkreisen und nach der Figur, der Nördliche in d und der Südliche e.

52. An der Nord- und Südseite der Sonnenbahn wird in einer Entfernung von 10° ein Kreis mit derselben parallel gezogen, woraus eine Zone von 20 Grad Breite entsteht, die, nach ihrer mit der Ecliptik gemeinschaftlichen Abtheilung in 12 Zeichen, die mehrentheils nach thierischen Figuren benannt sind, der Thierkreis heißt. Innerhalb derselben halten sich beständig, außer der Sonne, deren Bahn genau in der Mitte liegt, auch der Mond und die älteren Planeten auf *).

53. Länge, heißt ein jeder Bogen der Ecliptik oder ihrer Parallele vom ersten Punkt des Widders an gegen Osten gerechnet. Sie wird aber nicht, wie beim Aequator, ununterbrochen in Graden, sondern nach den Zeichen und Graden der Ecliptik besonders gezählt. Gesetzt, die Sonne stehe vom ersten Punkt des Widders 36° nach Osten, so ist ihre Länge 6° ♉ oder 1 Zeichen 6 Grad.

54. Breite, ist der Abstand eines Sterns von der Ecliptik gegen Norden oder Süden auf den nach ihren Polen senkrecht gezogenen Kreisen gerechnet, die daher Breitenkreise heißen. In der Ecliptik hat daher ein Stern keine Breite, und von da bis zu den Polen derselben nimmt die Breite von 0 bis 90° zu. Die Länge wird nicht allein in der Ecliptik, sondern auf einem jeden zwischen dem Breitenkreis der durch den ersten Punkt des Widders geht und irgend einem andern liegenden Bogen der Parallelkreise gerechnet.

55. Die beiden Durchschnittspunkte, der Mond-, Planeten- und Kometenbahnen, mit der Ecliptik heißen: die Knoten derselben. Sie werden durch ☊ und ☋ bezeichnet.

56. Die Schiefe der Ecliptik, heißt der Winkel von 23½°, unter welchem die Ecliptik den Aequator durchschneidet. In der Figur 1♈A. Da auf den Polarkrei-

*) Einige der 4, seit 1801 entdeckten kleinern Planeten, gehen über die Grenzen des alten Thierkreises hinaus.

sen die Pole der Ecliptik liegen, so haben Nd, Nc, Se, Sf gleichfalls 23½°.

57. Bei einem veränderten Stande des Beobachters nach Norden oder Süden, wird die Lage der Ecliptik und des Thierkreises gegen den Horizont verändert; auch kommen die Pole der Ecliptik höher oder niedriger gegen denselben, bei einer Ortsveränderung nach Osten oder Westen aber behalten diese Kreise ihre Stellung. Die übrigen Punkte und Bögen sind beständig.

58. Es sey fig. 4 ♈ ♎ ♈ der Umkreis des Aequators in einer geraden Linie vorgestellt, so wird ♈ ♋ ♎ ♑ ♈ die Ecliptik; BB ist der Krebs und DD der Steinbockswendekreis, jener 23½° nord- und dieser eben so weit südwärts vom Aequator. Demnach ist die Zone BB DD 47° breit. Zu beiden Seiten der Ecliptik sind, auf 10° Abstand, die Gränzen für den Thierkreis gezogen. Die Sonne durchläuft diesen Kreis in einem Jahr von Westen gegen Osten. Am 21sten März ist sie im Punkt ♈, wo die Ecliptik den Aequator zum erstenmal berührt (das Frühlings-Aequinoctium), alsdann hat überall auf der Erde der Tag 12 und die Nacht 12 Stunden. Von hier steigt die Sonne in den Frühlingsmonaten durch die Zeichen ♈, ♉ und ♊ vom Aequator nach und nach gegen Norden, und die Tage werden bei uns länger. Am 21sten Juni erreicht sie den Krebswendekreis im ♋, und ist am weitesten, nemlich 23½° nordwärts vom Aequator entfernt: dann ist in den nördlichen Ländern der längste Tag und die kürzeste Nacht im Jahr (das Sommersolstitium oder die Sommersonnenwende). Von hier geht die Sonne in den Sommermonaten durch die Zeichen ♋, ♌, ♍, wieder zum Aequator. Am 23 September erreicht sie ihn in ♎, macht abermal auf der ganzen Erde Tag und Nacht 12 Stunden lang (das Herbst-Aequinoctium). Sie rückt von da unterhalb dem Aequator durch ♎, ♏ und ♐ in den Herbstmonaten, bis sie am 21sten Dezember den Wendekreis des Steinbocks in ♑ berührt, und damit ihren größten Abstand vom Aequator nach Süden von 23½° erreicht (das Wintersolstitium oder die

Wintersonnenwende), und zugleich ist bei uns der kürzeste Tag und die längste Nacht. Von ♑ läuft die Sonne wieder in den Wintermonaten gegen den Aequator herauf durch ♑, ♒, ♓, bis sie den 21sten März abermal den Punkt ♈ erreicht, und damit ihren jährlichen Umlauf vollendet.

59. Alle vorhin von §. 27 bis 58 beschriebenen Kreise und Punkte, lassen sich auf einen Globus oder einer Ringkugel, leicht nachweisen, weil solche die gestirnte Himmelskugel, oder ihre Kreise, im Kleinen verhältnißmäßig abbilden. Der Zuschauer steht aber, bei derselben, wider die Wahrheit, außer der Himmelskugel, woraus eine umgewendete Lage der Sterne gegen einander auf ihre Oberfläche entsteht.

60. Stellt man sich das Auge im Mittelpunkt eines Globus oder einer Ringkugel vor, wenn derselbe mit der Polhöhe des Orts der Beobachtung und den Weltgegenden übereinstimmend gestellt ist, so fallen die Ebenen der größten Kreise dieser kleinen Kugel mit den Ebenen dieser Kreise im Weltraum zusammen; oder die Ebenen der erstern werden, bis an die scheinbare Himmelskugel hinaus erweitert, an derselben die Richtung der letztern daselbst anzeigen, weil der Mittelpunkt des Globus überall auf der Erde mit dem Mittelpunkt der scheinbaren Himmelskugel zusammenfallend gedacht werden kann. Die Ebenen seiner kleinern Kreise hingegen, liegen mit den Ebenen dieser Kreise am Himmel parallel. Ihre Anwendung ist leicht zu zeigen.

Zweiter Abschnitt.

Vom Ursprung der Sternbilder, ihre Beschreibung, Hülfsmittel sie kennen zu lernen, Gebrauch der Himmelskugel rc.

61.

Die fleißigen Beobachtungen jener lichten Körper am Sterngewölbe, sind ohnstreitig bereits bald nach der Bevölkerung der Erde eine Beschäftigung der Menschen geworden, weil der schon sinnlich prächtige Anblick des Himmelslaufes eine gewisse Neubegierde zu erregen fähig ist, und weil sich leicht ergab, daß die beständig regelmäßigen Fortrückungen derselben eine richtige Abtheilung der Zeit gewähren.

62. Der einmalige Umschwung der Himmelskugel gab die Dauer eines Tages und dessen Abtheilungen, der Lauf des Mondes und dessen periodisch abwechselnde Lichtgestalten Monate und Wochen, und die Wiederkehr der Sonne zu einem nemlichen Punkt des Himmels die Länge eines Jahres.

63. Um dies bestimmen zu können, mußten vorher nothwendig die Gestirne, vornemlich diejenigen, durch welche Sonne und Mond beständig ihren Weg nehmen, bekannt seyn, weil sich die Dauer ihres Umlaufs damals nur durch den Augenschein an ihrer Rückkehr zu einem und demselben Fixstern abnehmen ließ.

64. Daher erfanden schon die Alten das zur Kenntniß der Sterne sehr bequeme Hülfsmittel, sich in der Stellung einiger nicht weit von einander stehender, menschliche oder thierische ꝛc. Gestalten zu gedenken, auch den vornehmsten Sternen Namen beizulegen, und so entstanden Sternbilder, Gestirne.

65. Der bemerkte Auf- oder Untergang eines bekannten Gestirns oder einzelnen hellen Sterns mit der Sonne oder derselben gerade gegen über, ferner dessen Verschwindung in der Abend- oder erste Erscheinung in der Morgendämmerung ꝛc., diente in dem ehemaligen Weltalter, beim Mangel der Buchstaben-Schrift, die Jahreszeiten und deren gewöhnlicher Witterungslauf, und damit die darin vorzunehmenden Beschäftigungen des Ackerbaues, der Viehzucht ꝛc. anzuweisen. So wie die erste Wahrnehmung des Mondes nach dem neuen Lichte den Anfang eines neuen Monats und die Feier der der Gottheit geheiligten Tage ankündigte.

66. Der erste Ursprung der Gestirne verliert sich in den urältesten Zeiten, doch können wir noch aus der Ge-

schichte der alten Chaldäer, Babylonier und Aegyptier die Entstehung verschiedener Gestirne herleiten. Die ersten Völker waren besonders als fleißige Himmelsforscher berühmt. Sie bewohnten die weiten Ebenen am Persischen Meerbusen, wo der Anblick des selten bewölkten, gestirnten Himmels vielfältig Gelegenheit darbot, dem Laufe der Gestirne nachzuspüren.

67. Die Eintheilung des Thierkreises in 12 Zeichen hat ein hohes Alterthum, und es ist noch unverkennbar, daß jene alten Völker bei der Wahl der bildlichen Vorstellung, womit sie den Raum, worin die Sonne einen Monat verweilte, anfüllten, vornemlich auf den Stand der Sonne, so wie auf das Clima, die Beschaffenheit der Jahrszeit und Verrichtungen beim Feldbau und der Viehzucht in derselben Rücksicht genommen haben *).

68. Nachher waren vornemlich die Griechen beschäftigt, neue Sternbilder hinzuzufügen, auch die bereits eingeführten nach ihren fabelhaften Götter- und Heldengeschichten oder den bei ihnen wirklich vorgefallenen Begebenheiten anzudeuten, wie denn auch die Planeten von den Göttern der Griechen und Römer ihre Namen erhielten. Die durch ihren Handel berühmten Phönizier, und in den folgenden Zeiten die Araber, haben gleichfalls die Sternwissenschaft getrieben **).

69. So entstanden am Sterngewölbe Bilder von Helden, Göttern, Königen, Thieren, Schlangen, Flüssen, Kronen 2c. nach Erdichtungen oder wahren Geschichten, deren Andenken die Alten der Vergessenheit ihrer Nachwelt entreißen wollten. Unterdessen legte bald der Aberglaube den eingeführten Sternfiguren nach dem Stand der Sonne und der Planeten in oder gegen dieselben, Bedeutungen

---

*) Herr le Pluche hält die Chaldäer, Herr Dupuis aber die Aegyptier für die Erfinder der Sternbilder des Thierkreises. S. meine Anl. zur Kenntniß des gestirnten Himmels, 9te Aufl., Seite 53 — 57.

**) In meiner Anleitung zur Kenntniß des gestirnten Himmels, wird der Ursprung der Sternbilder nach den Erdichtungen der Aegypter, Griechen und Römer kürzlich berührt.

bei, und suchte aus ihren Stellungen die politischen und moralischen Begebenheiten der Erde und des Menschen im voraus anzugeben, woraus die wahrsagende Astrologie erwuchs.

70. Eine aufgeklärtere Vernunft lehrt uns in der neuern Sternkunde eine bessere Anwendung der Sternbilder und des nach demselben zu beobachtenden Himmelslaufes.

Das Firmament wird auch dadurch nicht verunehrt, wenn wir noch jetzt an demselben uns jene uralten nach Fabeln oder wahren Begebenheiten formirten Bilder vorstellen, wie einige der neuern Astronomen glaubten, die nach diesem frommen Wahn, lieber die Heiligen der Bibel und der Kirche, oder die ganze Wappenkunst am Himmel haben wollten.

71. Erst Jahrhunderte nach der allgemeinen Abtheilung der Sterne in Bilder, wagten es die Astronomen, in einem jeden die vornehmsten nach ihrer Stellung gegen einen oder mehrere von den eingeführten Kreisen der Himmelskugel, vornehmlich gegen den Aequator, zu bemerken. Hiezu wurden schon genauere Beobachtungen mit Instrumenten erfordert, die man von den ersten Erfindern der Sternbilder nicht erwarten konnte.

72. Hipparch ein griechischer Sternkundiger der etwa 130 Jahr vor C. G. zu Alexandrien in Aegyptien beobachtete, war der erste, welcher ein Verzeichniß der geraden Aufsteigung und Abweichung der kenntlichsten Sterne zusammenbrachte, welches uns Ptolemeus ein Aegyptier, der 130 Jahr nach C. lebte, aufbehalten hat. Es enthält 1022 Sterne, in 48 den Alten bekannte Sternbilder vertheilt.

73. Nachher sind Verschiedene bemüht gewesen, jenes sehr unvollkommene Sternverzeichniß durch genauere Beobachtungen zu vermehren und zu verbessern. Tycho lieferte ein Verzeichniß von 777 der vornehmsten Sterne nach eigenen Wahrnehmungen, welchem Kepler 280 hinzufügte. Halley beobachtete auf der Insel Helena gegen 400 Sterne am südlichen Himmel. Aus diesen verbesserten Verzeich-

nissen und eigenen mit genauen Instrumenten angestellten Beobachtungen, brachten Hevel zu Danzig nahe an 1900, und Flamsteed zu Greenwich etwa 2900 Sterne zusammen. De la Caille, le Monnier, Zanotti, Mayer rc. haben vornemlich die Beobachtungen der Zodiacalsterne zu vermehren und zu berichtigen gesucht. Ersterer hat am Vorgebürge der guten Hoffnung bei 10000 südliche Sterne beobachtet. Von Zach, de la Lande, Brandley, Messier, Mechain, Darquier, Piazzi und Andere, haben gleichfalls sehr viele noch nicht beobachtete Sterne gesammlet, und schon bekannte durch neuere Beobachtungen genauer bestimmt.

Die 48 Sternbilder der Alten waren:

Zwölf im Thierkreise.

74. Der Widder, der Stier, die Zwillinge, der Krebs, der Löwe, die Jungfrau, die Waage, der Scorpion, der Schütze, der Steinbock, der Wassermann, die Fische.

Ein und zwanzig Nordlich über dem Thierkreise.

75. Die Caßiopeja, die Andromede, der nordliche Triangel, der Perseus mit Medusens Kopf, der Fuhrmann, der große Bär, der nordliche Drache, der Bootes oder Bärenhüter, die nordliche Krone, der kleine Bär, der Herkules, die Schlange des Ophiuchus, der Ophiuchus oder Schlangenträger, der Geyer mit der Leyer, der fliegende Adler, der Pfeil, der Schwan, der Delphin, das kleine Pferd, der Pegasus oder das Musenpferd, der Cepheus.

Funfzehn Südlich unter dem Thierkreise.

76. Der Wallfisch, der Eridanfluß, der Orion, der Haase, der große Hund, der kleine Hund, das Schiff Argo, die große Wasserschlange, der Becher, der Rabe, der Centaur, der Wolf, der Altar, die südliche Krone, der südliche Fisch.

77. Vor mehr als 200 Jahren haben geschickte Seefahrer aus vielen Sternen der mittägigen Halbkugel zwölf Sternbilder formirt, nemlich: die amerikanische Gans, den Phönix, die Wasserschlange, den Schwerdtfisch,

den fliegenden Fisch, den Chameleon, die Fliege, den Paradiesvogel, den südlichen Triangel, den Pfau, den Indianer, den Kranich.

78. Tycho erwähnt zuerst wieder zwei ältere Sternbilder: den Antinous und das Haupthaar der Berenice. Halley setzte die Carlseiche und Royer die Taube und das Kreuz am Südlichen Himmel. Imgleichen nannte er zwei dort befindliche Sternhaufen die große und kleine Wolke. Hevel hat noch das Sobieskische Schild, das Einhorn, das Cameelpard (Giraffe), den Sextanten, die Jagdhunde, den kleinen Löwen, den Luchs, den Fuchs mit der Gans, die Eidexe, den kleinen Triangel, die dreiköpfigte Schlange, eingeführt.

79. De la Caille setzte am südlichen Himmel: die Bildhauer-Werkstatt, den chemischen Ofen, die Penduluhr, das rhomboidische Netz, die Grabstichel, die Staffeley, den See-Compaß, die Luftpumpe, den See-Octant, den Zirkel, das Lineal und Winkelmaaß, das Fernrohr, das Mikroskop, den Tafelberg.

80. Noch kommen vor: die Fliege, der Berg Maenalus, das Herz Carls II. Von le Monnier haben wir: das Rennthier und den Einsiedler (einen Indianischen Vogel). Poczobut setzte den Poniatowskischen Stier, und de la Lande Hrn. Meßier als Erndtehüter, ferner den Mauerquadranten, den Luftballon, die Katze unter die Sterne. Ich habe den bereits von Kirch eingeführten Brandenburgischen Scepter beim Eridanus wieder aufgenommen, und 1787 das Andenken Königs Friedrichs II. durch die Einführung eines neuen Sternbildes unter der Benennung Friedrichs-Ehre zu verewigen gesucht. Hell hat vorgeschlagen: die Georgsharfe und das Herschelsche Teleskop. Ich brachte noch in meinen großen Himmelscharten die Buchdruckerwerkstatt, die Electrisirmaschine und das Log mit der Leine.

81. Hiernach werden wir nunmehr 102 Sternbilder

am ganzen Himmel haben. Von den vornemlich in Europa sichtbaren findet man eine nähere Beschreibung ihrer eigentlichen Vorstellung, Lage am Himmel, vornehmsten Sterne, und wie viele Sterne Flamsteed in jedem ansetzt, in meiner Anleitung zur Kenntniß des gestirnten Himmels, 9ten Auflage, Seite 65 bis 88.

82. Den vornehmsten Sternen haben bereits die alten Astronomen eigene Namen beigelegt, als Alamak am Fuß, und Mirach am Gürtel der Andromede; Aldebaran, das südliche Auge des Stiers, mit welchem 4 kenntliche Sterne, die Hyaden, in Figur eines V stehen; das Siebengestirn, oder die Plejaden, ein Haufen kleiner Sterne im Stier, worunter der hellste Alcyone heißt; Algenib im Perseus, und Algol am Medusenkopf; im Pegasus sind 3 Sterne 2ter Größe: Algenib, Markab und Scheat; Alhajoth, auch Capella, der helle Stern am Rücken des Fuhrmanns; Alphard, das Herz der großen Wasserschlange; Antares, das Herz des Scorpions; Arcturus im Bootes; der Nordliche und Südliche Esel, zwei kleine Sterne bei der Krippe (einem Sternhaufen) im Krebs; Atair im Adler; Azimech, auch Spica, die Kornähre, und Vindemiatrix, beide in der Jungfrau; Bellatrix an der westlichen, Beteigeuze an der östlichen Schulter, Rigel am Fuß, und 3 Sterne, der Jacobsstab, am Gürtel des Orions; Canopus am Steuerruder des Schiffs; Castor und Pollux an den Köpfen der Zwillinge; Deneb am Schwanz des Schwans; Fomahand im südlichen Fisch; Gemma, der hellste in der nordlichen Krone; Menkar am Rachen, und Deneb-Kaitos am Schwanz des Wallfisches; Mesarthim am Ohr des Widders; der Polarstern, der letzte am Schwanz des kleinen Bären; Procyon im kleinen Hund; Regulus das Herz des Löwen; Scheat am Schenkel des Wassermanns; Schedir auf der Brust der Caßiopeja; Sirius, der Hundsstern, am Maul des großen Hundes, ist der hellste Fixstern am Himmel; Wega, der helle Stern in der Leyer; der große Wagen, 7 bekannte Sterne mehrentheils zweiter Größe im großen Bären; Alcor, der

kleine Stern über dem mittlern am Schwanz des großen Bären.

83. Die Milchstraße umzieht die ganze Himmelskugel in Gestalt lichter Streifen von ungleicher Breite, durch die Caßiopeja, den Perseus, Fuhrmann, den östlichen Arm des Orions, Füße der Zwillinge, Einhorn, Schiff, Füße des Centaurs, das Kreuz, südliche Dreieck, den Altar, Schwanz des Scorpions, Bogen des Schützen, den östlichen Theil des Ophiuchus, das Sobieskische Schild, Schwanz der Schlange, Adler, Pfeil, Fuchs mit der Gans, Schwan, Kopf des Cepheus, bis wieder zur Caßiopeja.

84. Von den Nebelflecken sieht man keinen mit bloßen Augen, als den am Gürtel der Andromede, alle übrigen sind nur durch Fernröhre sichtbar. Die merkwürdigsten findet man: Um den mittlern Stern am Schwerdt des Orions; im Herkules; im Ophiuchus; verschiedene beim Bogen des Schützen; im Antinous; beim Maul des Pegasus; am Berge Maenal; am Kopf des Wassermanns; am südlichen Horn des Stiers; über Vindemiatrix in der Jungfrau; beim großen Triangel, Algol, Antares und Ohr des großen Bären; im Schwan, unterm Steinbock *) rc. Einzelne kleine Sternhaufen und Sterngruppen zeigen sich durch Fernröhre in allen Gegenden des Firmaments, besonders bei der Milchstraße herum. Sie erscheinen zum Theil dem bloßen Auge als lichte Stellen. Z. B. bei der östlichen Schulter des Ophiuchus und Orions, im Schiff, großen Hund, im Schützen, Schwan, Perseus, Fuhrmann rc. Es giebt auch einzelne Sterne, die einen neblichten Schimmer um sich haben.

85. Neue und veränderliche Sterne sind besonders folgende: Einer in der Caßiopeja, welcher zu Ty-

*) In meinen kleinern Himmelscharten habe ich 130 Nebelflecke und Sternhaufen verzeichnet. Herschel hat deren zweitausend am ganzen Himmel durch seine Teleskope gefunden. S. astron. Jahrb. für 1791 und 94.

cho's Zeiten im Nov. 1572 sichtbar wurde und auf einmal sehr helle glänzte, im März 1574 aber wieder verschwand. 945 und 1264 soll sich zwischen Cepheus und der Caßiopeja ein neuer Stern eine Zeitlang gezeigt haben. Kepler bemerkte am östlichen Fuß des Ophiuchus einen hellen Stern, der 1605 wieder unsichtbar wurde. Seit 1596 beobachtet man den Stern ο am Halse des Wallfisches in einer veränderlichen Größe, deren Periode beiläufig 334 Tage ist; zuweilen gleicht er einem Stern zweiter Größe, und oft ist er kaum durch Fernröhre sichtbar. χ am Halse des Schwans, zeigt sich nach 405 Tagen in seinem stärksten Lichte. Ein anderer bei γ im Schwan wurde 1600, und ein dritter 1670 beim Kopf des Schwans gesehen. 1782 entdeckte Goodricke, daß Algol am Medusenkopf, jedesmal nach 69 Stunden ein veränderliches Licht habe, und von η Antinous bestimmt Herr Pigot eine Periode der Lichtabänderung von 7 Tagen &c. Caßini, Montanari, Maraldi und andere, haben verschiedene Sterne, welche in ältern Verzeichnissen vorkommen, entweder gar nicht finden können, oder von veränderlicher Größe bemerkt. Die Sterne γ im Widder und der Jungfrau; Castor; α im Herkules; der mittlere im Schwanz des großen Bären; θ am Schwanz der Schlange des Ophiuchus, und viele andere zeigen sich durch Fernröhre doppelt, oder haben einen kleinern Stern sehr nahe bei sich *).

86. Am bequemsten ist es, sich die Sterne unter ihren figürlichen Vorstellungen von einem Sternkundigen in heitern Nächten zeigen zu lassen. Allein, diese Gelegenheit findet sich selten, und daher habe ich in der zweiten Abtheilung meiner Anleitung zur Kenntniß des gestirnten Himmels hiezu eine der mündlichen ähnliche Nachweisung zu geben gesucht. Nächstdem dienen Himmelscharten, Globen, Sternkegel, Planisphären &c., wenn

*) Herschel hat einige Hundert sogenannter doppelt, drei- und vielfach erscheinender Sterne beobachtet. S. meine astron. Jahrbücher von 1786 und 1790.

sie mit einem Buche und einer Aufsuchung am Himmel selbst verbunden werden, zur Sternkenntniß.

87. Bayers Uranometrie von 1603 enthält auf 51 Bogen alle damals bekannte Sternbilder, und in derselben sind zuerst die Sterne mit griechischen Buchstaben bezeichnet. Schillers Coelum stellatum Christianum von 1627, 55 Blätter, zeigt die Gestirne in biblischen Figuren. Hevels Firmamentum Sobiescianum von 1690, 54 Bogen, stellt die Sternbilder einzeln vor.

88. Flamsteeds Himmelscharten kamen 1729 zu London auf 28 großen Bogen heraus. Sie erschienen 1776 von Fortin auf den dritten Theil der Größe reducirt, und 1782 von mir in der nemlichen Größe mit vielen Verbesserungen und Erweiterungen unter dem Titel: Vorstellung der Gestirne, auf 34 Kupfertafeln, nebst einer Anweisung zum Gebrauch, und einem Verzeichniß von 5058 Sternen. Im Jahre 1805 lieferte ich eine vermehrte Ausgabe derselben, mit einem Verzeichniß von 5877 Sternen, Nebelflecken, Sternhaufen 2c. und einer Anweisung zum Gebrauch, Deutsch und Französisch. In Doppelmayers Himmelscharten (1742. Nürnberg) stellen vier die beiden Hemisphären nach dem Aequator und der Ecliptik getheilt, und 6 die inwendigen Flächen eines um die Himmelskugel gestellten Würfels vor. Im Jahre 1891 erschien meine Uranographie, 20 Kupfertafeln von den Gestirnen und ein Titelkupfer im größten Format, nebst einer Anweisung zum Gebrauch und ein Verzeichniß von 17240 Sternen, Nebelflecken, Sternhaufen, Doppelsternen 2c. 32 Bogen in Fol., der Text in Deutscher und Französischer Sprache. Dies ist die vollständigste Darstellung der Gestirne.

Im vorigen Jahr gab Meigen einen Himmelsatlas, 16 Blätter, Notenformat, bei der Lithographischen Anstalt in Düsseldorf, auf Steindruck heraus. Sie sind gut gerathen, zeigen auch Abbildungen von Sternhaufen, Nebelflecken, Doppelsternen und andern Merkwürdigkeiten des Himmels; ihr Preis ist geringe.

89. Die großen Planisphären von Vaugondy (1764) hat Herr Funck in Leipzig nachstechen lassen. Senex und Dheulland haben große Charten vom Thierkreise geliefert. Meiner Anleitung ꝛc. habe ich eine allgemeine Himmelscharte bis zum 40sten Grad der Südlichen Abweichung, beigefügt.

90. Himmelsgloben dienen besonders, sich mit den Erscheinungen der Gestirne bekannt zu machen, wenn man dieselben für eine gegebene Zeit gehörig zu stellen weiß. Die Nürnberger haben 12 Zoll im Durchmesser, eine mittlere Sorte 8 und die kleinste 4 Zoll. Frauenholz und Klinger daselbst haben neuere geliefert. Die einfüßige Himmels- und Erdkugel von mir und Sotzmann gezeichnet, verkauft Franz in Nürnberg. Jetzt kommen recht gute Globen von 12, 8 und 6 Zoll in Leipzig, Weimar und an andern Oertern, die die neuesten Entdekkungen darstellen, heraus. Zur mechanischen Auflösung verschiedener Aufgaben sind schon Kugeln von mittlerer Größe sehr brauchbar.

91. Zwei hohle Halbkugeln hat Beyer in Hamburg 1718 verfertigt. Sie stellen die Gestirne an ihrer inwendigen Fläche vor. Der bekannte Gottorpsche Globus in Petersburg hat 11 Fuß im Durchmesser.

92. Sternkegel bilden die Gestirne an der innern Höhlung zweier sehr flacher Kegel ab. Die Zimmermannischen sind seit 1692 bekannt. Herr Funck hat dergleichen größere nach vollständigern Sternverzeichnissen herausgegeben.

93. Planisphären schließen die gestirnte Himmelskugel nach ihrer nordlichen und südlichen Hälfte in zwei Kreisebenen ein; man kann auf denselben verschiedene Aufgaben lösen. Die meiner Anleitung zur Kenntniß des gestirnten Himmels beigefügte allgemeine Himmelscharte zeigt, bei einer gewissen Vorrichtung, den Stand der Gestirne gegen den Horizont für eine jede Zeit.

Es wird verlangt:

94. Eine Himmelskugel nach den Weltgegenden und nach der Polhöhe eines Orts richtig

zu stellen: Man bringt, vermittelst eines Compasses, oder des Sonnenscheines zu Mittag, den messingenen Meridianring in die Lage von Süden nach Norden. Erhebt hierauf den Nordpol um die Anzahl Grade der Polhöhe des gegebenen Orts über den Horizont *).

95. Die Sterne, welche des Nachts entweder beständig sichtbar oder unsichtbar sind, imgleichen die, welche im Zenith des Ortes kommen, zu bemerken: Jene zeigen sich bei einer einmaligen Umdrehung des Globus beim Nord- und Südpol herum, und diese unter dem Meridian, im höchsten Punkt des Globus.

96. Den Globus für eine gewisse Zeit so zu stellen, daß er den Stand der Gestirne richtig zeige: Wird der Ort der Sonne in der Ecliptik für den gegebenen Tag (aus den Calendern oder astronomischen Jahrbüchern genommen) unter den Meridian, und zugleich der Zeiger des Stundenrings auf die obere 12te oder Mittagsstunde gestellt, hierauf der Globus herum gedreht, bis der Zeiger die gegebene Stunde angiebt, so kommt die Lage der Gestirne auf seiner Oberfläche unter sich und gegen den Horizont mit ihrer Stellung am Himmel überein. Der Zuschauer muß sich nur erinnern, daß am Himmel die Sterne an der rechten Seite zu suchen sind, welche auf dem Globus an der linken stehen.

97. Die gerade Aufsteigung, Abweichung, Abend- und Morgenweite der Sonne, aus ihrer bekannten Länge: Wird der Ort der Sonne unter den Meridian gestellt, so steht der Grad der geraden Aufsteigung im Aequator zugleich mit unter demselben. Die Abweichung wird vom Aequator nord- oder südwärts am Meridian abgezählt, und wird jener an den Ost- oder Westhorizont geführt, so ergiebt sich daselbst die Morgen- und Abendweite.

---

*) In meinen astron. Jahrbüchern, meiner Anleitung zur Kenntniß der Erdkugel, in Röhls Einleitung in die astron. Wissenschaft, 2ter Theil, und in mehrern Büchern, stehen Verzeichnisse der Polhöhen vieler Oerter.

98. **Die Höhe und das Azimuth der Sonne für eine gegebene Zeit:** Wird der Ort der Sonne unter den Meridian, und der Zeiger auf die zwölfte Mittagsstunde gestellt, alsdann der Globus umgedreht, bis der Zeiger die verlangte Zeit weiset, so wird der am Zenith angeschraubte Vertikalkreis an der West- oder Ostseite des Himmels, über den Ort der Sonne geschoben, ihre Höhe über dem Horizont und zugleich am Horizont das Azimuth anzeigen.

99. **Die schiefe Auf- und Niedersteigung der Sonne:** Diese zeigt der mit dem bekannten Ort der Sonne am Ost- oder Westhorizont zugleich stehende Grad des Aequators.

100. **Eben das, was §. 97, 98 und 99 vorkömmt, für einen Fixstern, den Mond oder einen Planeten:** Mit dem gegebenen und auf dem Globus nach seiner Länge und Breite aufgetragenen Fixstern wird, so wie mit dem Mond oder einem Planeten, deren aus Calendern oder astron. Jahrbüchern bekannten Oerter mit Bleystift im Thierkreise bemerkt werden, auf gleiche Weise wie bei der Sonne verfahren.

101. **Der Auf- und Untergang, die *Culmination* von Sonne, Mond, Fixsternen und Planeten für einen gegebenen Tag:** Der bekannte Ort der Sonne wird unter den Meridian und der Zeiger auf 12 Uhr, als die beständige Culminationsstunde der Sonne gestellt, hierauf dieser Ort an den Morgen- oder Abendhorizont geführt, so weiset der Zeiger auf dem Stundenring ihren Auf- oder Untergang. Wird ein Fixstern unter den Meridian und an den Horizont gebracht, so giebt der Zeiger die Culmination und den Auf- und Untergang desselben an. Das nemliche findet sich auf gleiche Art für Planeten oder den Mond, wenn deren Oerter im Thierkreise angegeben werden.

102. **Den Tag zu finden, an welchem ein Stern mit der Sonne auf- oder untergeht,** im-

gleichen bei Sonnen-Aufgang unter- oder bei deren Untergang aufgeht: Hierbei wird der Stern an den Ost- und Westhorizont geführt, und im erstern Fall der Grad der Ecliptik, welcher zugleich mit an der nemlichen Seite des Horizonts steht; im zweiten aber der an der gegenüberstehenden Seite des Horizonts befindliche, gemerkt. Der eine oder andere in einem Calender als der Ort der Sonne aufgesucht, giebt den verlangten Tag.

103. Der Tag, an welchem ein Stern anfängt, sich zuerst am östlichen Himmel in der Morgendämmerung zu zeigen, oder in der Abenddämmerung in Westen zuletzt gesehen wird: Nach Beobachtungen steht die Sonne für die kleinsten Sterne 18, für die von der ersten Größe 12, und für die Planeten noch wenigere Grade unter dem Ost- und Westhorizont, wenn sie aufhören und anfangen, sich zu zeigen. Wird demnach ein Stern erster Größe an den Osthorizont geführt, und mit dem am Zenith befestigten Verticalkreis der am westlichen Himmel 12° hoch stehende Punkt der Ecliptik gesucht, und 6 Zeichen zu der Länge desselben addirt, so ergiebt sich die Länge der alsdann unter dem östlichen Horizont um 12° tief stehenden Sonne, und damit aus einem Calender der Tag, da dieser Stern, von den Strahlen der Sonne befreit, sich in der Morgenröthe zuerst zeigt. Ein ähnliches Verfahren giebt im Gegentheil die Verlierung eines Sterns in der Abenddämmerung am westlichen Himmel.

104. Wie viel ein Stern später oder früher auf- und untergeht, als ein anderer: Dies ergiebt sich aus dem Zeitunterschied, den der Zeiger am Stundenring weiset, wenn beide Sterne nach einander an den Horizont geführt werden.

105. Welche Sterne für eine gegebene Zeit gleich hoch, also auf einem und demselben Almucantharat oder in dem nemlichen Verticalkreis, also in einer gleichen Himmelsgegend, stehen: Wird beides durch den am Zenith befestigten

Qua-

Quadranten oder Vertikalkreis leicht gefunden, wenn man selbigen um den Scheitelpunkt an der Kugel herumführt *).

106. Den Gebrauch der Sternkegel lehren die beiden Zimmermannschen und Funkischen herausgekommenen Beschreibungen.

Auf den Planisphären, welche im Mittelpunkt die Weltpole, folglich den Aequator am Umkreise haben, und die auf Pappe gezogen, innerhalb eines in 24 Stunden abgetheilten Kreises sich umdrehen lassen, können verschiedene Aufgaben aufgelöst werden.

107. Die gerade Aufsteigung und die Abweichung eines Fixsterns. Alle vom Pol bis zum Aequator gezogene Halbmesser sind Quadranten von Meridianen; und einer ist gewöhnlich in Grade eingetheilt. Wird also ein Lineal an den Pol und den gegebenen Fixstern gelegt, so zeigt es am Aequator die gerade Aufsteigung, und die Weite vom Aequator bis zu dem Stern, am abgetheilten Meridian gemessen, bestimmt die Abweichung.

108. Das vorige von der Sonne oder einem Planeten für eine gegebene Zeit. Ueber dem Ort der Sonne in der Ecliptik wird, vom Nord- oder Südpol aus, ein Lineal gelegt, welches auf eine ähnliche Art, wie vorhin, das Verlangte angiebt. Der Ort eines Planeten wird im Thierkreise mit Bleystift bemerkt, und dann läßt sich von ihm ein gleiches finden.

109. Die Zeit der Culmination eines Fixsterns oder Planeten. Der oben gefundene Grad der geraden Aufsteigung der Sonne wird auf die 12te Stunde in beiden Planisphären gestellt, hierauf ein Lineal an den Pol und den Ort des gegebenen Himmelskörpers gelegt, so zeigt solches auf dem Stundenkreise die verlangte Zeit.

110. Die Planisphären für eine gewisse Stunde mit dem Himmel übereinstimmend zu

*) S. Vollständiger Unterricht vom Gebrauch der künstlichen Himmels- und Erdkugeln, von Scheibel, Breslau, 8. 1779, und dessen Erläuterungen und Zusätze, mit Kupf. Breslau, 1785.

stellen. Der Grad der geraden Auffsteigung der Sonne wird in beiden auf die 12te Stunde geschoben, und alsdann das Lineal an den Pol und die gegebene Stunde gelegt, so zeigt es den Meridian und die zugleich culminirenden Sterne, woraus sich die Lage der übrigen rechts und links gegen dieselben, nachdem das Planisphär die Gestirne an der in- oder auswendigen Fläche der Himmelskugel vorstellt, ergiebt.

111. Ein Kreis vom Nord- und Südpol aus mit dem Halbmesser der Graden der Polhöhe des Orts beschrieben, schließet auf den nordlichen Planisphär alle nie untergehende, und auf der südlichen alle nie aufgehende Sterne ein. Ein Kreis endlich, vom Nordpol aus, mit einem dem Complement der Polhöhe zu 90° gleichenden Halbmesser, bezeichnet alle Sterne, die durchs Zenith gehen.

112. Auf dergleichen Planisphären läßt sich auch der Horizont anbringen, und an demselben die Zeit des Auf- und Unterganges rc. der Sterne bestimmen. Man darf nur durch den Punkt des eingetheilten Meridians, der um die Polhöhe des gegebenen Orts vom Nordpol absteht, und den beiden Punkten des Aequators, die von jenem Meridian 90° entfernt sind, einen Bogen ziehen, so wird dessen innere Seite der Horizontabschnitt für das nördliche, und die äußere der für das südliche Planisphär. Pappscheiben mit diesen Ausschnitten dienen alsdann zu Horizontdecken. Die meiner Anleitung rc. beigefügte allgemeine Himmelscharte zeigt in einer einzigen Scheibe, auf welcher ein transparenter Horizont mit seinen Kreisen gelegt wird, alles Vorhergehende und auch den Stand der Gestirne gegen den Gesichtskreis, ihre Verticalkreise, Höhe, Azimuth rc. für eine jede gegebene Zeit.

113. Planisphären, welche die Pole der Ecliptik im Mittelpunkt, also die Ecliptik selbst im Umkreise haben, zeigen die Länge und Breite der Fixsterne und Planeten auf eine ähnliche Art, wie man bei den vorigen die gerade Aufsteigung und Abweichung findet.

Dritter Abschnitt.

Von der Sternen- und Sonnenzeit, Aufgaben aus der sphärischen Astronomie, Vorrückung der Nachtgleichen, Refraction und Parallaxe.

114.

Wenn sich die gestirnte Himmelskugel von Osten gegen Westen einmal umgewälzt, und also ein jeder Fixstern wieder im Meridian erscheint, so ist ein Sternentag verflossen. Da nun diese Umwälzung durchs ganze Jahr und täglich beständig gleichförmig geschieht, und ein solcher Sternentag in 24 Stunden eingetheilt wird, so folgt, daß von den 360 Graden des Aequators in einer Sternstunde 15, in zwei 30, in drei 45 u. s. f. durch den Meridian gehen. Hiernach müssen, da sowohl eine Stunde als ein Grad 60 Minuten, eine Zeitminute und eine Gradminute 60 Sekunden haben.

in einer Zeitminute 15 Minuten
in einer Zeitsekunde 15 Secunden

im Bogen des Aequators den Meridian passiren. Es gehen z. B. in 14 Stund. 32′ 55″ ..... 218° 13′ 45″ durch,

denn 14 Stund.	15°	=	210°
32 Minut.	15′	=	8
55 Sec.	15″	=	0 13′ 45″
			218° 13′ 45″

oder die Stunden mit 15 multipl. geben Grade; die Zeitminuten mit 4 divid. geben Grade, und das übrig bleibende mit 15 multipl. Bogenminuten; endlich die Zeitsekunden mit 4 divid. Bogenminuten, und das übrig bleibende mit 15 multipl. Bogensekunden. Und da im Gegentheil auf 15° eine Stunde, auf 15′ eine Minute, und auf 15″ Durchgang durch den Meridian eine Sekunde Zeit verfließt, so geht jeder Grad in 4 Minuten, jede Minute in 4 Sekunden, und jede Sekunde in 4 Tertien (eine Minute hat 60 Tertien, man behält aber nur die Sekunden bei) Zeit durch den Meridian, und die Verwandlung eines Bogens vom Aequator in Sternenzeit ist sehr leicht.

115. Da nun die gerade Aufsteigung in oder mit dem Aequator parallel von 0° ♈ ostwärts gerechnet wird, so trägt z. B. die gerade Aufsteigung eines Sterns von 218° 13′ 45″, in Sternenzeit (Zeit der ersten Bewegung) 14 Stund. 32′ 55″ aus, oder dieser Stern kömmt allemal um so viel später als der Frühlings-Aequinoctialpunkt in den Meridian. Wird eine Penduluhr so eingerichtet, daß sie genau 24 Stunden von der Culmination eines gewissen Fixsterns bis zu dessen nächstfolgenden beschreibt und ihr Zifferblatt in 24 Stunden eingetheilt und ihr Zeiger, wenn 0° ♈ culminirt, auf 0 oder 24 Uhr gestellt, so giebt sie die gerade Aufsteigung aller culminirenden Sterne in Zeit an.

116. Erschiene die Sonne beständig bei einem und demselben Fixstern, so würden Sternen- und Sonnentage gleich lang sein; so aber rückt die Sonne während einer einmaligen Umwälzung der Himmelskugel um etwa einen Grad nach Osten, und daher entsteht ein Unterschied. Nach fig. 5. dreht sich die Himmelskugel AmBD genau in 24 Sternstunden einmal nach der Richtung Am oder von Osten gegen Westen ꝛc. um die in der Mitte C stehende Erde *). Nun sei ein Fixstern m heute mit der Sonne S zugleich im Meridian mSCD. Nach 24 Sternstunden ist dieser Fixstern abermal in m; die Sonne S hat sich aber inzwischen in ihrer jährlichen Bahn STRV in entgegengesetzter Richtung bis in T um etwa einen Grad bewegt, und erscheint links von dem Fixstern in n. Damit sie nun wieder in den Meridian kommen kann, muß sich die Himmelskugel noch um nm = 1° umwälzen, womit 4 Min. Zeit verfließen. Daher sind die Sonnentage 4 Minuten länger als die Sternentage.

117. Nun zählen uns unsere Taschen- und Penduluhren die Zeitdauer des gleichförmig angenommenen Um-

*) Man nimmt hier, der Wahrheit unbeschadet, noch Scheinbewegungen an.

laufs der Sonne, oder den Sonnentag in 24 Stunden ꝛc. gleichförmig abgetheilt zu. Wollten wir den Umlauf der Sterne für einen bürgerlichen Tag rechnen, und hiernach eingerichtete Uhren, wenn 0° ♈ mit der Sonne zugleich culminirt, auf die 12te Mittagsstunde stellen, so würden diese, weil die Sterne täglich um ohngefähr 4 Minuten früher, als die Sonne, den Meridian erreichen, monatlich etwa 2 Stunden früher, als die Sonne, Mittag zeigen, und nach 6 Monaten um die wahre Mitternachtszeit der Sonne, 12 Uhr Mittags angeben.

118. Die tägliche Bewegung der Sonne von Westen gegen Osten trägt aber bald 57, bald 61 Minuten aus, und daher sind die Sonnentage nicht immer gleich lang. Der jährliche Umlauf der Sonne dauert 365 Tage 5 St. 48′ 48″, indeß hat sie 360° vom Aequator zurückgelegt, und ihre mittlere tägliche Bewegung ist 59′ 8″: daher heißt die Zeit, innerhalb welcher 360° 59′ 8″ durch den Meridian rücken, ein mittlerer Sonnentag, und dessen 24ster Theil eine mittlere Sonnenstunde, in welcher folglich $\frac{360° 59' 8''}{24} = 15° 2' 28''$ des Aequators den Meridian passiren. Die Fixsterne kommen hiernach täglich um 3′ 56″ früher, als die Sonne, in den Meridian *). Unsere mechanischen Uhren sind nun so eingerichtet, daß sie 24 Sonnenstunden beschreiben, während 360° 59′ 8″ vom Aequator den Meridian passiren, oder 24 Stund. 3′ 56″ Sternzeit verfliessen.

119. Die erste Ursache der ungleichen Länge der Sonnentage ist: weil die Sonne sich selbst ungleich bewegt, z. B. im Januar täglich 61′ 11″, im Juli aber nur 57′ 11″. Die zweite: weil sie in einer um 23½° sich gegen den Aequator neigenden Bahn fortrückt, so daß auch daher ihre tägliche Bewegung, auf den Aequator als den gleichförmigsten Zeitmesser reducirt, ungleiche Bögen giebt.

*) Sie müssen also monatlich 2 Stunden, und nach einem Jahre um einen ganzen Tag früher den Meridian erreichen, demnach in 365 Sonnentagen 366 mal den Himmel umlaufen.

Es sey fig. 6. QA der Aequator von 0 bis 90°, und ♈l der vierte Theil von der Ecliptik ba; di, rm und Al stellen Bögen von Meridianen vor, die senkrecht auf dem Aequator stehen. Rückt nun die Sonne um die Zeit der Tag= und Nachtgleiche nahe bei ♈ in 24 Stunden von a bis i, so trägt dieser Bogen der Ecliptik durch zwei Meridiane auf den Aequator gebracht, nur den kleinern bd oder an in seinem Parallelkreise aus: denn in dem bei n rechtwinklichten Dreieck ani ist nai = b ♈ a = $23\frac{1}{2}°$ die Schiefe der Ecliptik: nun ist Cos. ian = Tang. an. Cot. ai oder Tang. an = $\frac{\text{Cos. ian}}{\text{Cot. ai}}$. Um die Zeit der Sommersonnenwende hingegen bei ♋ läuft die Sonne mit dem Aequator QA fast parallel, und weil sie auf einem $23\frac{1}{2}°$ = Al von demselben entfernten Parallelkreis ul fortrückt, so trägt z. B. ihre tägliche Bewegung ml durch zwei Meridiane mr und lA auf den Aequator reducirt, nemlich rA, hier mehr aus, weil diese Meridiane oder Abweichungskreise von den Polen zum Aequator weiter auseinander gehen. In diesem Punkte der Ecliptik giebt $\frac{\text{ml}}{\text{Cos. Al}}$ den Bogen ml auf den Aequator reducirt.

120. Es gehen also bald mehr, bald weniger als 360° 59′ 8″ des Aequators von einer Culmination der Sonne zur nächstfolgenden durch den Meridian, und daher müssen die Astronomen die wahre und die mittlere Zeit von einander unterscheiden. Jene macht die Sonne durch ihre langsamere oder geschwindere Fortrückung sowohl in ihrer eigenen Bahn, als durch die Reduction von jener auf den Aequator, und die daher ungleiche Zeitdauer ihres einmaligen Umlaufs am Himmel bestimmt die genaue Länge des wahren Sonnentages, dessen Stunden und deren Abtheilungen alle richtig gezeichneten und aufgestellten Sonnenuhren zeigen. Die mittlere Zeit hingegen wird bloß nach der angenommenen mittlern Bewegung der Sonne berechnet. Unsere gewöhnlichen, auf oben beschriebene Art eingerichteten mechanischen Uhren, können, da sie beständig einen gleichförmigen Gang haben sollen, nur die mittlere

und gleiche Sonnenzeit weisen, die man auch daher die **Uhrzeit** nennen könnte, und geben nur viermal im Jahr, nemlich am 14. April, 14. Jun., 30. Aug., und 23. December, da die mittlere Zeit mit der wahren zusammenfällt, zugleich die wahre Sonnenzeit an *).

121. Der Unterschied zwischen der wahren und mittlern Zeit heißt die **Zeitgleichung**. Stellt man sich noch eine erdichtete Sonne vor, welche im Aequator täglich 59′ 8″ gegen Osten fortrückt, so folgt, daß solche mit der wahren Sonne zugleich genau nach Verfluß eines Jahres ihren Umlauf am Himmel vollenden, und inzwischen bald die wahre, bald die erdichtete Sonne den Meridian früher erreichen müsse. Käme die letztere in den Meridian, so träfe der mittlere Mittag ein, den alle Taschen- und Penduluhren angeben müssen; erreicht aber die wahre Sonne diesen Kreis, so wäre der wahre Mittag, den alle Sonnenuhren weisen, und der Zeitunterschied zwischen beider Culmination die Zeitgleichung, welche 0 wird, wenn beide zugleich im Meridian stehen. Da ferner der mit der Sonne gemeinschaftlich culminirende Punkt des Aequators ihre gerade Aufsteigung ist (§. 45.), so wird die **Zeitgleichung** gleichfalls aus dem **Unterschied zwischen der mittleren geraden Aufsteigung** oder Länge der Sonne (die einerlei sind, weil beide von 0° ♈ an gerechnet werden) und **der wahren geraden Aufsteigung der Sonne** gefunden. Führt man nun allgemein die mittlere Zeit ein, und stellt die Uhren zu Mittag auf die in meinen astronomischen Jahrbüchern für jeden Tag vorkommende **mittlere Zeit im wahren Mittag**, so wird eine in der Folge bemerkte Abweichung der Uhr bloß

*) Man kann sich übrigens die Zeitdauer des täglichen Kreisumlaufs eines jeden Himmelskörpers in 24 Stunden abgetheilt vorstellen, da dann allemal 15° dieses scheinbaren Kreises auf eine Stunde gehen; es ist also die im §. 114 gegebene Anweisung zur Verwandelung der Bögen in Zeit, und umgekehrt, zu gebrauchen, und die Stunden sind als wahre **Sonnenstunden**, wenn von der Sonne; als **Mondstunden**, wenn vom Mond; als **Sternstunden**, wenn von Fixsternen die Rede ist, zu nehmen.

den ungleichen Gang derselben anzeigen. Es entsteht dadurch mehr Regelmäßigkeit in der Zeitbestimmung, und auch der sich im Februar und Oktober ereignende größte Unterschied zwischen der wahren und mittleren Zeit von etwa einer Viertelstunde, veranlaßt in den bürgerlichen Geschäften keine Unordnung. *)

Es wird gesucht:

122. Die Mittagslinie. Die gewöhnlichste Methode ist diese: Auf einer ebenen und wasserrecht liegenden Kupfertafel oder Steinplatte, beschreibe man aus einem Mittelpunkt G fig. 7. verschiedene Kreise, richte in C einen Stift von 6 und mehreren Zollen lang senkrecht auf, und bemerke Vormittags von etwa 9 bis 11 und Nachmittags von 1 bis 3 Uhr, die Punkte, wenn und wo das Ende vom Schatten des Stifts einen der beschriebenen Kreise des Vormittags in b, b, b, des Nachmittags in a, a, a, berührt; ziehe alsdann diese Punkte durch gerade Linien wie ab zusammen, und theile jede zur Hälfte, durch welche alsdenn von C aus, CA die Mittagslinie giebt, auf welche der Schatten des Stifts allemal um 12 Uhr Mittags wahrer Zeit fallen muß.

123. Die Höhe eines Himmelskörpers: Diese wird mit einem Quadranten CDF fig. 8. gemessen. Die Seite DC liegt horizontal, also geht DCr zum Horizont, CE steht vertikal, welches die von C an einem Faden herabhängende Bleikugel n angiebt; demnach geht nCZ zum Zenith, und C ist der gemeinschaftliche Mittelpunkt des Quadranten und der Himmelskugel. Um C ist das Fernrohr CA beweglich; zeigt sich also an einem in der Mitte desselben aufgestellten Horizontalfaden ein Stern nach der Richtung ACm, so ist mCr = DCA dessen Höhe über dem Horizont, und der Bogen des Quadranten DA giebt die Grade derselben an.

124. Die Polhöhe eines Orts durch Beobachtung der nordlichen Sterne, welche niemals

---

*) Seit mehreren Jahren ist, auf meinen Vorschlag, diese mittlere Zeit in Berlin eingeführt.

untergehen: Wenn im Winter die Nächte länger als 12 Stunden sind, so sieht man diese Sterne in Norden einmal über in c fig. 3, und 12 Stunden hernach in d unter dem Pol durch den Meridian ZNR gehen. Wird nun alsdann beidemal ihre Höhe über dem Horizont gemessen, von der größern Rc die kleinere Rd abgezogen, so bleibt cd übrig, und hiervon die Hälfte zu Rd addirt, oder von Rc subtrahirt, giebt die Polhöhe RN.

125. Die Abweichung der Himmelskörper, wenn die Polhöhe bekannt ist: Man messe ihre Höhe im Meridian, so giebt, da die Höhe des Aequators HA fig. 3 allemal dem Complement der Polhöhe RN zu 90° gleich ist, der Unterschied der beobachteten Höhe und der bekannten Höhe des Aequators, die Abweichung, welche, wenn die erstere größer als die letztere nordlich und im Gegentheil südlich ist. In K sey der Stern, so ist AK seine nordliche Abweichung, und HK seine Mittagshöhe. Nun ist aber HK — HA = AK.

126. Aus der beobachteten Mittags-Höhe, wenn die Abweichung bekannt ist, die Polhöhe: Die Sonne sey in ♋ fig. 3, so ist H♋ ihre Höhe; nun ist aber H♋ — A♋ = HA die Höhe des Aequators, und 90° — HA die gesuchte Polhöhe RN.

127. Aus beobachteter geraden Aufsteigung ♈E fig. 3 oder 6 und Abweichung der Sonne EP, 1) die Schiefe der Ecliptik P♈E, und 2) die Länge der Sonne ♈P: In dem bei E rechtwinklichten sphärischen Dreieck PE♈ ist Sin. ♈E = Tang. EP. Cotang. P♈E, oder da hier P♈E gesucht wird: Cot. $P♈E = \frac{\text{Sin. } ♈E}{\text{Tang. } EP}$. Ferner ist Cos. ♈P = Cos. ♈E. Cos. EP. *)

128. Aus der bekannten Polhöhe RN fig. 3, und Abweichung eines Himmelskörpers, den Unterschied seiner geraden Aufsteigung und schie-

*) Von hier an setze ich voraus, daß die Leser mit den Anfangsgründen der sphärischen Trigonometrie bekannt sind.

fen Auf= oder Niedersteigung, und daraus seine Verweilung über dem Horizont: Gesetzt, er gehe in u am Horizont unter, so ist der Punkt des Aequators ♈, der mit ihm untergeht, seine schiefe Niedersteigung; läßt man vom Pol durch u einen Abweichungskreis oder Meridian ut herab, so ist in dem bei t rechtwinklichten sphärischen Dreieck ♈ut, t die gerade Aufsteigung, ♈t der Unterschied der geraden Aufsteigung und schiefen Niedersteigung, tu die Abweichung nordlich und u♈t = A♈H die Höhe des Aequators = dem Compl. der Polhöhe. Und es wird: Sin. ♈t = Tang. nt. Cot. u♈t.

Nun giebt ♈t in Zeit verwandelt, und zu 6 Stunden, die nemlich der Punkt ♈ vom Meridian A zum Horizont braucht, addirt, den halben Tagbogen At = ♋ u, oder die halbe Verweilung des Himmelskörpers u über dem Horizont; bei südlicher Abweichung wird ♈t von ♈A subtrahirt. Auf eine ähnliche Art findet man aus dem Unterschied der geraden und schiefen Aufsteigung oder Niedersteigung der Sonne, die Länge des Tages.

129. Aus der bekannten Abweichung eines Himmelskörpers und der Polhöhe, die Morgen= oder Abendweite desselben. Er gehe nach fig. 3. in u unter, so ist tu und u♈t = A♈H bekannt, und ♈u ist die zu suchende Abendweite. Es ist aber Sin. ut = Sin. u♈t. Sin. ♈u, oder da hier ♈u verlangt wird, Sin. ♈u = $\frac{\text{Sin ut}}{\text{Sin. u♈t}}$.

130. Aus der Abweichung der Sonne und Polhöhe, die Höhe der Sonne über dem Horizont für eine gegebene Tagesstunde. Nach fig. 3. stehe die Sonne am westlichen Himmel in P; man ziehe durch dieselbe einen Meridian oder Abweichungskreis NPE und einen Scheitelkreis ZPY, so ergiebt sich das schiefwinklichte sphärische Dreieck ZNP, in welchem bekannt ist: PN = dem Complement der Abweichung PE, NZ dem Complement der Polhöhe RN, und ZNP = dem Stundenwinkel oder dem Abstand des Meridians NPE vom allgemeinen Meridian NZH, zufolge der gegebenen Zeit,

welche in einen Bogen vom täglichen Umlauf der Sonne reducirt wird. Hieraus ist ZP das Complement der Sonnenhöhe YP und damit YP selbst zu finden. Wird von Z auf PN ein Perpendicul Zi gefällt, so entstehen zwei bei i rechtwinklichte sphärische Dreiecke ZiP und ZiN, und die Seite PN wird in zwei Theile x und y getheilt. Nun ist Tang. x = Tang. ZN . Cos. ZNP, NP — x = y; dann Cos. x : Cos. ZN = Cos. y : Cos. ZP.

131. Aus der Pol- und Sonnenhöhe nebst Abweichung der Sonne die Stunde des Tages: Hier sind nun in dem Dreieck ZNP fig. 3 alle drei Seiten bekannt, und der Stundenwinkel oder Abstand vom Meridian ZNP wird gesucht. Man setze NZ = B; NP = C; ZP = A, und ZNP = a, so ist $\text{Sin.}\ \frac{1}{2}a^2 = \text{Sin.}\ \frac{A+B-C}{2}\ .\ \text{Sin.}\ \frac{A-B+C}{2} : \text{Sin. B . Sin. C.}$ Woraus a im Bogen gefunden wird, und in Zeit zu verwandeln ist.

132. Aus der Pol- und Sonnenhöhe, für eine gegebene Tagesstunde, 1) das Azimuth, und 2) den parallactischen Winkel: Hier ist nach fig. 3 und der obigen Erklärung NZ und ZP, imgleichen ZNP bekannt, und 1) PZN dessen Ergänzung zu 180° der Winkel HZP oder das Azimuth zu finden:

$$\text{Cot. NZi} = \text{Tang. ZNP Cos. ZN}$$

$$\text{Cot. ZN : Cos. NZi} = \text{Cot. ZP : Cos. PZi}$$

$$\text{PZi} + \text{NZi} = \text{PZN};$$

nun ist 180° — PZN das Azimuth. 2) ZPN, den Winkel, den der Vertical mit dem Abweichungskreise macht, oder den parallactischen Winkel zu finden:

$$\text{Sin. PZ : Sin. ZNP} = \text{Sin. ZN : Sin. ZPN.}$$

133. Aus der gegebenen Schiefe der Ecliptik und der geraden Aufsteigung und Abweichung eines Sterns, dessen Länge und Breite: Es sey fig. 6 T dieser Stern, so ist ♈y dessen gerade Aufsteigung, yT dessen nördliche Abweichung, und x♈y die Schiefe der Ecliptik bekannt. Seine Länge ♈x und Breite xT wird gesucht. Hier kommen zwei rechtwink-

lichte sphärische Dreiecke $Ty\Upsilon$ und $Tx\Upsilon$ vor. In dem erstern ist Υy yT bekannt und man hat:

I. $\frac{\text{Sin. } \Upsilon y}{\text{Tang. } yT}$ oder $\text{Sin. } \Upsilon y \,.\, \text{Cot. } yT = \text{Cot. } T\Upsilon y$

$T\Upsilon y - x\Upsilon y = T\Upsilon x$.

II. $\text{Cos. } \Upsilon y \,.\, \text{Cos. } yT = \text{Cos } \Upsilon T$;

die Hypothenuse ΥT ist beiden Dreiecken gemein, also in dem Dreieck $Tx\Upsilon$.

III. $\frac{\text{Cos. } T\Upsilon x}{\text{Tang. } \Upsilon T} = \text{Cot. } \Upsilon x$ oder $\text{Cos. } T\Upsilon x \,.\, \text{Tang. } \Upsilon T = \text{Tang. } \Upsilon x$;

Υx ist im ersten Quadranten die Länge selbst; im zweiten wird dieser Bogen von 6 Zeichen subtrahirt, im dritten zu 6 Zeichen addirt, und im vierten von 12 Zeichen subtrahirt.

IV. $\text{Sin. } T\Upsilon x \,.\, \text{Sin. } \Upsilon T = \text{Sin. } xT$;

die Breite xT ist in diesem Fall nordlich.

134. Aus der gegebenen geraden Aufsteigung der Sonne und eines Sterns, die Culmination des Sterns: Man ziehe von der bekannten geraden Aufsteigung des Sterns die gerade Aufsteigung der Sonne am Mittage des vorgegebenen Tages ab, und verwandle den übrig bleibenden Bogen in Zeit. Setze alsdann: 24 Stunden verhalten sich zu der 24stündlichen Veränderung der geraden Aufsteigung der Sonne an diesem Tage in Zeit verwandelt, wie die vorhin gefundenen Stunden ꝛc. zur 4ten Proportionalzahl, welche allemal von jener Anzahl Stunden, Minuten und Sekunden subtrahirt wird; der Ueberrest ist die wahre Sonnenzeit, da der Stern nach Mittag culminirt. Oder den in den astronomischen Jahrbüchern für jeden Mittag vorkommenden östlichen Abstand 0° Υ von der Sonne zu der in Zeit verwandelten geraden Aufsteigung des Sterns addirt, giebt die Culminationszeit des Sterns beiläufig, und genau, wenn man die 24stündliche Veränderung der geraden Aufsteigung der Sonne dabei mit in Rechnung bringt.

135. Aus dem Unterschied der geraden und schiefen Aufsteigung eines Sterns, und dessen

Culminationszeit, die Zeit seines Auf- oder Unterganges: Jener Unterschied wird aus der bekannten Abweichung des Sterns und der Polhöhe des Orts der Beobachtung nach §. 128 leicht gefunden, und giebt den halben Tagbogen desselben. Man sucht hierauf nach dem vorigen §. die Culminationszeit des Sterns an dem vorgegebenen Tage, der halbe Tagbogen davon subtrahirt, giebt den Aufgang und dazu addirt, den Untergang.

136. Der Stundenwinkel eines Sterns, aus der bekannten geraden Aufsteigung der Sonne und des Sterns. Dieser Winkel ist eigentlich der Abstand des Sterns vom Meridian. Es sey fig. 5 C der Pol, mCD der Meridian, BEm der Aequator, m die Mitte des Himmels (45): so ist mE der Bogen des Aequators, der den Abstand des Sterns E vom Meridian mißt, von der zunächst vorhergegangenen Culmination von Osten gegen Westen gerechnet; ♈☉ ist die gerade Aufsteigung der Sonne, und ♈E die des Sterns; ☉m der Stundenwinkel der Sonne: demnach ♈☉ + ☉m = ♈m — ♈E = mE.

137. Die Zeit der Nacht aus der beobachteten Höhe eines Sterns, wenn dessen Culmination, Abweichung und die Polhöhe bekannt ist. Der Stundenwinkel des Sterns wird, wie im 131. §. bei der Sonne, gefunden, und in Zeit verwandelt. Hiervon aber noch die, dieser Anzahl Stunden ꝛc., zufolge der jedesmaligen 24stündlichen Veränderung der geraden Aufsteigung der Sonne in Zeit zukommende Correction subtrahirt, giebt den eigentlichen Abstand des Sterns vom Meridian, und dieser wird zu der für den Tag der Beobachtung berechneten Culminationszeit des Sterns addirt, oder davon subtrahirt, nachdem der Stern entweder schon den Meridian passirt ist, oder noch an der Ostseite desselben steht. Man kann noch auf mehrere Art die Zeit der Nacht aus den Sternen finden. (S. neunte Auflage meiner Anleitung zur Kenntniß des gestirnten Himmels, Seite 438.)

138. Ein Himmelskörper ist im Meridian auf der Mitte seines sichtbaren Weges und von den Punkten des Horizonts, wo er auf- und untergeht, gleich weit entfernt. Er steht aber auch z. B. 3 Stunden vor seiner Culmination eben so weit vom Meridian ostwärts und so hoch über dem Horizont, als 3 Stunden nach derselben westwärts (wenn er in diesen 6 Stunden seinen Stand gegen den Aequator nicht verändert), und daher läßt sich aus Beobachtung correspondirender oder gleich großer Höhen die Zeit finden, da derselbe den Meridian passirt.

139. Gesetzt, man habe mit einem Quadranten des Vormittags die Höhe des obern Sonnenrandes 24° gefunden, als eine Penduluhr 8 Uhr 4′ 16″ zeigte, des Nachmittags aber zeigte die Uhr, als dieser Rand die nemliche Höhe erreichte, 3 Uhr 53′ 12″, so folgt, daß der Mittelpunkt der Sonne in dem Augenblick im Meridian war, der gerade mitten zwischen diesen beiden Zeiten liegt. Dies Mittel erhält man aus der halben Summe dieser Zeiten, man muß aber vorher zu den Nachmittagsstunden 12 addiren. Demnach $\frac{8\text{ St. } 4' \, 16'' + 15\text{ St. } 53' \, 12''}{2} = 11$ Uhr 58′ 44″, welches die Uhr im wahren Mittag zeigte. Ist es nun im Augenblick dieses wahren Mittags 11 Uhr 59′ 5″ nach mittlerer Zeit, so bleibt folglich die Uhr 21″ zurück. Höhen selbst brauchen hierbei nicht einmal bekannt zu seyn, wenn man sich nur versichert halten kann, daß es übereinstimmende sind.

140. Hierbei wird aber vorausgesetzt, daß die Sonne von Vor- bis Nachmittag ihre Abweichung nicht verändert; allein es findet das Gegentheil statt, besonders im März und September: daher ist ihr Stundenwinkel in gleichen Höhen Vor- und Nachmittags nicht gleich groß, und es bedarf die aus beobachteten correspondirenden Sonnenhöhen berechnete Mittagszeit noch einer kleinen Verbesserung, worüber bereits Tafeln berechnet sind. (S. astron. Jahrbücher, 1776 — 1788.)

141. Bei Beobachtung correspondirender Sternenhöhen braucht es einer solchen Correction der Culminations-

zeit nicht; die Abweichung der Uhr wird geradehin gefunden, wenn man die für den Tag der Beobachtung berechnete Zeit der Culmination mit derjenigen vergleicht, die die Uhr, zufolge jener Beobachtungen, angegeben. Ist die Uhr auf Sternenzeit eingerichtet, so ist die Berechnung um so viel bequemer, weil bloß die in Zeit verwandelte gerade Aufsteigung des Sterns, die Culminationszeit desselben in Sternenzeit angiebt. Auch aus einzelnen Höhenmessungen läßt sich nach 131. und 137. die Zeit, und damit die Abweichung der Uhr finden. Setzt man Höhenmessungen der einen oder andern Art fort, so wird der Gang der Uhr bekannt, oder wie viel dieselbe in 24 Stunden voreilt oder zurückbleibt, und man kann folglich bei jeder inzwischen vorgefallenen Beobachtung die richtige Zeit angeben.

142. Gewöhnlich nimmt man correspondirende Höhen 3 bis 4 Stunden vor und nach der Culmination eines Himmelskörpers, weil er näher am Meridian zu langsam steigt oder sich senkt, und näher am Horizont die Refraction (davon nachher) Unregelmäßigkeiten in den beobachteten Höhen veranlaßt. Unterdessen ist es zur genauern Zeitbestimmung sehr dienlich, auch bei Messung einzelner Höhen die Zeit abzuwarten, da sich dessen Höhe am schnellsten ändert, und dies geschieht bei südlicher Abweichung wenn er auf- oder untergeht; bei Nordlicher aber, vorausgesetzt, daß solche geringer als die Polhöhe ist, wenn das Azimuth sich dem 90sten Grad nähert, oder der Himmelskörper gerade in Osten oder Westen erscheint. Ist hingegen die Abweichung größer, als die Polhöhe, wobei derselbe zwischen dem Pol und Scheitelpunkt den Meridian passirt, so geschieht dies in dem Punkt seines Tageskreises, den der Verticalkreis berührt oder nicht durchschneidet.

143. Schon die alten Astronomen bemerkten die ungleiche Fortrückung der Sonne in ihrer Bahn, und fanden nur im Anfange des Januar und Juli den Ort der Sonne mit der vorausgesetzten gleichförmigen Bewegung zustimmend. Hingegen im Februar und März war die Sonne weiter ostwärts und im April fast 2 Grad; im May und Juni nahm der Unterschied wieder ab, und wurde im An-

fang des Juli 0. Im August und September erschien die Sonne weiter westwärts, und im October wieder um 2 Grad, im November und December näherte sie sich wieder dem mittlern Ort. Den ersten Quadranten ihrer Bahn vom ♈ zum ♋ legte sie in 93, den zweiten vom ♋ bis ♎ in 93½, den dritten von ♎ bis ♑ in 89½, den vierten vom ♑ bis wieder zum ♈ in 89¾ Tagen zurück. Hieraus ließ sich folgern, daß die Sonne nicht immer gleich weit von der Erde entfernt seyn müsse, und man suchte ihre Bahn einigermaßen zu bestimmen.

144. Die Astronomen haben folgendes Mittel gebraucht, die gerade Aufsteigung der Sonne und eines Sterns, unabhängig von der Höhe des Aequators und der Abweichung der Sonne, auf einmal zu bestimmen.

Es sey fig. 4. ♈ ♎ ♈ der Aequator, und ♈ ♋ ♎ ♑ ♈ die Ecliptik; T ein Stern und in ♉ die Sonne, an dem Tage, da sie mit diesem Stern auf einem und demselben Parallelkreise ♉ T ♍ steht, oder eine gleiche nordliche Abweichung m ♉ = e T hat, und man habe den Unterschied der geraden Aufsteigung zwischen der Sonne und dem Stern = me beobachtet. Nachdem nun die Sonne im Juni durch den Solstitialpunkt ♋ gegangen, wird sie im August in ♍ zum zweitenmal auf den Parallelkreis des Sterns T kommen. Beobachtet man hier abermals den Unterschied der geraden Aufsteigung der Sonne und des Sterns = ne, so muß solcher zu dem Unterschied bei der ersten Beobachtung addirt, die ganze Bewegung der Sonne in der geraden Aufsteigung seit jener Zeit geben, denn me + en = mn *). Nun war die Sonne bei einer gleichen Abweichung zur Zeit jeder Beobachtung gleich weit von dem nächsten Aequinoctial- und Solstitialpunkt entfernt, demnach giebt ½ mn den Aequatorialabstand der Sonne vom ♋ Punkt im ♉ und ♍,

mo

---

*) Man darf nur die Zeit beobachten, da die Sonne vor und nach dem Solstitio mit dem Stern eine gleiche Mittagshöhe hat, die Abweichung selbst und die Polhöhe brauchen nicht bekannt zu seyn.

mo = no und das Complement z. B. von mo zu 90 Grad = ♈m die gesuchte gerade Aufsteigung der Sonne im ♉. Hierdurch ist zugleich die gerade Aufsteigung des Sterns T = ♈e bekannt geworden, welche sich aus der Summe von von ♈m und me oder aus ♈m + mn — ne ergiegt.

145. Diese Methode dient auch zur Bestimmung der Zeit, da die Sonne in den Aequinoctial- oder Solstitialpunkten ♈ und ♎, ♋ und ♑ erscheint. Z. B. aus den Beobachtungen des Sterns T und der Sonne folgte vorhin die gerade Aufsteigung der Sonne in ♍ = ♈n und 180° — ♈u = n♎ war der Abstand der Sonne in ♍ vom Herbst-Aequinoctialpunkt ♎; ne war gleichfalls bekannt: nun ist en + n♎ = e♎ der Unterschied der geraden Aufsteigung des Sterns und der Sonne für den Augenblick, da die Sonne in ♎ steht. Beobachtet man nun um den 23sten September jenen Unterschied, so läßt sich, aus der täglichen Bewegung der Sonne in der geraden Aufsteigung, leicht berechnen, wenn die Sonne genau um e♎ von e entfernt, in 0° ♎ oder 180° gerader Aufsteigung war. So wird auch das Wintersolstitium im ♑ durch den Stern S gefunden. Die Sonne ist im ♐ und ♒ gleich weit von dem Parallelkreis dieses Sterns entfernt, also giebt ½ (bh + ha) bc oder ca und ca — ah, ch den Unterschied der geraden Aufsteigung der Sonne und des Sterns für die Zeit, da die Sonne in ♑ tritt. Vergleicht man nun um den 21 Decemb. den beobachteten Unterschied mit ch, so läßt sich aus der 24 stündlichen Veränderung der Sonne in der geraden Aufsteigung finden, wenn die Sonne den Punkt ♑ berührte, oder 270° gerade Aufsteigung hatte.

146. Die Fixsterne behalten zwar eine gleiche Stellung gegen einander; unterdessen scheint es, als wenn alle gemeinschaftlich in mit der Ecliptik parallel liegenden Kreisen, also der Länge nach, von West gegen Ost fortrücken, und sich folglich um die Pole der Ecliptik bewegen. Diese gemeinsame Ortsveränderung trägt in 71 bis 72 Jahren erst einen Grad von dem Parallel- oder Längencircul aus,

worin jeder Stern sich befindet. Die Erklärung der Ursache dieser Erscheinung ist ein Gegenstand der physischen Sternkunde (wovon nachher).

147. Entweder verrücken sich nun die Fixsterne wirklich auf angezeigte Art, oder die Aequinoctialpunkte weichen mit der Ecliptik und allen Breitenkreisen gegen Westen zurück, beide Voraussetzungen geben einerlei Erscheinung, allein die letztere ist die richtige; daher nennt man solche: das Zurückweichen der Aequinoctialpunkte, oder, weil diese Punkte der von Westen nach Osten laufenden Sonne jährlich etwas entgegen kommen: das Vorrücken der Nachtgleichen.

148. Diese besondere Bewegung der Fixsterne in der Länge trägt jährlich, zufolge einer Vergleichung der ältesten Beobachtungen mit den neuesten, 50″,4 aus, folglich in 10 Jahren 8′ 24″, in 100 Jahren 1° 23′ 59″, und in 1000 Jahren 13° 59′ 48″; und hiernach läßt sich die jetzige Länge der Fixsterne auf alle vergangene und folgende Zeiten leicht reduciren. Sie müssen, nach dieser langsamen Bewegung, erst in 25716 Jahren ihren anscheinenden Umlauf um die Pole der Ecliptik vollenden, und seit der Zeit, da ihre Stellung gegen die Kreise der Himmelskugel zuerst beobachtet worden, neimlich seit etwa 2000 Jahren, um fast 30° in der Länge von dem durch 0° ♈ gehenden Breitenkreis gegen Osten sich weiter entfernt haben.

149. Es sey fig. 9. AM die Ecliptik, DC der Aequator, welcher jene in ♈ unter M♈C = $23\frac{1}{2}$° durchschneidet. Vor 2000 Jahren waren die Sterne des Widders in der Gegend n, und vornemlich stand der Stern v senkrecht über ♈ in g, oder seine Länge war 0° ♈. Jetzt aber ist der Punkt ♈ aus den Sternen des Widders mit dem Aequator und allen übrigen Kreisen, die sich auf ihn und die Ecliptik beziehen, längs der Ecliptik fast um 30° gegen Westen in r bis zwischen Sterne, die zum Bilde der Fische gehören, zurückgewichen, oder das Sternbild des Widders erscheint, nun um so viel vom ♈ gegen Osten.

150. Und so stehen anjetzt alle Sterne eines jeden Bildes, von der Ecliptik bis zu ihren Polen hinauf, um einen gleichen Bogen weiter nach Osten, als zur Zeit, da man anfing, ihren Stand nach den Graden des Thierkreises zu bestimmen. Unterdessen behalten die Astronomen sehr schicklich, noch immer die alte Benennung der Zeichen des Thierkreises bei, und noch jetzt heißt der Durchschnittspunkt des Aequators und der Ecliptik, in welchem die Sonne beim Anfange des Frühlings erscheint, 0° im Widder, obgleich nunmehr da herum Sterne stehen, die zu den Fischen gehören. Es ist daher der Unterschied zwischen gleichnamigen Zeichen und Bildern wohl zu merken: denn steht z. B. der Mond, zufolge der Berechnung, im 10° ♉, so muß man ihn im Sternbilde des Widders am Himmel erwarten.

151. Stellt man eine Himmelskugel auf die nördliche Polhöhe von 66½ Graden, und den Nordpol der Ecliptik in den Scheitelpunkt, so liegt die Ecliptik am Horizont herum. Dann wird es begreiflich, was aus der von Osten nach Westen rückwärts gehenden Bewegung der Aequinoctialpunkte für Erscheinungen entstehen. Man denke sich die Ecliptik und alle auf derselben senkrecht stehenden Breiten- und mit derselben parallel laufenden Längenkreise nicht allein, sondern auch den Aequator, dessen Parallel- und Abweichungskreise als eine besondere bewegliche Ringkugel, die sich um ihre Pole, die in den Polen der Ecliptik oder bei diesem Versuch im Zenith und Nadir des Globus liegen, bei jener Zurückweichung der Aequinoctialpunkte außerhalb dem unbeweglichen Globus gleichförmig umdreht, so werden alle diese Kreise sich nach und nach durch andere mehr westwärts liegende Sterne ziehen, und folglich muß nicht allein die zwischen ihnen gezählte Länge der Fixsterne immer zunehmen, obgleich die Breite derselben unverändert bleibt, sondern es wird auch hierdurch, wiewohl ungleichförmig, die gerade Aufsteigung der Sterne größer*); die

*) Nur bei den zwischen den Polen der Ecliptik und den Weltpolen liegenden Sternen, nimmt die gerade Aufsteigung ab.

nordliche Abweichung nimmt zwischen 270° und 90° der geraden Aufsteigung zu, und zwischen 90 und 270° ab; die südliche Abweichung hingegen nimmt zwischen jenem Halbcircul ab, zwischen diesem zu. Nach der 9. Figur war vor 2000 Jahren des Sterns s Länge in g = 0° Breite ♈g nordlich, gerade Aufsteigung s♈ vor oder westwärts vom Punkt ♈, nordliche Abweichung sg. Anjetzt aber, da der Aequinoctialpunkt sammt dem Aequator, Colur und Breitenkreis, bis in r zurückgewichen, ist seine Länge r♈, gerade Aufsteigung rh ostwärts oder nach ♈, nordliche Abweichung hg, und nur die Breite ♈g ist unverändert geblieben.

152. Durch die Zurückweichung der Aequinoctialpunkte bewegen sich auch die Weltpole, oder Pole des Aequators, um die Pole der Ecliptik in einem Kreise von $23\frac{1}{2}°$ im Halbmesser, und daher müssen sie ihre Stellung gegen die Polarsterne ändern. Die Länge unsers jetzigen Polarsterns ist gegenwärtig 2 Z. 26°. Wenn aber einstens durch das Zurückgehen der Aequinoctialpunkte der Nordpol so weit fortgerückt ist, daß sein Breitenkreis über dem Polarstern weggeht, und also die Länge des letztern 3 Zeichen wird, welches nach 300 Jahren geschehen muß, so ist der Nordpol dem Polarstern am nächsten, und wird ihm bis auf 28 Min. nordwärts nahe kommen (jetzt ist der Abstand noch 1 Grad 38 Min.) In der Folge der Zeit wird sich der Nordpol so weit von diesem Stern entfernen, daß derselbe nicht mehr der Polarstern heißen kann. Die nächste Reihe wird dann den Stern γ am Knie des Cepheus treffen, der nach 2300 Jahren der Polarstern wird: und so ist ehedem der Pol in der Nähe anderer nordlicher Sterne gewesen wie z. B. 2800 Jahre vor C. G bei α am Schwanz des Drachen. *)

153. Die **Refraction**, oder **Brechung der Lichtstrahlen**, heißt ihre Abweichung von dem geradelinigten Wege, wenn sie schief oder schräge aus einer feinern

*) S. Ptolemäus Gestirnbeobachtungen nebst Himmelscharte für das 2te Jahrhundert, von mir. Berlin 1795.

Materie in eine dichtere, z. B. aus der Luft ins Wasser, übergehen; sie werden an dem Ort, wo sie das Wasser zuerst berühren, gebrochen, dergestalt, daß sie sich einer auf der Oberfläche desselben senkrecht stehenden, und durch den Berührungspunkt gezogenen Linie nähern. Der Winkel, unter welchem der Strahl mit der lothrechten Linie die Oberfläche des Wassers berührt, heißt der Einfalls- oder Neigungswinkel, und der innerhalb des Wassers veränderte Winkel: der gebrochene Winkel. Hierbei behalten die Sinus dieser beiden Winkel das Verhältniß wie 4 : 3, woraus folgt: daß der Unterschied beider Winkel immer größer wird, je mehr der Neigungswinkel wächst; wenn hingegen der Lichtstrahl senkrecht einfällt, so wird er nicht gebrochen *).

154. Nun müssen auch die Lichtstrahlen aller Himmelskörper einer solchen Brechung oder Ablenkung von ihrem geraden Wege unterworfen sein, wenn sie aus dem sogenannten Aether in unsern viel dichtern Luftkreis (Atmosphäre) übergehen, und dadurch wird ihr Ort verändert, wiewohl diese Abweichung in den mehresten Gegenden nur geringe ist.

155. Es sey fig. 10. krtl die Oberfläche der Erde, und ndbc der äußerste Umfang ihrer Atmosphäre, deren Dichtigkeit noch bis auf einige Meilen in der Höhe merklich ist, r der Ort des Beobachters, und zi der Lichtstrahl eines nach z hinaus stehenden Sterns. Dieser wird nun da, wo er in i die Atmosphäre berührt, gebrochen, dergestalt, daß er sich einer auf i senkrecht stehenden Linie oiC nähert, von seinem geraden Wege abgelenkt wird, und von i nach r hinfällt, als wenn er von wir gekommen wäre. Der Beobachter in r glaubt nun den Stern in der Richtung riw, also um den Winelk ziw, höher über dem

*) Man lege in einer Schale eine Münze, und trete so weit zurück, daß der Rand der Schale letztere völlig deckt, gieße hierauf in unverrückter Stellung Wasser in die Schale, so wird die Münze zu Gesicht kommen und sich immer mehr zu heben scheinen, je mehr Wasser aufgegossen wird. Man sieht alsdann die Münze vermittelst des gebrochenen Strahls.

Horizont zu sehen. Daher verursacht die astronomische Strahlenbrechung, daß alle Himmelskörper vom Horizont herauf in einem jeden Verticalkreis, also senkrecht, höher erscheinen. Im Horizont ist diese Strahlenbrechung am stärksten, weil daselbst die Lichtstrahlen der Himmelskörper nicht allein unter den größten Winkel mit der Scheitellinie einfallen, sondern auch der gebrochene Strahl den unteren und dichtesten Theil des Luftkreises durchfährt; sie trägt daselbst nach den Beobachtungen 33 Minuten aus; nimmt aber sehr merklich ab, sobald die Himmelskörper nur einige Grade hoch stehen; ist in der Höhe von 45° nur noch eine Minute groß; wird von da mit ziemlicher Gleichförmigkeit immer geringer, und hört im Scheitelpunkt e völlig auf, weil da die Lichtstrahlen ohne Brechung senkrecht nach der Richtung e a r durch die Luft herabfahren.

156. Es giebt verschiedene Methoden, die Größe der Strahlenbrechung in allen Höhen durch Beobachtungen herauszubringen. Wenn man unter andern die Höhe der Sonne aus ihrer bekannten Abweichung und der Polhöhe des Orts für verschiedene Stunden aufs genaueste im voraus berechnet, und nun in diesen Augenblicken die Höhe derselben mit einem Quadranten nimmt, so wird man solche allemal gerade um die Wirkung der Strahlenbrechung höher über dem Horizont finden. Jene berechnete Höhe ist die wahre, und diese beobachtete, die scheinbare. Beide fallen in einem und dem nemlichen Verticalkreis also senkrecht über einander, so daß das Azimuth der Sonne dabei nicht verändert wird. Je höher der Himmelskörper über dem Horizont steht, desto mehr hat es Schwierigkeit, die Strahlenbrechung genau zu bestimmen, weil sie immer geringer wird. Die Astronomen haben viele Mühe angewandt, die Größe der Strahlenbrechung für 45° Höhe festzusetzen, woselbst sie etwa noch eine Minute ist, treffen aber nicht mit einander überein.

157. Setzt man mit Hrn. Bradley den Luftkreis 1800 Klafter hoch und von gleicher Dichtigkeit, ferner die Horizontal-Strahlenbrechung als bekannt voraus, so stehen die Sinus der Einfallswinkel mit dem Sinus der ge-

brochenen Winkel im Horizont und in einer gewissen Höhe in einem unveränderlichen Verhältniß gegen einander. In fig. 10. ist rR der Horizont, vx der einfallende Strahl; also der Winkel Rxv die Strahlenbrechung im Horizont: und eben so ist ziw die Strahlenbrechung in der Entfernung vom Scheitelpunkt ire. Aus den beiden Dreiecken xrC und riC ist obiger Satz erweislich; er trifft wenigstens bis zum 9ten Grad der Höhe mit der Erfahrung zu.

158. Unterdessen ist die Dichtigkeit der Luft zunächst an der Erdoberfläche am stärksten, und nimmt mit der zunehmenden Höhe ab; imgleichen kann sich die Luft noch wohl bis auf mehr als 32000 Klafter erstrecken, wie die Wahrnehmungen der Abend- und Morgendämmerungen gezeigt haben: daher kann man sich solche in mit der Erdoberfläche koncentrischen Schichten abgetheilt vorstellen, und die Lichtstrahlen dr, ir, leiden verschiedene Brechungen, und erhalten dadurch eine bogenförmige Krümmung, nach deren Tangente riw, rdh, wir den Himmelskörper am Firmament zu sehen glauben. Es sind aber die Gesetze, nach welchen die Dichtigkeit der Luft, besonders in den höhern Regionen, abnimmt, noch wenig bekannt, und die Beschaffenheit der Luft ist selbst nicht in allen Erdstrichen gleich und von Zeit zu Zeit veränderlich: daher sich dann die Größe der Strahlenbrechung, vornemlich am Horizont und in der Nähe desselben, schwerlich mit großer Genauigkeit theoretisch finden läßt.

159. Nichts destoweniger haben die größten Geometer die Krümmung des Weges der Lichtstrahlen durch jene vorausgesetzten Luftschichten von verschiedener Dichtigkeit in allen Höhen zu bestimmen gesucht, und Newtons Satz angenommen: daß diese Strahlenbrechung eine Wirkung der Anziehung sey, welche unsere Atmosphäre auf die Theile des Lichts äußert. Bradley und Simpson haben Regeln erfunden, zur Bestimmung der Refraction in allen Höhen, wenn die horizontale als bekannt angenommen wird *).

*) S. meine Erläuterung der Sternkunde, 1ster Band §. 235.

Hiernach ist auch folgende Tafel, die hier im Auszuge erscheint, berechnet.

Scheinbare Höhe.		Astronomische Stralenbrechung.		Scheinbare Höhe.	Astronomische Stralenbrechung.	
Grad.	Min.	Min.	Sec.	Grad.	Min.	Sec.
0	0	33	46	25	2	4
0	30	28	32	30	1	41
1	0	24	21	35	1	17
2	0	18	22	40	1	9
3	0	14	28	45	0	58
4	0	11	48	50	0	49
5	0	9	54	60	0	34
10	0	5	20	70	0	21
15	0	3	50	80	0	10
20	0	2	39	90	0	0

Hätte man also mit einem Quadranten die Höhe eines Sterns z. B. 15 Grad beobachtet, so wären von dieser scheinbaren Höhe 3′ 50″ zu subtrahiren, und die wahre Höhe des Sterns, die bei Berechnungen allemal zum Grunde liegen muß, würde seyn: 14° 56, 10″.

160. Die vorige Tafel enthält für einige Höhen eigentlich nur die mittlere astronomische Stralenbrechung, wenn der Barometer 28 Zoll, und das Reaum. Thermometer 10° über 0 angiebt: denn man hat über die veränderliche Wirkung der Lufttemperatur und Schwere auf die Stralenbrechung in verschiedenen Jahreszeiten viele Versuche angestellt, und gefunden, daß die Refraction bei Tage im Sommer und in der heißen Zone geringer ist, als bei Nacht im Winter und in den kalten Erdstrichen, und daher für jedes Land den Unterschied der Refraction nach der verschiedenen Dichtigkeit der Luft festzusetzen gesucht. Man findet allgemein die mittlere Stralenbrechung um den 28sten Theil geringer, wenn das Quecksilber im Barometer um einen Zoll gefallen, und Mayer bestimmt ihre Verbesserung, welche die Veränderung des Thermometers für jede 5 Grad erfordert, auf $\frac{1}{27}$stel; so daß die Stralenbrechung für jede 5° Therm. Höhe über 10° um so viel verkleinert, unter 10° so viel vergrößert wird.

161. Da die astronomische Stralenbrechung alle Himmelskörper höher über dem Horizont zeigt, als sie wirklich stehen, und dies am Horizont selbst am beträchtlichsten ist: so muß sie auch den Aufgang derselben merklich beschleunigen, und ihren Untergang verzögern. Wenn nach fig 10. die Sonne des Morgens kurz vor ihrem Aufgange wirklich noch unter dem Horizont r T nach S hinaus steht, ihre Stralen S d aber schon den Luftkreis in d erreichen, so daß sie daselbst gebrochen nach d r hinfahren: so wird einem Zuschauer in r die Sonne nach der Richtung r d h also bereits über dem Horizont r T erscheinen, und eben so wird die Sonne bei ihrem Untergange sich länger über dem Horizont verweilen. Die Dauer dieser Beschleunigung des Aufganges und Verzögerung des Unterganges der Himmelskörper, oder die Vergrößerung ihrer halben Tagbögen, ist nach ihrer verschiedenen Abweichung vom Aequator und der Polhöhe des Orts der Beobachtung verschieden. Sie trägt bei uns um die Zeit der Aequinoctien $3\frac{1}{2}$ Min., zur Zeit der Solstitien aber fast 5 Minuten aus. Wegen dieser Wirkung der Stralenbrechung können auch zwei Sterne, oder Sonne und Mond, 180 Grad von einander stehen, und dennoch zugleich über dem Horizont erscheinen.

162. Ferner verursacht die Stralenbrechung im Luftkreise, daß die Scheiben der Sonne und des Mondes, besonders niedrig am Himmel und beim Auf- und Untergange gleichsam als wenn sie oben und unten eingedrückt wären, erscheinen: denn sie wirkt senkrecht, und verändert daher nur ihren verticalen Durchmesser, da der untere Rand stärker, als der obere, gehoben wird. Dies kann bei der Sonne am Horizont fast 5 Minuten betragen. Daß die Ränder der Sonne und des Mondes am Horizont stark zittern, eine wellenförmige Bewegung zeigen, ist gleichfalls eine Wirkung der augenblicklichen veränderlichen Stralenbrechung in den starken Dünsten des Horizonts. Endlich haben wir auch derselben die Morgen- und Abenddämmerungen und die malerischen Licht- und Farbenschattirungen, worin sich nicht selten die Morgen- und Abendseite des Himmels beim Auf- und Untergang der Sonne einkleidet, zu danken.

163. Die Parallaxe ist die Neigung der Gesichtslinien an einem freistehenden Körper, oder der Unterschied seines scheinbaren Orts, wenn er aus zwei verschiedenen Ständen beobachtet wird. Nun beobachten wir alle Himmelskörper von der Erdoberfläche, auf welcher sich unzählige Gesichtspuncte annehmen lassen. Allein der Astronom gedenkt sich den Zuschauer der Welt eigentlich im Mittelpunct der Erde: weil, von demselben aus betrachtet, alle Himmelskörper beständig an ihrem eigentlichen Ort erscheinen, und die Gesetze ihrer Fortrückungen sich bestimmen lassen. Daher heißt der scheinbare Ort eines Himmelskörpers derjenige, wo er von irgend einem Punct der Erdoberfläche; der wahre hingegen, wo er zu gleicher Zeit aus dem Mittelpunct der Erde an der scheinbaren Himmelskugel gesehen wird, und der Unterschied zwischen beiden ist eigentlich seine Parallaxe.

164. Nach fig. 11. sey T der Mittelpunct der Erde und n ein Punct ihrer Oberfläche, ZH das Firmament, in abc der Mond, TH der wahre und nm der scheinbare Horizont; die senkrechte Tnc führt zum Zenith Z. Steht nun der Mond in a, und geht folglich für n auf oder unter, so wird er von n aus im scheinbaren Horizont nach m gesehen; von T aber würde er sich in h zeigen. Jener ist sein scheinbarer, und dieser sein wahrer Ort; und daher ist der Winkel der Gesichtslinien naT = ham die Parallaxe des Mondes im Horizont. Und so zeigt die Figur dessen Parallaxe in der Höhe anb, oder beim Abstand vom Scheitelpunct cnb.

165. Die Parallaxe ist 1) im Horizont am größten, nimmt mit der zunehmenden Höhe ab, und hört im Zenith völlig auf, wo z. B. der Mond c von der Oberfläche in n wie aus dem Mittelpunct der Erde T in Z erscheint; 2) bei nähern Himmelskörpern größer, als bei entferntern. Sie verursacht 3) daß die Himmelskörper auf der Oberfläche der Erde in jedem Verticalkreise, worin sie stehen, z. B. ZH, ZA, niedriger gegen den Horizont erscheinen, als aus dem Mittelpunct der Erde. Dies ist dann die Parallaxe der Höhe, welche in den mehresten Fällen

eine Parallaxe in der Länge, Breite, geraden Aufsteigung und Abweichung, nach sich zieht.

166. Um die Parallaxe im Horizont naT zu finden, wird gesetzt: Ta : Sin. n (Sin. tot.) = nT : Sin. naT, also $\frac{nT}{Ta}$ = Sin. naT, aus welcher sich die Parallaxe in einer jeden scheinbaren Höhe über dem Horizont leicht finden läßt. In dem bei n rechtwinklichten Dreieck naT verhält sich:

Sin. a : nT = Sin. n. : Ta

und in dem stumpfwinklichten bnT

Sin. b : nT = Sin. bnT : Tb

Ta = Tb;

aus beiden folgt: Sin. n : Sin. bnT = Sin. a : Sin. b. (Nun ist der Sinus von bnT = dem Sinus von bnZ, und Sin. bnZ = Cos. bnm). Da nun die horizontale Parallaxe nie über 62 Min. gehet, so wird die Höhenparallaxe nbT = naT, Cos. bnm (Sin. tot. = 1).

167. Die horizontale Parallaxe eines Himmelskörpers bei uns ist der scheinbare Halbmesser der Erde aus diesem Himmelskörper gesehen, wie naT, und da a höchstens nur 62 Min. austrägt, so werden die Seiten na und Ta gerade um so viel mal länger, oder der Himmelskörper steht entfernter, als der Winkel a kleiner wird. Eben dieses findet bei der Höhenparallaxe statt. Da ferner der scheinbare Durchmesser eines Himmelskörpers sich gleichfalls gerade wie seine zunehmende Entfernung verringert, so behalten die horizontale Parallaxe und der Durchmesser desselben ein beständiges Verhältniß gegen einander. Z. B. beim Mond, wie 200 : 109.

168. Die Kenntniß der Parallaxe führt zur Berechnung der Entfernung derjenigen Himmelskörper, bei welchen sie noch merklich ist. Steht der Mond fig. 11. im scheinbaren Horizont in a, so ist in dem bei n rechtwinklichten Dreieck nTa der parallactische Winkel naT aus Beobachtungen; imgleichen der Halbmesser der Erde Tn in Meilen bekannt: daher läßt sich Ta die Entfernung des Mondes vom Mittelpunct der Erde in Meilen finden.

Denn es ist Sin. a : n T = Sin. n : T a. Nun ist Sin. n = 1: daher $Ta = \frac{nT}{\text{Sin. a}}$. Steht aber der Mond in b, so muß, außer n b T und dem Erdhalbmesser T n, auch seine scheinbare Höhe b n m, oder der Abstand vom Zenith b n Z, bekannt seyn; und es ist dessen Entfernung $Tb = \frac{\text{Sin. bnZ}}{\text{Sin. nbT}}$ (n T = 1).

169. Parallaxe und Refraction zusammen genommen, machen, daß wir die Himmelskörper nur im Scheitelpunkt an ihrem rechten Ort am Firmament sehen. Beide wirken senkrecht, oder in einem Verticalkreise; erstere erniedrigt, und letztere erhöhet ihren wahren Stand über dem Horizont, und beides geschieht am Horizont am stärksten *), Die Refraction ist bei allen gleich groß: die Parallaxe hingegen hängt bloß von ihrer Entfernung ab. Sie verschwindet aber bei den mehrsten gänzlich, und dann bleibt nur die Wirkung der Refraction zu beerachten übrig.

*) Bloß beim Mond tritt der Fall ein, daß, da seine horizontale Parallaxe die veränderliche horizontale Refraction beständig übertrifft, jene also ihn mehr erniedrigt als diese erhöht, so wird sein Tagbogen verkürzt und er geht etwas später auf und früher unter (s. §. 161).

Vierter Abschnitt.

Von der Gestalt und Größe der Erde, mathematischen Abtheilung ihrer Oberfläche, ihrer Erleuchtung durch die Sonne, Längen und Breiten der Oerter, Unterschied der Mittagskreise, Gebrauch der künstlichen Erdkugeln.

170.

Eine richtige Bestimmung der eigentlichen Gestalt der Erde, dient besonders zur Erklärung vieler gänzlich davon abhängender Erscheinungen am Himmel, und leistet zugleich der allgemeinen Kenntniß ihrer Oberfläche, oder der Erdbeschreibung und Schiffahrt, die wichtigsten Vortheile.

171. Viele unter den Alten glaubten, die Erde sey eine kreisförmige Ebene, eine platte Scheibe, wie der Augenschein zu lehren scheint und noch jetzt die mehrsten Menschen täuscht. Die Chaldäer meinten, sie sey einem Schifferboote ähnlich, sie schwämme auf dem allgemeinen Weltocean; andere, sie hätte die Gestalt einer Pyramide, eines Würfels 2c. Leucipp verglich sie mit einer Walze, und Democrit mit einer Schüssel.

172. Dergleichen ungegründete und gleichsam willkührliche Voraussetzungen konnten sich aber nur in jenen Zeiten erhalten, da die Sternwissenschaft und allgemeine Länderkunde gleichsam noch in ihrer Kindheit waren. Als aber die Alten anfingen, den Himmel zu beobachten, und weite Land- und Seereisen vorzunehmen, wurden sie sogleich aus dem veränderlichen Stande der Sterne gegen den Scheitelpunkt und Horizont, und aus der Bemerkung, wie erhabene Gegenstände auf der See und dem Lande zuerst zu Gesicht kommen, auf die Vorstellung gebracht, daß der Erdkörper kugelähnlich gestaltet seyn müsse, und Thales, Pythagoras und andere Weltweisen, lehrten dies schon öffentlich.

173. Den allgemeinsten Beweis hiervon geben die Mondfinsternisse. Denn bei diesen Himmelsbegeben-

heiten geht der Mond durch einen runden Schatten, und da die Astronomie lehrt, daß dies der Schatten der Erde sey, welcher alsdann der Sonne gerade gegenüber auf den Mond fällt, und nur eine Kugel in allen möglichen Stellungen gegen das Licht einen kreisförmigen Schatten werfen kann: so wird hier die Sache durch den Augenschein entschieden. Die Berge und Unebenheiten der Erdoberfläche sind gegen ihren Durchmesser viel zu unbedeutend, als daß sie eine merkliche Abweichung von der Kugelgestalt zuwege bringen könnten.

174. Es giebt auch schon auf der Oberfläche unserer Erde selbst die deutlichsten Beweise ihrer Ründung. Denn wir finden überall ihre Land- und Wasserfläche in einer ähnlichen Gestalt, und treffen auf derselben nirgends Grenzen an: und dies ist gerade die Eigenschaft einer Kugel. Dann ist die Erde auf ihren Oceanen schon oft von europäischen Seefahrern umschifft worden, welche beständig nach einer und derselben Himmelsgegend segelten, und endlich wieder in dem Hafen ihrer Ausfahrt ankamen *). Alle diese Seereisen zeigen unwidersprechlich, daß die aus Land- und Wasser bestehende Erdoberfläche überall bewohnbar sey und der Erdkörper frei im Weltraum schwebe. Daß die Reisenden zu Land und Wasser die Spitzen entfernter Berge, Thürme, Mastbäume, immer eher als den Fuß derselben sehen, dient ebenfalls zum deutlichen Beweise der Erdründung. Es sey fig. 12. nag die Oberfläche der Erde, so wird in a, nach der Lage der scheinbaren Horizontalebene ead, nur erst die Spitze d des Berges e gesehen; es kommt aber immer mehr von demselben zu Gesicht, je weiter man von a gegen e seine Reise fortsetzt, wobei jene Ebene, in Ansehung der vori-

*) Magellan machte zuerst diese Fahrt vom 10. Aug. 1519 bis 7. Sept. 1522, zunächst nach ihm sind Dampier und Anson die bekanntesten Erdumsegler. Eine der neuern Umschiffungen der Erde hat der berühmte Cook von 1768 bis 1771 und von 1772 bis 1775 ausgeführt. Seine dritte Fahrt, auf welcher er am 14. Febr. 1779 das Leben einbüßte, war eigentlich nur eine Entdeckungsreise im stillen Meer.

gen cad, immer tiefer nach d hinabsinkt, und den Berg sichtbar werden läßt. Endlich gründen sich die Regeln, nach welcher der Seefahrer über den unabsehbaren Ocean hinsegelt, auf die Voraussetzung, daß die Erde eine Kugel sey.

175. Ferner lehren eben dies die veränderlichen Stellungen der Himmelskörper gegen unsern Horizont, wenn wir uns von einem Ort zum andern begeben. Die Erde muß von Norden nach Süden rund seyn; denn wenn ein Reisender seinen Weg gerade nach Norden oder Süden nimmt, so findet er, daß sich die dorthin stehenden Sterne gerade in dem Maaße seines zurückgelegten Weges immer mehr seinem Zenith nähern, oder höher über dem Horizont den Meridian passiren.

176. Es sey fig. 12. ac eine vorausgesetzte ebene Fläche der Erde, nabg aber ihre Kugelgestalt. In a erscheint der Stern S im Zenith, und in t steht ein anderer Stern einige Grade davon. Nun müßte der Bewohner einer ebenen Erdfläche von a bis in c, und gerade eben so weit, als beide Sterne St von einander stehen, welche Weite, wie die Astronomie lehrt, Millionen Meilen austragen kann, fortreisen, um den Stern t im Zenith zu haben; hingegen auf einer kugelähnlichen Erde, auf welcher der Wanderer allemal in einem verlängerten Halbmesser oa oder ob bleibt, braucht derselbe nur von a bis b zu gehen, welcher Weg, wenn der Winkel o oder der Bogen St 6° groß wäre, nur den 60sten Theil vom Umfange der Erde austrägt, da ab und St ähnliche oder Bögen von gleich vielen Graden sind, welches völlig mit der Erfahrung übereinstimmt.

177. Eben so ist die Erde rund von Osten gegen Westen, denn die Sonne und alle übrige Himmelskörper gehen allen Bewohnern der Erde nicht zu gleicher Zeit auf oder unter, welches doch geschehen müßte, wenn sie eine ebene Erdfläche bewohnten. In den weiter ostwärts liegenden Ländern gehen sie allemal früher, in den mehr westlich liegenden aber später auf und unter, oder kommen

in den Meridian; auch erleuchtet die Sonne für jeden Augenblick die halbe Erdkugel auf einmal.

178. Endlich haben wir noch allgemeine physikalische und astronomische Beweise für diese Kugelgestalt. Die Masse der Erde mußte gleich bei ihrer Bildung diese Gestalt annehmen, denn wir bemerken, daß überall eine mächtige, unerforschliche Kraft (die Schwere), unaufhörlich und gleichförmig alle feste und flüssige Theile senkrecht gegen ihre Oberfläche fallen läßt und zum Mittelpunkt drängt, nach der Richtung der Halbmesser DE, iE, eB, BE, fig. 13. Dann wissen wir, daß jene Weltkörper des Firmaments gleichfalls eine Kugelgestalt haben, welches von der Sonne und dem Mond bereits der Augenschein zeigt, von allen Planeten aber die Fernröhre lehren.

179. Ob aber die Erde vollkommen kugelrund sey (der Ungleichheiten, welche Berge und Thäler auf ihre Oberfläche verursachen, zu geschweigen), ist eine andere und wichtigere Frage, auf deren Untersuchung die Astronomen und Naturforscher erst in neuern Zeiten gekommen sind, nachdem die in der lehrenden Astronomie vorkommende Wahrheit, von einer frei im Weltraum schwebenden, überall bewohnbaren Erdkugel, und einer 24 stündlichen Umwälzung derselben, über Vorurtheile und Aberglauben siegte, und allgemeinen Beifall fand.

180. Stellt man sich vor, daß die durch die Kraft der Schwere anfangs gebildete Erde sich nicht um ihre Axe wälzte, so waren ihre Massen unbeweglich, und erlitten keinen gemeinschaftlichen Umschwung: folglich mußte der allgemeine Druck der Materie zum Mittelpunkt überall gleichförmig bleiben, und der Erdkörper behielt ungestört seine völlige Kugelgestalt. Als er aber anfing, sich um einen seiner Durchmesser zu drehen, entstand eine neue Kraft, die bei der höchst wahrscheinlich damals noch nicht völlig erhärteten Erdmasse ihre genaue Kugelform etwas abzuändern im Stande war, indem sie die gleichförmige Wirkung der Schwere auf der Erdoberfläche störte. Diese

Kraft

Kraft geht senkrecht von der Drehungsaxe weg, und ist die sogenannte Mittelpunctsfliehende Kraft *).

181. Es sey fig. 13. DeBaD der Umfang der völlig runden Erde in einem ihrer Meridiane, DB ihre Axe: so ist ea der Aequator und ri ein Parallel desselben. Bei ihrer Umdrehung erhalten nun die Theile ein Bestreben, sich nach ri, Ee zu entfernen, und diese Fliehkraft muß von beiden Polen zum Aequator sich immer wirksamer zeigen: weil die Körper allemal Kreise von größerm Umfange beschreiben, je näher sie dem Aequator liegen.

182. Die Fliehkraft wirkt senkrecht von der Erdaxe weg: also von r nach i; die Schwere aber senkrecht gegen einen jeden Punkt der Erdoberfläche, und ihre Richtung geht zum Mittelpunkt: also nach iE. Beide Centralkräfte wirken demnach nur unter dem Aequator senkrecht, nemlich die eine nach Ee, und die andere nach eE; auf den Parallelkreisen aber unter verschiedene Winkel gegen einander, z. B. in i unter dem Winkel riE: folglich muß auch unter jenem Kreise diese Gegenwirkung am stärksten sich äußern, und von da zu den Polen abnehmen. Die Fliehkraft vermag daher, einen Theil der Schwerkraft aufzuheben, oder die Schwere wird durch ihre Gegenwirkung in einem gewissen Verhältniß, und wie sich leicht zeigen läßt, wie die Quadrate der Halbmesser der Parallelen, nemlich $Ee^2 : ri^2$, vermindert, wenn man von den Polen zum Aequator gehet: und da diese Halbmesser nach dem Cosinus ihres Abstandes vom Aequator abnehmen: so muß die Verminderung der Schwere mit dem Quadrat vom Cosinus desselben im Verhältniß stehen.

183. Nun haben Beobachtungen diese Abnahme der Schwere auf der Erdoberfläche wirklich gezeigt, und daher ist die 24stündliche Umwälzung der Erde keinem Zweifel mehr unterworfen. Richer brachte 1672 ein genaues Secunden-Pendul von Paris nach der Insel Cayenne, und fand, daß solches daselbst täglich um 2 Min. zu langsam

*) Das Daseyn dieser Naturkraft zeigen häufige Erfahrungen.

ging, und daß er es um $1\frac{1}{4}$ Linien verkürzen mußte, wenn es 3600 Schwingungen in einer Stunde machen sollte *). Hieraus folgt, daß die Körper unter dem Aequator vom Schwunge der Erdkugel um ihre Axe und der daher entstehenden Fliehkraft etwas von ihrer Schwere verlieren müssen. Fortgesetzte Pendulversuche in verschiedenen Entfernungen vom Aequator, haben dies immer mehr bestätigt.

184. Hierauf suchten Newton und Huygen durch tiefsinnige Schlüsse und Rechnungen zu beweisen, daß die Wirkung der Fliehkraft nicht allein eine verminderte Schwere unter dem Aequator zuwege bringe, sondern daß solche auch dort die ehemals noch weiche Masse der Erde mehr angehäuft, so daß nach hydrostatischen Gründen, bei dem Umschwunge der Erde, ihre Länder und Meere nicht eher ins Gleichgewicht kommen konnten, bis sie von den Polen zum Aequator in allen Parallelen mehr erhöht, oder senkrecht von der Axe weiter weg geführt worden, wodurch sich dann der Erdkörper zu einer um seine Pole etwas abgeplatteten Kugel (Sphäroid) formte. Sie fanden das Verhältniß der Länge der Erdaxe zum Durchmesser des Aequators wie 229:230.

185. Das, was hier allgemeine physikalische Grundsätze über die eigentliche Gestalt der Erde gaben, wünschte man nachher durch wirkliche Ausmessungen am Himmel und auf der Erdoberfläche bestätigt zu sehen. Aus den Mondfinsternissen ließ sich hierüber wenig Zuverlässiges schließen, weil sich höchstens nur der achte Theil vom Umkreise des Erdschattens auf der Mondscheibe zeigt. Man mußte also zu wirklichen Ausmessungen der Erdründung schreiten.

186. Picard bestimmte zuerst nach einer zuverlässigern Methode, als bis dahin gebraucht worden, im Jahr 1669 in den nordlichen Gegenden Frankreichs einen Bogen des Mittagskreises aus geometrischen und astronomischen Messungen, und Dominicus Cassini 1683 und 1700,

---

*) S. die Lehre von den Penduln unter andern in Prof. Büria Grundlehren der Dynamik, S. 201 u. folg.; ferner Erxleben, Muschenbrocks, rc. Naturlehren.

von Paris bis zu den Pyrenäischen Gebürgen. Letzterer fand aus genauen Vergleichungen des Standes eines Sterns gegen den Zenith, an den Endpunkten des gemessenen Mittagsbogen im nordlichen und südlichen Frankreich, einen Grad desselben oder der Breite, südwärts von Paris 71 Franz. Klafter (Toisen) größer, als nordwärts. Hiernach müßten die Grade gegen die Pole hin kleiner seyn, und die Erde um ihre Pole eine länglichte Gestalt haben.

187. Es sey fig. 13. ABCD die länglichte oder elliptische Ründung der Erde, so wäre, nach Cassini Voraussetzung, AC der Durchmesser der Erdaxe, und BD des Aequators: weil man, nach seiner Beobachtung, bei A oder C nicht so weit gehen dürfe, um die Krümmung der Erdoberfläche merklich zu finden, als um D oder B, und folglich müßten die Grade dort kleiner, und hier größer sein. Nach Newton aber war im Gegentheil BD die Erdaxe, und AC der Durchmesser des Aequators.

188. Um diesen Widerspruch zu heben, wurde vorgeschlagen, einige Grade des Mittagskreises unter dem Aequator, und so nahe als möglich, bei den Polen besonders zu messen. Von 1735 bis 1744 maaßen daher Bouguer, und Andere, in der Peruanischen Landschaft Quito, nahe am Aequator, einen Mittagsbogen von mehr als drei Graden geometrisch, und verglichen ihn mit dem Stand der Sterne gegen den Scheitelpunkt *), und 1736 bestimmte Maupertuis in Lappland bei Tornea die Größe eines Grades vom Meridian **).

189. Der Erfolg dieser Beobachtungen zeigte 1) daß die Erde keine vollkommene Kugel sey: weil die Größe der Grade unter den Polen und dem Aequator ungleich ausfiel. Er bestätigte 2) Newtons Meinung: denn der Grad beim Nordpol war um fast 700 Franz. 6füßige Klafter größer, als der unter dem Aequator. Maupertius

*) S. Sammlung aller Reisebeschreibungen, 9ter Band, oder: *Bouguer*, la figure de la Terre, Paris 1749. 4.

**) S. Samml. aller Reisebeschreibungen, 17ter Band, oder: Maupertuis, Figur der Erde, Zürch 1741. 8.

berechnete hieraus, daß sich der Durchmesser des Erdäquators zur Länge der Axe wie 178 zu 177 verhalte. Diese abgeplattete Gestalt der Erde ergiebt sich ferner aus des de la Caille 1750 auf dem Vorgebürge der guten Hoffnung unternommenen Gradmessung; auch die in Italien, Ungarn und Amerika angestellten Messungen führen auf gleiche Folgerungen.

Endlich ist erst vor 30 Jahren, der Meridian der Pariser Sternwarte von Dünkirchen über Paris nach Barcellona also durch ganz Frankreich verlängert und von Mechain und de Lambre wiederholt, mit der äußersten Genauigkeit und den vollkommensten Instrumenten unserer Zeit gemessen worden. Die Mitglieder der Schwedischen Akademie der Wissenschaft zu Stockholm hat im Jahr 1802 die Gradmessung von Maupertuis in Lappland wiederholt und berichtigt.

190. Da nun diese Gradmessungen den nemlichen Schluß, wie die Pendulversuche oder die allgemeinen Nachforschungen über die Wirkungen der Schwere und Fliehkraft, veranlaßten: so sind Beobachtungen der genauesten Pendullänge unter verschiedenen geographischen Breiten häufig angestellt, da solche gleichfalls zur Bestimmung jenes Verhältnisses dienen. Man hat unter andern gefunden:

	Abstand vom Aequator.		Länge des Penduls. Franz. Maaß.		
	Grad.	Min.	Zoll.	Lin.	100
Quito, am Meer	0	13 S.	36	7,	10
Insel Domingo	18	27 N.	36	7,	37
Rom	41	54	36	8,	28
Paris	48	50	36	8,	56
London	51	31	36	8,	60
Petersburg	59	56	36	9,	02
Archangel	64	33	36	9,	10
Spitzbergen	79	50	36	9,	40

191. Aus dieser ungleichen Pendullänge in verschiedenen Entfernungen vom Aequator ergiebt sich nicht allein im Allgemeinen die durch die Fliehkraft unter dem Aequator bewirkte Verminderung der Schwere, wodurch

der Pendulschwung langsamer von statten geht, und demnach dessen Länge verkürzt werden muß, sondern es wird auch dadurch Newtons Meinung bestätigt; denn die Verkürzung der Pendulen unter dem Aequator ist wirklich noch geringer, als bei Voraussetzung einer vollkommenen Kugelgestalt der sich drehenden Erde statt finden müßte: woraus dann die abgeplattete Figur derselben folgt *).

192. Da also der Pendulschwung durch die Wirkung der Schwere entsteht und unterhalten wird, so müssen sich die Kräfte der Schwere zweier vom Aequator ungleich entfernter Oerter gegen einander verhalten, wie die Längen der Pendul, welche an beiden ihre Schwingungen in gleichen Zeiten vollenden (also beim Secundenpendul 3600 in einer Stunde); und da, nach Newtons Regel, auch bei der abgeplatteten Kugelgestalt der Erde die Zunahme der Schwerkraft vom Aequator zu den Polen sich beinahe nach dem Quadrat vom Sinus der geographischen Breite richte: so muß die Verlängerung der Penduln dorthin in gleichem Verhältnisse stehen. Und hieraus läßt sich die übrigens nicht sehr beträchtliche Abplattung der Erdkugel berechnen. **)

193. An der genauen Kenntniß der Figur der Erde ist besonders in der allgemeinen Naturlehre viel gelegen. Denn sie giebt 1) einen richtigen physikalischen Beweis von ihrer täglichen Umwälzung; sie setzt daher 2) die Theorie der Schwere in ein neues Licht; sie dient 3) zu einer größern Genauigkeit beim Nivelliren; sie hat 4) bei

---

*) S. meine Anleitung zur physischen mathematischen und astronomischen Kenntniß der Erdkugel, Berlin 1820 Seite 152.

**) Es verhält sich also die Kraft der Schwere unter dem Aequator, zur Schwere unter dem Pol, da selbige mit der größern Entfernung vom Mittelpunkt der Erde abnimmt, umgekehrt, wie jene Pendullängen. Dies giebt das Verhältniß 192 : 191 wie sich nemlich der Durchmesser des Aequators zu Länge der Erdaxe verhält, der Unterschied wäre hiernach bei der Erdkugel etwa 9 Meilen; bei einer Kugel von 6 Fuß im Durchmesser $4\frac{1}{2}$ Linien.

der Berechnung der Entfernung des Mondes aus seiner beobachteten Horizontal-Parallaxe großen Nutzen. Wenn nach fig. 13. bei einem gleichen Abstande des Mondes einmal in n und zu einer andern Zeit in m derselbe von D aus unter dem Pol, und von A aus unter dem Aequator im Horizont erscheint: so ist, des ungleichen Erdhalbmessers wegen, die Parallaxe DnE kleiner als AmE. Sie dient 5) zur Bestimmung des Unterschiedes des wahren und scheinbaren Zeniths. Es sey fig. 13. vw der scheinbare Horizont, der in o eine Berührungslinie an der sphäroidischen Erdoberfläche ist: os die senkrechte Linie auf vw führt zum scheinbaren Zenith, und geht nach sox; eine Linie von E durch o nach z aber führt zum wahren Zenith. Wenn endlich 6) auf Specialcharten die Lage der Oerter, Länder und Seeküsten völlig richtig verzeichnet werden soll, muß die wirkliche, ungleiche Länge der Meridiangrade, und verhältnißmäßige Größe der Parallelkreise des Aequators dabei zum Grunde gelegt werden.

194. Ist die Figur der Erde bekannt, so läßt sich ihre Größe finden, wobei man anfangs voraussetzen kann, daß sie eine vollkommene Kugel sey. Wir sind aber nicht im Stande, den völligen Umfang, Durchschnitt, Weite der Oberfläche rc. derselben durch unmittelbare Ausmessungen zu bestimmen, sondern können nur 1) einen gegen den Umfang der Erdkugel verhältnißmäßig kleinen Bogen vom Meridian, als ein größter Kreis, nach einem bekannten Längenmaaße geometrisch ausmessen, und mit dem veränderlichen Stande eines gewissen Sterns gegen den Scheitelpunkt an beiden Endpunkten desselben vergleichen; hierauf 2) das Verhältniß dieses Bogens zum ganzen Umkreis oder 360° berechnen, und damit den Umfang der Erde in jenem Längenmaaße finden. Dann lehrt 3) die Geometrie, wie aus dem Umkreis einer Kugel ihr Durchmesser, ferner hieraus der Inhalt ihrer Oberfläche, und endlich der körperliche Inhalt gefunden wird, wodurch sich die Größe der Erdkugel nach allen Ausdehnungen findet, worüber nachher die Berechnung vorkömmt.

195. Nach fig. 12. steht, aus a betrachtet, der Stern

S gerade im Zenith; geht man nun von a bis b, so wird daselbst t das Zenith, und S erscheint um eben so viele Grade vom Umkreise der Himmelskugel von t ab, als die Ortsveränderung oder der Bogen ab vom Umfange der Erde nabg austrägt, weil o der gemeinsame Mittelpunct der Erd- und Himmelskugel ist. Nun muß noch der zurückgelegte Weg nach einem bekannten Längenmaaße (Meilen, Ruthen, Klafter) ausgemessen werden, sonst weiß der Beobachter nicht, ob er auf der größern Erdkugel ab oder auf der kleinern rz gemacht hat, da beide Bögen gleich viele Grade enthalten.

196. Auf dergleichen Untersuchungen sind schon die Alten vor mehr als 2000 Jahren gekommen; dies konnte aber nicht eher, auch nur nach beiläufiger Schätzung geschehen, als bis sie die regelmäßige Kugelgestalt der Erde einsahen. Erst im Jahre 1615 wählte Snellius zuverlässigere Mittel, da er in der Gegend um Leiden die Größe eines Grades vom Meridian durch Hülfe geometrischer Ausmessungen und astronomischer Beobachtungen bestimmte, und eben diesen Weg befolgte 1633 Norwood in England. Ich übergehe aber die Resultate dieser und anderer ältern Ausmessungen, da uns die Beobachtungen von Picard und Cassini gegen das Ende des vorigen, Maupertuis und Bouguer in dem vorigen Jahrhundert der Wahrheit näher kommende geliefert haben *).

197. Da man schon im voraus weiß, daß auf jeden Grad des Erdumfanges etwa 15 deutsche Meilen gehen, und daß es wegen der Ungleichheiten des Erdbodens und anderer Hindernisse nicht möglich ist, eine Linie, auch nur von einigen Meilen, unmittelbar mit der Meßruthe genau zu messen: so ist man genöthigt, einen Meridianbogen geometrisch zu bestimmen. Gesetzt nun, es liegen um denselben herum einzelne hohe Berge, auf deren Spitzen sich Standzeichen errichten lassen, die von den zunächst liegenden zu Gesicht kommen, und eine nothwendig erforderliche

*) S. die Sammlung alter Reisebeschreibungen 9ter und 17ter Band: de la Caille und Maupertuis Gradmessung.

Grundlinie werde auf einem ebenen Felde wirklich gemessen: so lassen sich die Winkel finden, welche ihre Endpuncte mit den Standzeichen der benachbarten Berge formiren. Hierauf beobachtet man auf eine ähnliche Art von jenen Bergspitzen die Winkel, welche die dort aufgerichteten Standzeichen unter sich machen, woraus eine Verbindung von geradlinigten Dreiecken entsteht, die einzeln, nach bekannten Regeln berechnet, zur Erfindung des bei der Grundlinie gebrauchten Längenmaaßes eines zwischen ihren äußersten nordlichen und südlichen Endspitzen liegenden Meridianbogens dienen.

198. Dann ist noch zu untersuchen, was dieser Meridianbogen für ein Theil vom Umfange des Kreises sey, zu welchem er gehört; und hiezu dienen nun astronomische Beobachtungen, die, um der Wirkung der Strahlenbrechung auszuweichen, so nahe als möglich beim Scheitelpunkt herum angestellt werden müssen. Fände z. B. der Beobachter an dem nordlichen Endpunkte desselben mit einem genauen Quadranten einen gewissen Stern im Zenith, und an dem südlichen um 2° 15′ 26″ nordwärts vom Zenith, so wäre er nach §. 195. versichert, daß sein gemessener Mittagsbogen genau eben so viel vom Umkreise der Erde halte (die Erde kugelrund betrachtet), woraus sich, wenn derselbe mit dem gefundenen Längenmaaße verglichen wird, der ganze Erdumfang ergiebt. So fanden z. B. Bouguer und la Condamine in Peru die Länge eines Erdmeridians 56753; de la Caille am Vorgebürge der guten Hoffnung 57040; Picard Frankreich 57069; Mechain und de Lambre 57019; Maupertuis in Lappland 57422 Franz. Klafter *).

199. Bei Berechnung der Größe der Erde im Allgemeinen, kann man solche als eine vollkommene Kugel ansehen, und mit Hrn. Prof. Klügel die Größe eines Grades auf dem mittlern Umfang der Erde 57173,5 Franz. Klafter annehmen. Hiernach ist der Umfang der Erde

*) Eine bei der hiesigen Königlichen Akademie der Wissenschaften herausgekommene Charte zeigt die Triangelverbindungen bei den Gradmessungen in Frankreich, Peru, Lappland und am Vorgebürge der guten Hoffnung, nach einerlei Maaßstab entworfen.

20 Mill. und 582460 Klafter; oder in geographischen Meilen 5400 (nemlich der 15te Theil eines Grades, jeden $\frac{57173,5}{15} = 3811,6$ Klafter = 2366I Rheinl. Fuß). Nun verhält sich der Umkreis eines Circuls zu seinem Durchmesser unter andern wie 355 : 113; und daher bringt 355 : 113 = 5400 für den Durchmesser der Erdkugel 1719 Meilen heraus. Ferner findet sich ihr Flächenraum aus dem Produkt des Durchmessers in dem Umkreise; demnach: 1719 mal 5400 = 9 Millionen und 282600 Quadratmeilen. Endlich der körperliche Inhalt der Erdkugel aus dem Produkt des Flächeninhalts in dem 6ten Theil des Durchmessers; also: 9,282600 $\frac{1719}{6}$ = 2659 Millionen 464900 kubische Meilen *).

200. Zur genauern Berechnung der Größe der Erde müßten eigentlich die Längen aller Grade des Meridians, dessen genaue Krümmungsgestalt und das Verhältniß der Erdaxe zum Durchmesser des Aequators, bekannt seyn. Hierin weichen aber die Untersuchungsresultate der Astronomen und Geometer, nach dem verschieden gebrauchten Axenverhältniß, Methoden und Zusammenstellung der Beobachtungen, merklich von einander ab.

201. Folgende Tafel zeigt, als ein Beispiel für die Abplattung der Erdaxe, $\frac{1}{300}$ in Fr. Klaftern.

Breite Grade.	Merid. Grade.	Halbmesser der Parallele r o.	Gr. der Parall.	Halbmesser e o.	Winkel s o z.
0	56747	3273300	57127	3273300	0′ 0″
10	56764	3223893	56265	3272971	3 56
20	56813	3077094	53703	3272036	7 21
30	56889	2837123	49515	3270575	9 56
40	56982	2510927	43822	3268803	11 18
45	57031	2318430	40462	3267859	11 29
50	57081	2108155	36793	3266907	11 19
60	57174	1640757	28635	3265132	9 57
70	57251	1122830	19596	3263665	7 18
80	57301	570225	9952	3262713	3 56
90	57318	0	0	3262389	0 0

*) Da man schon längstens den 15ten Theil eines Grades vom Umfang der Erde, eine deutsche oder geographische Meile genannt,

Der wahre Scheitelpunkt z ist immer weiter von dem überm Pol stehenden Horizont entfernt, als der beobachtete scheinbare s und der kleine Winkel soz zwischen beiden, verschwindet unterm Aequator und Pol.

202. Bei der sich vornemlich auf den scheinbaren jährlich veränderlich zeigenden Meridianstand der Sonne beziehenden astronomischen Abtheilung der Erdoberfläche, sieht man die Erde als eine geometrische Kugel von 5400 geographischen Meilen (15 auf einen Grad gerechnet) im Umkreise an *), und denkt sich auf derselben den Aequator, Meridian und Horizont, so wie die beiden Wende- und Polarcircul. In fig. 14 ist sn die Axe der Erde, n ihr Nord- und s ihr Südpol; ersterer steht am Firmament nach N, und letzterer nach S hinaus, und daher scheint sich die Himmelskugel um SN in 24 Stunden zu drehen; NASE ist ein Durchschnitt der Himmelskugel in der Ebene des Meridians, und eben daher ist nase ein Meridian auf der Erdkugel. Durch A und E geht der Aequator am Himmel, in dessen Ebene hier das Auge steht, da er also als eine gerade Linie erscheint, und ae ist daher der Erdäquator, welcher die Erde, so wie jener die Himmelskugel, in die nordliche und südliche Hälfte theilt. Durch DD geht die Ebene des Krebs- und durch BB die des Steinbocks-Wendecirculs. Linien von DD und BB gegen den gemeinsamen Mittelpunkt der Erde und des Himmels G gezogen, werden da, wo sie in d und b die Erde berühren, die beiden Wendecircul dd und bb bezeichnen; FG und IK sind die Ebenen des nordli-

---

welche übrigens nirgends im Gebrauch ist, ob sie gleich den in Deutschland üblichen Meilen ziemlich nahe kömmt: so läßt sich bloß bei dieser Voraussetzung die Größe der Erdkugel nach geometrischen Gründen, wie vorhin, finden, und nur die eigentliche Größe dieser Meilen war durch die neuern Beobachtungen zu bestimmen.

*) Da auf einen Grad 15 Meilen gehen, so beträgt eine Ortsveränderung von einer solchen Meile = 23661 Rheinl. Fuß im Umkreise der Erdkugel 4 Minuten; von $\frac{1}{4}$tel Meile = 5915 Fuß ... 1 Minute, und von $\frac{1}{240}$stel Meile = 98 Fuß ... 1 Sec.

chen und südlichen Polarcirculs, und diese Kreise entstehen auf eine ähnliche Art, wie vorhin auf der Erde in fg und ik.

203. Aus der obigen Beschreibung dieser Kreise ist ihr Endzweck bekannt. Die Sonne hält sich beständig zwischen B und D am Himmel auf. Steht sie im Aequator AE, so geht sie den Erdbewohnern unter ae durchs Zenith; und eben so unter bb und dd, wenn sie den Steinbocks- B und Krebswendecircul D erreicht. BD hält am Himmel 47° = der doppelten Schiefe der Ecliptik, und eben so viel bd auf der Erde. Ueber die von d und b weiter gegen die Pole liegenden Länder kommt sie niemals senkrecht.

204. Durch die Wende- und Polarcircul wird die Erde in fünf mit dem Aequator parallel liegende Zonen oder Erdgürtel abgetheilt. Der Raum zwischen beiden Wendecirculn bb und dd, welcher 47 ⋈ 15 = 705 Meilen breit ist, und unter dem Aequator ae 5400 Meilen im Umfange hat, heißt der heiße Erdgürtel: weil die Sonne über einem jedem Punkt desselben zweimal (wiewohl unter bb und dd nur einmal) im Jahr zu Mittage senkrecht steht, wodurch dann daselbst ihre Strahlen am wirksamsten werden können *). Von den Räumen zwischen den Wende- und Polarcirculn dd und fg, ingleichen bb und ik, heißt jener der nordliche, und dieser der südliche gemäßigte Erdgürtel. Eine jede dieser Zonen erstreckt sich von $23\frac{1}{2}$ bis $66\frac{1}{2}$ Grad Abstand vom Aequator, und hat demnach eine Breite von 43 Grad oder 645 Meilen im Bogen des Meridians; ihr Umfang auf einen Wendecircul ist 4952, und auf einem Polarcircul nur 2153 Meilen. Endlich die von den Polarcirculn eingeschlossenen Kugelstücken um beide Pole fgn und iks, welche 2 mal $23\frac{1}{2}$ = 47 Grad im Bogen des Meridians zum Durchmesser haben, heißen die kalten Erdgürtel.

205. Nach geometrischen Gründen verhält sich die heiße Zone zur ganzen Erdoberfläche, wie der Sinus von $23\frac{1}{2}°$ zum Radius; die beiden gemäßigten zu-

*) Doch sind zwischen den Wendekreisen manche lokale physische Ursachen vorhanden, die die Sonnenhitze sehr mildern.

sammen verhalten sich zur ganzen Erdfläche, wie der Unterschied der Sinusse von $66\frac{1}{2}$ und $23\frac{1}{2}^{\circ}$ zum Radius; endlich die beiden kalten Zonen, wie der Sinus versus von $23\frac{1}{2}^{\circ}$ zum Radius. Hiernach nimmt von den 9 Millionen und 282600 Quadratmeilen, welche die ganze Oberfläche der Erde faßt, die heiße Zone 3 Millionen 701433; jede der gemäßigten 2 Millionen und 405635, und jede der kalten 384948 Quadratmeilen ein. Oder, wenn man sich die ganze Oberfläche der Erde in 10000 Quadratmeilen eingetheilt vorstellt, so faßt davon die heiße Zone 3987; jede gemäßigte 2591 und jede kalte 415 solche Räume.

206. Einem Beobachter auf der Erde, der nach der 14ten Figur vom Aequator a z. B. nach dem Nordpol n, seinen Weg nimmt, müssen, da derselbe überall eine senkrechte Stellung auf der Erdoberfläche behält, oder allemal in der verlängerten Richtung eines Erdhalbmessers bleibt, alle Kreise der Himmelskugel nach und nach, entweder in einer geraden, oder in einer schiefen oder endlich in einer parallelen Lage gegen seinen Horizont sich darstellen: und daher ist die Benennung der geraden, schiefen und parallelen Himmelssphäre entstanden. Die Bewohner der heißen Zone, oder des Aequators in a, haben die Himmelskugel gerade. Denn in a und e kommt der Aequator AE im Scheitelpunkt, und die beiden Pole S und N stehen im wahren Horizont: folglich steigen die Himmelskörper im Aequator und in allen Tagescirculn gegen den Horizont senkrecht auf und ab. Zwischen dem Aequator und den Polen liegen alle sich auf den scheinbaren Umlauf der Himmelskugel beziehende Kreise schief gegen den Horizont, und nach dieser Richtung geht auch alles Gestirn auf und unter. Z. B. r hat Z zum Zenith, und HR wird der Horizont; endlich den Bewohnern der Pole wird N und S zum Zenith, und der Aequator AE zugleich zum Horizont. Woraus folgt: daß die täglichen Umläufe der Himmelskörper in mit dem Horizont parallel liegenden Kreisen geschehen. Nur unter dem Aequator kömmt in 24 Stunden der ganze Himmel zu Gesicht; zwischen demselben und einem von den Polen aber bleibt ein immer

größerer Theil um den entgegenstehenden Pol unter dem Horizont verborgen, so wie ein ähnlich großer sich um den nächsten Pol beständig zeigt; unter den Polen selbst aber erscheinen nur die in der nordlichen oder südlichen Halbkugel des Himmels stehenden Himmelskörper über dem Horizont, und gehen weder auf noch unter.

207. Die Erdkugel erhält ihre Erleuchtung von der Sonne. Eine Kugel aber kann nur wenn sie mit dem leuchtenden Körper einerlei Größe hat, oder nur in einem unendlichen Abstande genau bis zur Hälfte von ihm Licht erhalten. Nun ist die Sonne nicht unendlich weit von uns, und auch vielmal größer im Durchmesser als die Erde, welche daher aus der erstern Ursache etwas weniger, und aus der letztern etwas mehr als zur Hälfte von derselben erleuchtet wird. Da aber dieser Unterschied nur geringe ist, so wird er in der mathematischen Erdbeschreibung nicht gerechnet, und man setzt voraus: daß überall 180 Grad vom Umkreis der Erde auf einmal das Sonnenlicht genießen.

208. Steht die Sonne im Aequator A, so ist für einen jeden Augenblick san die erleuchtete, und sen die dunkle Halbkugel der Erde, welche sn von einander scheidet, und bei dem scheinbaren Umlauf der Sonne werden alle Theile der Erdoberfläche in 24 Stunden erleuchtet. Unter dem Aequator läuft die Sonne durchs Zenith, und unter den Polen am Horizont herum. Rückt aber die Sonne vom Aequator nach Norden oder Süden gegen die Wendecircul, so fängt sie an, ihre Strahlen so weit jenseits des Pols, gegen den sie rückt, zu werfen, als sie solche von dem gegenüber liegenden zurückzieht. In D wird idg so wie in B, kbf die für jeden Augenblick erleuchtete Halbkugel; um diese Zeit werden also die unter dem einen Pol vom Polarcircul eingeschlossenen Länder beständig von der Sonne erleuchtet, da die um den andern Pol liegenden in der dunkeln Halbkugel bleiben.

209. Hieraus folgt die sehr ungleiche Dauer der Tage und Nächte auf dem Erdboden. Die Sonne beschreibt ihre Tagescircul mit dem Aequator parallel. Nun theilt 1) der Horizont SN unter dem Aequator alle

Tagescircul (beide Wendecircul sind Beispiele), gerade zur Hälfte: die Tage und Nächte müssen folglich daselbst durchs ganze Jahr 12 Stunden lang seyn. 2) Der Horizont eines zwischen dem Aequator und den Polen liegenden Landes, wie z. B. HR, theilt hingegen diese Tagescircul in sehr ungleiche Theile: und folglich müssen die Tage allda ungleich lang seyn. Endlich 3) der Horizont unter den Polen, wie AE (der Aequator), läßt nur die in der einen Halbkugel vom Aequator bis zum sichtbaren Pol sehen. Ist die Sonne selbst im Aequator, so ist auf der ganzen Erde Tag und Nacht gleich lang: weil vom Aequator, als einem größten Kreise, überall die Hälfte über dem Horizont steht. Steigt sie vom Aequator gegen den Krebswendecircul, so werden die Tage in der nordlichen Halbkugel länger; und geht sie vom Aequator zum Steinbockswendecircul, so findet das Gegentheil in der südlichen Halbkugel statt. Diese Ungleichheit der Tage wird immer größer, je näher man den Polen kömmt, woselbst die Sonne 6 Monate lang unter und über dem Horizont bleibt*).

210. Schon die Alten theilten nach der ungleichen Dauer der Tage und Nächte die Erdoberfläche in sogenannte Klimata, oder mit dem Aequator parallel liegende Erdstriche ab, an deren Gränzen nach den Polen hin, der längste Tag eine halbe Stunde zugenommen. Vom Aequator bis zu den Polarcirculn giebt es deren 24, da nemlich in diesem Zwischenraum der Tag von 12 bis 24 Stunden zunimmt; und weil dies immer schneller geschieht, so werden die Klimate immer schmäler. Von der Dauer des längsten Tages 12 Stunden subtrahirt, und den Rest in halbe Stunden verwandelt, giebt an, in welchem (astronomischen) Klima ein Ort liegt. Vom Polar-

*) Uebrigens trägt die Summe der Länge aller Tage des Jahrs, oder die Verweilung der Sonne über dem Horizont für einen jeden Ort der Erde, genau die Hälfte aller Stunden des Jahrs aus, und diesemnach ist auf der ganzen Erde ein halb Jahr Tag und ein halb Jahr Nacht.

circul bis zum Pol sind noch 6 Klimate, an deren Gränzen aber der längste Tag auf einmal um einen ganzen Monat zugenommen.

211. Die Bewohner der Erde werfen unter dem Aequator und überhaupt in der heißen Zone an den beiden Tagen, da die Sonne durch den Scheitelpunkt geht, keinen Schatten, und werden unschattige; sonst fällt ihr Schatten entweder gegen Norden oder Süden, nachdem die Sonne süd- oder nordlich beim Zenith vorbeigeht: sind also auch zweischattige. Unter einem jeden Wendecircul wird an dem Tage, da die Sonne denselben berührt, zu Mittag kein Schatten bemerkt, sonst fällt er unter dem Krebswendecircul allemal gegen Norden, und unter dem Steinbockswendecircul gegen Süden. Die Bewohner der nordlichen und südlichen gemäßigten Zone werfen ihren Schatten allemal gegen Norden oder gegen Süden: sind daher einschattige. In den von den Polarcirculn eingeschlossenen Ländern giebt es in den Monaten, da die Sonne beständig über dem Horizont bleibt, umschattige.

212. In den beiden gemäßigten Zonen geht der astronomische Frühling an, wenn die Sonne im Aequator steht, und anfängt, sich gegen den über dem Horizont befindlichen Pol zu erheben. Der Sommer, wenn sie nach 3 Monaten den Scheitelpunkt in dem gegen den sichtbaren Pol liegenden Wendekreis am nächsten gekommen. Der Herbst, wenn sie sich nach 3 Monaten abermal im Aequator befindet, und gegen die Seite des unsichtbaren Pols rückt. Der Winter, wenn sie abermal nach 3 Monaten in dem dem unsichtbaren Pol zugekehrten Wendecircul vom Zenith ihre größte Entfernung erreicht. Demnach sind alle vier Jahreszeiten zugleich auf dem Erdboden vorhanden.

213. Die Länder der heißen Zone haben wegen des täglichen hohen Mittagsstandes der Sonne mehrentheils Sommer, und nur eine geringe Abwechselung der natürlichen Jahreszeiten. Letzteres findet auch in den kalten Erdgürteln statt, indem daselbst, wegen des beständig niedrigen Standes der Sonne, ein beständiger Winter herrscht.

In den beiden gemäßigten Zonen zeigt sich hingegen die merklichste Abwechselung der Jahrszeiten oder der Wärme und Kälte; doch richtet sich ihre Stärke so wenig nach dem größern oder kleinern Winkel, unter welchem die Sonnenstrahlen auf ein Land fallen, als der verschiedenen Verweilung der Sonne über dem Horizont.

214. Nach den Abtheilungen der Erdoberfläche in Zonen, Klimate ꝛc. läßt sich nur sehr allgemein die Lage eines Ortes auf derselben, und überdem nur der Entfernung vom Aequator nach, angeben. Es werden demnach durch einen jeden Punkt des Aequators und beide Pole Meridiane gezogen, und die Entfernung des Meridians eines Ortes von demjenigen, den man, als den ersten angenommen, in Graden des Aequators oder seiner Parallelen von Westen gegen Osten gezählt, heißt die **geographische Länge** des Orts. Dann werden noch durch diese Meridiane vom Aequator bis zu den Polen Kreise mit dem Aequator parallel gezogen, und die Entfernung auf einem derselben vom Aequator nach Norden oder Süden, heißt die **geographische Breite** eines Ortes.

215. Die alten Erdbeschreiber zogen den ersten Meridian durch die äußersten westlichen Gränzen der ihnen bekannten Länder, wie **Eratosthenes** durch die sogenannten Herkulessäulen bei Gibraltar. Einige der neuern haben ihn durch die Azorische Insel **Flores**, Andere durch die Canarische Insel **Teneriffa** ꝛc. gezogen. Seit 1634 ziehen die Franzosen den ersten Meridian durch die westlichste der Canarischen Inseln Ferro, deren westliche Küste 20° 30′ vom Meridian der Pariser Sternwarte westwärts, und der erste Meridian wird genau 20° vom Pariser gegen Westen gesetzt, welches die neuern Geographen bei der Verzeichnung der Meridiane auf Landcharten und Globen gewöhnlich zu befolgen pflegen.

216. Die geographische Breite ist allemal der Polhöhe eines Orts gleich, oder nach fig. 14. ist für r, ar der Abstand des Orts vom Aequator, der Polhöhe desselben NCR gleich. Unter dem Aequator liegt der Pol n wie s im Horizont, um so viele Grade sich nun der Beobachter

achter auf der Erdoberfläche im Meridian von a nach n begiebt, um eben so viele erhebt sich der Pol n über seinen Horizont *). Der wahre Horizont HR des Orts r, dessen Scheitelpunkt Z ist, schneidet von der Erd= und Himmelskugel und deren Kreisen ähnliche Bögen ab. HZR ist der halbe Umfang des Meridians über dem Horizont, AN = 90°. Daher auch HA + RN die Summe der Aequator= und Polhöhe = 90°, AZ = 90° — HA, und ZN = 90° — RN.

217. Alle Oerter unter einem und demselben Meridian haben gleiche Länge und im nemlichen Augenblick Mittag oder eine jede andere Tagesstunde, und alle die auf gleichen Parallelkreisen liegen, gleich große Breiten oder Polhöhen, und gleiche Länge der Tage. Die Grade der Meridiankreise oder der Breite sind überall (die Erde als eine vollkommene Kugel betrachtet) gleich groß; die Parallelkreise des Aequators aber, und folglich auch ihre Grade (Grade der Länge), werden gegen die Pole hin immer kleiner, wie folgende Tafel von 10 zu 10 Grad der Breite zeigt.

Graden der Breite.	Größe der Graden in den Parallelkreisen.	Umfang der Parallelkreise.
	Geograph. Meilen.	Geograph. Meilen.
0	15, 00	5400
10	14, 77	5318
20	14, 09	5074
30	12, 99	4676
40	11, 49	4137
50	9, 64	3471
60	7, 50	2700
70	5, 13	1847
80	2, 60	938
90	0, 00	0

*) Verzeichnisse von den Längen und Breiten der merkwürdigsten Oerter nach den neuesten Beobachtungen finden sich unter andern in meinen astronomischen Jahrbüchern; in meiner Anleitung zur allgemeinen Kenntniß der Erdkugel, Berlin 1820; und in der Beschreibung meiner auf den Horizont von Berlin entworfenen Weltcharte, Berlin 1793.

die Größe der Graden und der Umfang der Parallelkreise wird gefunden, wenn man 15 oder 5400 Meilen mit dem Cosinus der Breite multiplicirt.

218. Gegenfüßler heißen diejenigen Bewohner der Erde, welche unter der uns entgegen stehenden Hälfte unsers Mittagskreises, also 180° in der Länge, von unserm Meridian verschieden, und zwar so weit unter einer südlichen als wir nordlichen Breite sich befinden. Bei ihnen sind unsere Tages- und Jahreszeiten entgegen gesetzt anzutreffen. Gegenwohner sind diejenigen, welche in unserm Meridian unter einer gleich großen aber südlichen Breite wohnen; sie haben mit uns einerlei Tages- aber entgegengesetzte Jahreszeiten. Endlich die mit uns unter einerlei nordlichen Breite, oder auf einem gleichen Parallelkreise, aber in dem jenseits des Pol liegenden Theil unsers Meridians wohnen, heißen Nebenwohner, und diese haben mit uns einerlei Jahres- aber entgegengesetzte Tageszeiten.

219. Unter einem jeden Meridian der Erde zählt man gleiche Stunden des Tages, und wenn die Sonne in dessen Kreisebene kommt, 12 Uhr Mittags. Der Bogen des Aequators oder seiner Parallelen, zwischen zweien Meridianen in Zeit verwandelt, giebt an: wie viel der eine früher oder später, wie der andere, Mittag oder eine jede andere Tagesstunde hat; und da die Sonne in 24 Stunden ihren scheinbaren Umlauf am Himmel vollendet: so geschieht die Verwandelung dieses scheinbaren Sonnenlaufs in Zeit nach der Anweisung im §. 114. Meridiane, die um 1 Grad ost- oder westlich von einander liegen, zählen hiernach 4 Minuten mehr oder weniger, 15° geben eine Stunde Unterschied rc.

220. Die Sonne umläuft den Himmel von Osten gegen Westen, die östlichen Länder müssen solche demnach früher durch ihren Meridian gehen sehen, als die westlichen. In einem jeden Augenblick kann nur unter demjenigen Meridian der Erde 12 Uhr Mittags seyn, dessen Ebene mit der Ebene des Meridians am Firmament, worin die Sonne steht, zusammenfällt; ostwärts von demselben müssen schon

Nachmittags-, westwärts aber erst Vormittagsstunden seyn; und Mitternacht trifft unter den der Sonne genau entgegen liegenden Meridian. Daher finden die vier Tageszeiten zugleich auf der Erde statt.

221. Ein Reisender, der seinen Weg beständig z. B. gegen Osten nimmt, wird nach jede 15 Grad, die er zwischen zweien Halbkreisen der Meridiane, also im Bogen des Aequators oder seiner Parallelen gerechnet, zurücklegt, unter einen Meridian-Halbkreis kommen, in welchen die Sonne eine Stunde früher als in den Meridian des Orts seiner Abreise kömmt. Er wird Oerter antreffen, wo die Sonne nach seiner mitgenommenen und nach dem Meridian des Orts seines Abreise richtig gehenden Uhr, um die 11te, 10te, 9te ꝛc. Stunde des Vormittags den Mittag macht. Setzt er seine Reise um die ganze Erdkugel fort, so muß er bei seiner Rückkehr von Westen her 24 Stunden oder einen ganzen Tag mehr rechnen. Das Gegentheil erfolgt, wenn die Reise beständig gegen Westen und die Rückkehr von Osten her geschieht: weil die Sonne in den westlichen Meridianen immer später ankömmt *).

222. Der Zeitunterschied der Meridiane zweier Oerter läßt sich nicht so leicht wie ihre Breite finden: denn zu dieser letzten Absicht darf man nur unter andern ihre Polhöhe oder Meridian-, Sonn- und Sternhöhen messen. Zur Bestimmung jenes Unterschiedes aber werden besondere und in gleichen Augenblicken unter beiden Meridianen angestellte astronomische Beobachtungen erfordert. Himmelsbegebenheiten, die in einem gleichen Augenblick anfangen und aufhören, sind besonders hiezu dienlich, als z. B. Mondfinsternisse und Jupiter-Trabanten-Verfinsterungen. Wird deren Anfang an einem gewissen Ort um 8 Uhr Abends bemerkt, und ein anderer zählt alsdann erst 7 Uhr: so liegt der letztere Ort von dem erstern um eine Stunde Meridian-Unterschied gegen Westen. Auf dem festen Lande sind astronomische hiezu dienende

*) Daher ist auch gestern und heute zugleich auf der Erde vorhanden.

Beobachtungen viel leichter, als auf der See anzustellen, und doch ist die Auflösung dieser Aufgabe für die Seefahrer äußerst wichtig.

Man verlangt:

223. **Eine künstliche Erdkugel nach den Weltgegenden und für einen europäischen Ort, z. B. Berlin, zu stellen** *): Man bringt, entweder vermittelst eines Compasses, oder auf bekannte Art, um 12 Uhr Mittags bei scheinender Sonne den messingenen Meridianring des Globus, durch die Bemerkung, wenn derselbe keinen Schatten wirft, mit hinreichender Genauigkeit in die Lage von Süden nach Norden; erhebt den Nordpol um die geographische Breite oder Polhöhe über den Horizont; stellt Berlin unter den messingenen Meridian, und befestigt die Kugel in dieser Lage.

224. **Die Lage Berlins gegen die übrigen Länder der Erde**: Steht dieser Ort unter dem messingenen Meridian, so liegt er auf der Mitte einer Halbkugel der Erde, die für ihn die obere heißen kann, und der hölzerne Horizont des Globus theilt diese von der untern. Man übersieht also diejenigen Länder der Erde, die mit ihm auf einer und derselben Halbkugel oder in der entgegenstehenden liegen, durch welche Länder und Oceane die Ebene seines wahren irdischen Horizonts geht, und welche folglich um den vierten Theil vom Umfange der Erde von ihm entfernt anzutreffen sind.

225. **Den Abstand der Oerter der Erde von Berlin, und nach welcher Weltgegend sie von dieser Stadt liegen**: Schraubt man den messingenen Höhenquadranten am Scheitelpunkt des Globus, in welchen Berlin gesetzt worden, fest, und führt selbigen über einen Ort, so ergiebt sich dessen Entfernung auf dem kürzesten Wege, das ist, nach der Richtung eines größten Kreises in Graden, und diese mit 15 multiplicirt, in geographischen Meilen. Zugleich zeigt der Höhenquadrant

---

*) In Deutschland sind Erdkugeln oder Globen, besonders in Weimar, Leipzig, Nürnberg rc., in allen Größen zu haben.

auf dem Horizont die Weltgegend an, imgleichen den Azimuthalwinkel, unter welchem der Ort von Berlin aus liegt. Für einen Ort der untern Halbkugel muß man den Südpol um die Berliner Polhöhe über den Horizont erheben, den Fußpunkt von Berlin unter den Meridian bringen, und den am Höhenquadranten vom Horizont herauf gefundenen Abstand zu 90° addiren; endlich die Weltgegenden entgegengesetzt nehmen, z. B. statt SW, NO.

226. Die Mittagshöhe der Sonne, ihren Auf- und Untergang, ihre Abend- und Morgenweite, die Länge des Tages, für Berlin an einem gegebenen Tage: Nachdem der Globus auf die Berliner Polhöhe gestellt worden, wird der Ort der Sonne in der Ecliptik, die noch zum Theil auf Erdgloben vorzukommen pflegt; oder besser, der Grad der Sonnenabweichung an einem gewöhnlich eingetheilten Meridian genommen, unter den messingenen Meridian gesetzt, und der Zeiger auf 12 Uhr Mittag gestellt; hierauf diese Abweichung zur Höhe des Aequators addirt, wenn sie nordlich, hingegen subtrahirt, wenn sie südlich ist, giebt die Mittagshöhe der Sonne. Führt man diesen Grad an den östlichen oder westlichen Horizont, so zeigt der Zeiger den Auf- und Untergang der Sonne; die Zeit des letztern doppelt genommen, giebt die Dauer des Tages; der Abstand jenes Grades vom Ost- oder Westpunkt ist die Morgen- und Abendweite der Sonne.

227. Für eine gegebene Tagesstunde zu Berlin, wie viel die Uhr an andern Oertern sey: Es wird Berlin unter den Meridian und der Zeiger auf die gegebene Stunde gesetzt; hierauf der Globus herumgedreht, bis jene Oerter durch den Meridian gehen, da denn der Zeiger angiebt, wie viel solche zu der nemlichen Berliner Stunde an ihrer Uhr zählen. Ob dies Morgen- und Abendstunden sind, läßt sich aus der bekannten Berliner Stunde leicht beurtheilen.

228. Wie die Erde für einen jeden Tag von der Sonne erleuchtet wird, welchen Oertern sie in den Scheitelpunkt kömmt, und wo sie zu glei-

cher Zeit auf- und untergeht: Man stellt den Nord- oder Südpol um so viele Grade über den Horizont des Globus, als die nordliche oder südliche Abweichung der Sonne austrägt, so geht der Tagescircul der Sonne im Meridian durch den höchsten Punct des Globus und allen Oertern, die auf diesem Tagescircul liegen, erscheint die Sonne an diesem Tage im Scheitelpunkt. Demnach ist für jeden Augenblick die über dem Horizont stehende Halbkugel die Tagesseite, und die unter dem Horizont liegende die Nachtseite der Erde; im obern Meridian ist 12 Uhr Mittags, im untern Mitternacht, ostwärts zählt man Abend- und westwärs Morgenstunden. Allen an der östlichen Hälfte des Horizonts liegenden Ländern geht die Sonne zugleich unter, so wie allen auf der westlichen Hälfte auf.

229. **Die Länge des Tages und der Nacht an irgend einem Ort der Erde, imgleichen diejenigen Gegenden, wo die Sonne nicht auf- oder untergeht, für eine gegebene Zeit:** Wenn bei der vorigen Stellung des Globus der Ort, dessen Tageslänge gesucht wird, unter den Meridian und der Zeiger auf 12 Uhr Mittag gesetzt, hierauf dieser Ort an den westlichen Horizont geführt wird: so giebt der Zeiger an, wie viele Stunden vor Mittag die Sonne aufgeht, und wenn er an den Osthorizont gebracht wird, wie viele Stunden nach Mittage die Sonne untergeht. Die Zeit des Aufganges doppelt genommen, giebt die Länge der Nacht, und diese von 24 Stunden subtrahirt, die Länge des Tages. Endlich zeigt der Globus beim Umdrehen, daß allen Ländern, die von den Polen in einem der Abweichung der Sonne gleichen Abstand liegen, die Sonne alsdann nicht auf- oder untergeht.

230. **Die Gegend, wo die Sonne für eine gegebene Berliner Zeit im Scheitelpunkt steht, ihre Höhe über dem Horizont an verschiedenen Oertern, und wo sie auf- und untergeht:** Stellt man die Polhöhe des Globus der Abweichung der Sonne gleich, Berlin unter den Meridian, und den Zeiger auf die

gegebene Stunde; dreht hierauf den Globus um, bis der Zeiger die 12te Mittagsstunde angiebt: so zeigt die obere Halbkugel alle Länder, die zu jener Stunde Tag, und die untere alle die alsdann Nacht haben; am östlichen Horizont geht die Sonne unter, und am westlichen auf; über dem im obern Meridian liegenden höchsten Punkt steht die Sonne im Scheitelpunkt, also 90° hoch. Der Höhenquadrant zeigt alsdann die Sonnenhöhe an allen Orten, die unter ihn kommen, vom Horizont bis zu jedem Ort herauf gezählt. Dreht man ihn um den Scheitelpunkt herum, so zeigt er alle Oerter, denen alsdann die Sonne gleich hoch steht.

231. Die Erleuchtung der Erde von der Sonne für die gegebene Berliner Zeit, unmittelbar durch den Sonnenschein: Man hebe den Globus mit seinem messingenen Mittagskreis aus dem hölzernen Horizontgestelle heraus, und befestige drei Fäden an den Mittagskreis, den mittelsten am Berliner Zenith, und die beiden andern an den Punkten, wo die Pol- und Aequatorhöhe dieses Orts hinfällt; hänge die Kugel bei scheinender Sonne an diesen drei Fäden dergestalt auf, daß ihr Mittagskreis mit der Lage der Mittagslinie übereinkomme, und jene beiden Punkte horizontal liegen; stelle Berlin unter den Meridian, und suche die Kugel innerhalb demselben unverrückt zu erhalten: so wird der Globus durch den Augenschein zeigen, wie die Sonne unsere Erdkugel für diese Zeit wirklich erleuchtet; auf welcher Halbkugel der Erde es alsdann Tag und auf welcher es Nacht ist, wo die Sonne auf- und untergeht rc.

232. Die Entfernung zweier Oerter auf der Erdoberfläche aus ihrer bekannten geographischen Länge und Breite: Liegen beide unter dem Aequator, oder unter einem gleichen Meridian, so giebt der Unterschied ihrer Länge oder der Unterschied ihrer Breite in Graden, mit 15 multiplicirt, ihre Entfernung von einander längs einem größten Circul, oder auf dem kürzesten Wege, in geographischen Meilen an. Liegen beide auf einem gleichen Parallelkreis, so wird der Unterschied ihrer

Länge in Graden mit dem Cosinus ihrer gemeinschaftlichen Breite, und noch mit 15 multiplicirt, ihre Entfernung im Parallelkreise nach geographischen Meilen geben. Um solche auf dem kürzesten Wege mechanisch zu finden, ist es hinreichend, den Höhenquadranten am Meridian da anzuschrauben, wo der eine Ort durchgeht; ihn dann über den andern Ort zu führen, und den zwischen beiden liegenden Gradbogen mit 15 in geographische Meilen zu verwandeln. Endlich wenn beide Oerter eine verschiedentliche Länge und Breite haben, so kann ihr kürzester Abstand gleichfalls durch den Höhenquadranten auf eine ähnliche Art, wie vorhin, mechanisch gefunden werden.

Fünfter Abschnitt.

Von dem Luftkreise, Erscheinungen desselben, und optischen Täuschungen beim Anblicke des Firmaments.

233.

Wir sehen nemlich alle Himmelskörper jenseits einer flüssigen und durchsichtigen Materie, welche den Erdball bis auf eine gewisse, im ganzen äußerst geringe Höhe umgiebt, und die Atmosphäre oder der Luftkreis genennet wird. Er verändert den scheinbaren Stand der Himmelskörper (§. 153 — 161.), und Erscheinungen in der Atmosphäre sind von wirklichen Begebenheiten an den Himmelskörpern wohl zu unterscheiden.

234. Der Luftkreis verstattet den Lichtstrahlen der Sonne freien Durchgang; sie brechen sich in den äußerst feinen Theilen derselben, und werden alsdann blau gefärbt zurückgeworfen: daher entsteht höchstwahrscheinlich die blaue Farbe des von Wolken freien Himmels. Die Luft hat eine Schwere, die sich zur Schwere des Wassers wie 1 zu 800 mehr oder weniger enthält. Sie läßt sich zugleich in einen viele mal engern Raum zusammen bringen, und

nimmt wieder den vorigen Raum ein, wenn der Druck nachläßt: sie ist also elastisch oder hat eine Federkraft, und ihre Dichtigkeit nimmt daher mit der zunehmenden Höhe ab, weil die untere Luft das Gewicht der höhern trägt. Jede Luftsäule steht mit einer etwa 28 Zoll hohen Quecksilbersäule oder 32 Fuß hohen Wassersäule von gleicher Grundfläche im Gleichgewicht.

235. Wäre das Gesetz völlig bekannt, nach welchem sich die Dichtigkeit der Luft in den obern Gegenden vermindert, so ließen sich aus beobachteten Barometerhöhen auf der Erdoberfläche und den höchsten Bergen über die ganze Höhe des Luftkreises richtige Folgerungen ziehen; allein diese Kenntniß ist noch mangelhaft. Kepler, de la Hire ꝛc. haben aus der Dauer der Abend- und Morgendämmerung die Höhe der Luft bis dahin, wo sie noch die Strahlen der Sonne bricht und zurückwirft, auf 10,7 deutsche Meilen berechnet *), wiewohl diese Höhe nicht an allen Orten und zu allen Jahrszeiten gleich groß seyn kann **). Der Mond und die Sonne müssen auch die Luft theils wegen ihrer Anziehung oder ihres Drucks, und theils wegen der Erwärmung der letztern, vornemlich in den Gegenden zwischen den Wendekreisen, über welche beide senkrecht kommen können, wechselseitig ausdehnen. Diese Wirkungen sind der vornehmste Ursprung der Winde und der größtentheils davon abhängenden veränderlichen Witterungen.

236. Der Luftkreis macht übrigens mit der Erdku-

---

*) Nach fig. 10. ist in dem in r rechtwinklichten Dreieck r x C, der Winkel r C x = 9° : denn r A hat nach den Beobachtungen 18°, in A geht die Sonne auf, wenn in r die Morgendämmerung anbricht; dann ist noch der Halbmesser der Erde Cr = 860 Meilen bekannt. Hieraus findet sich C x durch $\frac{Cr}{\text{Sin. } Cxr.} = 870,7$ Meilen, und Cx — Cg = gx = 10,7 Meilen.

**) Obige Höhe von 10,7 Meilen trägt aber nur etwa den 80sten Theil vom Halbmesser der Erde aus, und daher ist der den Erdball umgebende Luftkreis nur ein äußerst geringer Ueberzug desselben.

gel ein Ganzes aus, folgt ihrer 24stündlichen Axendrehung und hat für sich keine eigene Bewegung. Er ist eine nothwendige Bekleidung derselben, leistet ihren Bewohnern den unentbehrlichsten Nutzen, und vermehrt die Annehmlichkeiten ihres Aufenthaltes. Die Luft dient vornemlich allen lebendigen Geschöpfen zum Einathmen, das Feuer zu unterhalten, den Schall fortzupflanzen, und den Wachsthum der Pflanzen und thierischen Körper zu befördern.

237. Der Luftkreis ist ferner der Sammelplatz aller Ausdünstungen, welche sich von der Oberfläche der Erde, dem Meere, allen thierischen und vegetabilischen Körpern durch die Wärme, den Wind und manche chemische Naturprozesse losreißen, wegen ihrer größern Leichtigkeit bis zu einer verhältnißmäßig geringen Höhe in die Luft geführt werden, und daselbst in der untern Region derselben den eigentlichen Dunstkreis formiren. Dieser enthält außer der Lebensluft und Stickluft hiernach verschiedene fremdartige, wäßrigte und brennbare Theile, die durch ihre mannigfaltigen Mischungen und Zersetzungen viele Veränderungen hervorbringen; und wenn sie durch eine starke Anhäufung aus dem Gleichgewicht mit der Luft kommen, wieder in Thau, Regen, Schnee, Hagel rc. herunter fallen, und dem Erdboden durch eine fruchtbare Befeuchtung dasjenige zurückliefern, was anfangs von demselben aufgestiegen war.

238. Unter den Lufterscheinungen ist besonders der Regenbogen merkwürdig. Er erscheint gemeiniglich bald nach einem gehabten Regen, wenn die Sonne hinter dem Rücken des Zuschauers in einer dazu erforderlichen Höhe über dem Horizont scheint, und vor ihm die noch regnenden Wolken stehen. Die Farben sind vom Mittelpunkt des Bogens, also von unten aufgerechnet: violet, purpur, blau, grün, gelb, orange und roth. Zuweilen zeigt sich über diesem gewöhnlichen Regenbogen noch ein anderer etwas breiterer mit schwächerm Scheine und in einer umgekehrten Farbenordnung.

239. Der Regenbogen entsteht, wenn sich die Sonnenstrahlen in fallenden Regentropfen brechen und von denselben unter gewissen beständigen oder gleich großen Win-

keln mit der zum Mittelpunkte des Regenbogens gehenden Linie in den Augen des Zuschauers zurückgeworfen werden, wodurch sie, nach optischen Erfahrungsgründen, gefärbt erscheinen. Wenn dies in jedem Regentropfen nach einer doppelten Brechung und einmaligen Zurückwerfung unter einem Winkel von 40° 17′ geschieht, so sehen wir violette, und bei 42° 2′, rothe Farben im Regenbogen, zwischen welchen Winkeln sich die übrigen in der obigen Ordnung zeigen, und hieraus entsteht der innere und vornehmste Bogen, der 1° 45′ breit ist. Obgleich die Regentropfen im Fallen beständig einen andern Ort einnehmen, so treten doch immer andere an die vorige Stelle, wo diese Winkel vorkommen.

240. Noch können koncentrisch um diesen innern Regenbogen Tropfen fallen, aus denen die Lichtstrahlen erst nach einer doppelten Brechung und Zurückwerfung, und also mehr geschwächt, unter Winkeln von 50° 59′ und 54° 7′ ins Auge fallen; erstere bringen rothe und letztere violette Farben, woraus ein Nebenregenbogen von 3° 8′ Breite in umgekehrter Farbenordnung entsteht.

241. Wenn man sich nun vorstellt, daß die ins Auge des Beobachters fallenden Strahlen unter jene unveränderliche Winkel um die vom Auge zum Mittelpunkt des Regenbogens gehende Linie als ihre Axe sich bewegen, so entstehen daraus geometrische Kegel, deren Grundflächen kreisförmig sind: folglich werden sich in allen Regentropfen, die in jedem Augenblick die Punkte ihres Umkreises einnehmen, dieselben Farben zeigen, und man muß aus dem Standort farbigte Bögen sehen, deren Schenkel auf dem Horizont stehen; in allen übrigen Gegenden aber, wo es außerhalb diesen Winkeln regnet, bleiben die Regentropfen ungefärbt.

242. Nach den verschiedenen Höhen der Sonne über dem Horizont sieht man bald ein größeres, bald ein kleineres Stück vom farbigten Regenbogen. Auf der Erdoberfläche kann nur, wenn die Sonne auf- oder untergeht, und folglich die zum Mittelpunkt des Regenbogens gehende Linie mit dem Horizont zusammenfällt, der halbe

Umkreis desselben sichtbar seyn. Je höher die Sonne über den Horizont kommt, um ein desto kleineres Stück zeigt sich vom Regenbogen. Steht die Sonne 42° 2′ hoch, so hört die Möglichkeit der Entstehung des innern Regenbogens auf, und ist sie 54° 7′ erhaben, so kann sich auch der äußere niemals zeigen.

242. Je näher der Regen ist, um desto kleiner wird der farbige Bogen; und je weiter, desto größer. Der Regenbogen zeigt sich oft nur da, wo es wirklich innerhalb dem dazu gehörigen Raum regnet, und dessen Farben erscheinen um so viel lebhafter, je dunkler die der hellscheinenden Sonne gegenüber stehende Regenwolken sind; der Nebenregenbogen wird auch nur unter der letztern Bedingung gesehen. Ein jeder Zuschauer sieht übrigens seinen eigenen Regenbogen, und alle Augenblick einen andern.

244. Nicht selten bilden sich um Sonne und Mond glänzende weiß oder schwach gefärbte Kreise, die einen dunklern Raum einschließen. Ihr Durchmesser geht zuweilen bis auf 90°. Sie werden in den gröbern Dünsten der untern Luft von den starken Brechungen der Lichtstrahlen formirt, und sind demnach bloß optische Erscheinungen. Einige, wie Huygen, leiten ihre Entstehung von Strahlenbrechungen in Hagelkörnern her, die einen dichten Schneekern und eine durchsichtige Oberfläche von Wasser oder Eis haben. Sie müssen nicht hoch in der Luft stehen, weil sie leicht vom Winde auseinander gehen; auch an Oertern, die einige Meilen von einander liegen, nicht zugleich gesehen werden. Ein Hof um den Mond zeigt sich bei einer dunstigen Luft als ein runder, gewöhnlich weißlicher Schein. Er entsteht aus den stark angehäuften Dünsten der niedern Luft, die zwischen unsern Augen und dem Monde schwimmen, und, von dessen Schein erleuchtet, sichtbar werden. Man sieht auch aber sehr selten des Nachts einen Regenbogen mit schwächern Farben, dem hellscheinenden Monde gegenüber.

245. Zuweilen erscheinen Nebensonnen und Nebenmonde; verschiedene Kränze oder Ringe mit schwachen Farben um Sonne und Mond, welche von andern

Bogen berührt werden, und an diesen Stellen zeigen sich gemeiniglich die Sonnen- und Mondbilder mehrentheils in unförmlicher Gestalt, gefärbt und mit Schweifen versehen. Sie verweilen sich bei stiller Luft, welche aber zugleich nicht völlig klar ist, einige Stunden, und rücken mit Sonne und Mond scheinbar am Himmel fort. Der Wind zerstreuet sie bald, und sie werden auch in weit von einander liegenden Oertern nicht zu gleicher Zeit gesehen. Einige erklären ihre Entstehung aus den Stellungen vieler in der Luft alsdann aufrecht schwebenden Eisnadeln, die an ihrem untern Ende einen durch Schmelzen des Eises entstandenen Wassertropf haben, von welchem die Lichtstrahlen, wie bei den cylindrischen Spiegeln, zurückgeworfen werden. Die eigentliche Entstehung aller dieser meteorischen Erscheinungen von Sonne und Mond haben die Naturforscher noch nicht ergründet.

146. Eine Weile vor dem Auf- und nach dem Untergang der Sonne, fallen ihre Strahlen auf unsern Dunstkreis unter sehr schiefen Winkeln, und verursachen durch ihre Brechung und Zurückwerfung den von einem Bogen begränzten, oft prächtig, besonders roth gefärbten Glanz in der Luft, nemlich die Morgen- und Abenddämmerung. Sie fängt an und hört auf, wenn die Sonne 18° unter dem Horizont steht; nach fig. 10. für den Ort r, wenn die Sonnenstrahlen Mx die Atmosphäre in x treffen, um welche Zeit bei heitrer Luft alle Sterne sichtbar sind, und dauert bei uns im März und October kaum 2 Stunden, sonsten gewöhnlich $2\frac{1}{2}$ Stunden; von der Mitte des May bis gegen Ende des Juli aber die ganze Nacht, weil die Sonne in dieser Zwischenzeit auch um Mitternacht nicht 18° unter dem Horizont in Norden steht. Sie heißt alsdann die nächtliche Dämmerung *).

*) Weiter nach den Polen hin nimmt die Dauer der Morgen- und Abenddämmerung ganz außerordentlich zu, weil die Sonne immer schräger und langsamer auf- und untergeht; unter den Polen selbst zeigt sie sich 51 Tage hindurch, vor den Aufgang und nach den Untergang der Sonne.

247. Sehr häufig sieht man des Nachts bei heiter gestirntem Himmel ein plötzlich entstehendes Licht in der Luft, welches Sternschuß, Sternschnuppe genannt wird; es schießt schnell eine Strecke fort, hat das Ansehen eines fallenden Sterns, und läßt zuweilen auf einen Augenblick einen hellen Strahl in der Luft hinter sich zurück. Zuweilen erscheinen auch dergleichen Lichter als Kugeln mit einem schönen Glanze, und fallen langsamer herunter, bis sie ohne Geräusch verschwinden. Beide Arten sind wohl nichts anders, als eine Sammlung brennbarer Materien, die sich durch Gährung oder Electricität schnell erzeugte, fortschießt, und in den feuchten Gegenden der untern Luft verlöscht. Daß solche über allen Wolken vorgehen müssen, ergiebt sich daraus, weil sie sich niemals bei einem bewölkten Himmel zeigen.

248. Fliegende Drachen, brennende Balken, Fackeln, Feuerscheine, und dergleichen Meteore, die man zuweilen bemerken will, sind von den Sternschüssen oft nur in ihrer Größe und Figur verschieden; es können entweder grobe zähe Dünste seyn, die sich in allerlei Gestalten in der untern Luft fortziehen; oder phosphorische Leuchtungen einer höhern Luftregion. Feuer oder Glanzkugeln, die zuweilen plötzlich am Firmament des Nachts entstehen, schnell fortfliegen, und mit einem starken Knall zerspringen, sind ganz besondere Erscheinungen, welche sich schwerlich durchaus von verdichteten entzündbaren oder chemisch zersetzten Theilen unserer niedrigen Atmosphäre herleiten lassen, da manche, nach allen Beobachtungen, eine ansehnliche Höhe in der obern Luft und zuweilen einige tausend Fuß im Durchmesser haben müssen. Einige Naturforscher setzen die Entstehung der außerordentlichsten weit außerhalb unserer Dunstkugel.

249. Noch sind die Gewitter und die Nordlichter sehr merkwürdige Lufterscheinungen. Daß der Blitz bei den Gewittern bloß die Wirkung einer Entladung der electrischen Kraft in den Gewitterwolken gegen andere nicht so stark electrisirte Wolken oder irdische Gegenstände sey, ist in den neuern Zeiten durch viele Versuche völlig ausge-

macht, und alle zerstörende Eigenschaften der Blitzstrählen lassen sich daraus erklären. Zugleich entsteht da, wo jene Entladung erfolgt, ein Knall oder der Donner, dessen anhaltendes Getöse von den verschiedenen Wolkenschichten oder den Wiederhall fester irdischer Gegenstände hergeleitet werden kann.

250. Das **Nordlicht** zeigt sich besonders im Herbst und Frühjahr, und nimmt auch mehrentheils die Nordseite des Himmels mit einiger Abweichung nach Westen ein *). Ueber die Entstehung desselben sind viele Muthmaßungen gewagt. Daß sie in den höhern feinern Luftregionen der Polarländer weit über unserer Dunstkugel vorgehen, ist wohl ausgemacht; vielleicht kömmt daselbst die electrische Materie des Aethers zuweilen in eine außerordentliche Bewegung, und verursacht mit den ihr zunächst angränzenden feinsten Lufttheilchen dergleichen glänzende Erscheinungen. **Mairan** leitet den Nordschein aus Theilen des Zodiacallichtes oder der Sonnenatmosphäre her, die alsdann in unsere Luft übergehen **).

251. Alle Menschen glauben Sonne und Mond am Horizont weiter größer zu sehen, als hoch am Himmel; und diejenigen, welche auf den Lauf der Gestirne merken, finden, daß ihre Sterne niedrig am Himmel viel weiter auseinander stehen, und sich folglich auch die Grade der scheinbaren Himmelskugel daselbst vergrößern. Endlich scheint das Firmament die Gestalt eines über unserm Scheitelpunkt stark gesenkten Gewölbes zu haben.

252. Wenn wir Sonne und Mond im Horizont a fig 11. haben, stehen sie andern Völkern im Scheitelpunkt, und werden von denselben eben so wie von uns für kleiner gehalten. Beide sind uns auch im Horizont nicht näher: denn die Linie zum aufgehenden Mond n a ist größer als n c zum Scheitelpunkt; das Bild des Mondes im Ho-

---

*) Man weiß aber auch jetzt, daß es Südlichter um den mittägigen Pol giebt.

) S. meine **Anleitung zur Kenntniß des gestirnten Himmels, 9te Auflage, Seite 550 bis 554.

rizont wirft sich daher, wie es auch die Astronomen durch genaue Messungen finden, um einige Sekunden kleiner im Auge ab, als im Zenith. Bei der Sonne ist dies unmerklich. Der Sehewinkel von Sonne und Mond ist daher in allen Ständen fürs bloße Auge als unveränderlich zu betrachten. Desto mehr kann man nach der Ursache dieser merkwürdigen Erscheinung fragen und dabei ist zunächst folgendes zu merken.

253. Unsere Beurtheilung über die wirkliche Größe entlegener Gegenstände richtet sich nicht bloß nach dem Sehewinkel, sondern vornemlich nach der vermeintlichen Entfernung; und wenn zufällige Umstände eine unrichtige Vorstellung davon beibringen, dann macht man sich von der muthmaßlichen Größe des entlegenen Gegenstandes eben so unrichtige Begriffe, und hält solche um so viel größer, als man sie weiter weg zu sehen glaubt. Wir müssen uns wohl von der Entfernung der Sonne und des Mondes im Horizont eine unrichtige Vorstellung machen, und solche alsdann viel weiter weg setzen; und dieser falsche Begriff muß sehr natürlich entstehen, weil er alle Menschen täuscht.

254. Halten wir Sonne, Mond und Sterne am Horizont für weiter, als hoch am Himmel, so muß die scheinbare Halbkugel des Himmels als ein flaches Gewölbe, dessen Mittelpunkt weit unter unsern Füßen liegt, aussehen und dies bemerkt ein jeder. Die Weite zum Horizont übertrifft etwa zwei bis dreimal die Weite zum Zenith, und hiernach wird man auch jene Vergrößerungen am Horizont zu sehen glauben.

255. Es sey fig. 11. HPN die scheinbare Halbkugel, HZN aber das eingebildete um den Zenith Z stark gesenkte Gewölbe des Himmels; an der innern Seite ist der Mond von 15 zu 15° seiner Höhe verzeichnet, wobei die Gesichtswinkel in O gleich groß bleiben. Glauben wir nun, daß der Mond im Aufsteigen an dem gesenkten Gewölbe des Himmels näher komme, so werden wir ihn in der Höhe von 45° in a zu sehen vermeinen, wobei der Gesichtswinkel mOp mit allen übrigen gleich groß bleibt,

der

der Mond aber uns kleiner vorkommt, weil da die Gesichtslinien näher an einander fallen: und so gehts in den übrigen Stellungen.

256. Hiernach müssen auch die niedrigen Grade weit größer als die höhern erscheinen, und wir folglich die Himmelskörper, wenn sie z. B. 45° hoch stehen, um weit mehr als die Hälfte vom Horizont bis zum Zenith herauf erblicken. Denn bei dieser Höhe in a ist das Stück Ha weit größer als aZ. Sonne und Mond erscheinen bereits in der Höhe von 23° um die Hälfte herauf. Sind die Fixsterne R und S nahe am Horizont, so erscheinen sie am gesenkten Himmelsgewölbe in der Weite rs; konnnen beide dem Zenith nahe, nur unter tu.

257. Einige stellen sich vor, daß wir deswegen Sonne und Mond am Horizont entfernter zu sehen glauben, weil sich zwischen uns und diesen Himmelskörpern verschiedene hinter einander liegende Gegenstände auf der Erdoberfläche zeigen, deren Entfernung zum Theil bekannt ist, und daß hierdurch in der Seele eine sinnliche Vorstellung von einem großen Abstand dieser Himmelskörper entsteht, welche Beurtheilung gänzlich fehlt, sobald dieselben hoch am Gewölbe des Himmels einsam erscheinen. Wir legen ihnen im Horizont so viel an der Größe bei, als ihre scheinbar größere Entfernung dieselbe verringern würde, und glauben sie hernach daselbst wirklich größer zu sehen.

258. Nach Eulers Meinung halten wir Sonne, Mond 2c. deswegen am Horizont für entfernter, weil sich diese Himmelskörper daselbst in einem viel schwächern Lichte darstellen, als wenn sie dem Zenith nahe kommen: und diese Erscheinung wird von allen Menschen auf gleiche Art wahrgenommen. Da die Gegenstände auf der Erde um so viel schwächer erscheinen, je weiter sie von uns stehen, so wenden wir dieses auf die Himmelskörper an, und glauben dieselben näher bei uns, und folglich kleiner zu sehen, wenn sie an Glanz zunehmen, oder am Himmel herauf steigen.

259. Die Ursache des gedämpften Lichtes der Himmelskörper am Horizont ist nach der 10ten Figur leicht zu

erklären. Ihre Strahlen müssen daselbst, theils durch eine weit größere Weite, theils durch die dichteste Luftschichte, zunächst an der Erdoberfläche den Dunstkreis durchfahren, wie der Strahl T r, als hoch über dem Horizont, oder gar im Zenith, woselbst der Lichtstrahl e a r den senkrechten und kürzesten Weg a r zu machen hat, und folglich am wenigsten geschwächt ins Auge fällt.

260. Auch bei irdischen Gegenständen findet sich dieser Irrthum der menschlichen Seele. Alles was in der Luft erhaben ist, halten wir für näher, und daher für kleiner als in der nemlichen Weite vor uns auf der Erde gesehen, z. B. Statüen auf hohen Gebäuden, Thurmknöpfe rc. Auch scheinen die Wolken allemal näher zu seyn, als sie wirklich stehen; denn, wenn die Sonne, nach der gewöhnlichen Redensart, Wasser zieht: so zeigen sich ihre Strahlen zwischen den Oeffnungen der Wolken in den Dünsten der Luft als helle Striemen, welche aus der Sonne abwärts zu fahren scheinen, da doch dieselben wegen der großen Entfernung der Sonne unter sich parallel gehend auf uns zukommen, und daher in einer geraden entgegengesetzten Richtung, als der Augenschein zeigt, den Erdboden treffen.

261. Daher sehen wir die in der Luft erhabenen Körper eigentlich da, wo ihre Projection oder die Gesichtslinie vom Auge auf das eingebildete, stark gesenkte Luftgewölbe hinfällt. Die beiden Sterne RS fig. 15. sehen wir nach t u, r s, folglich in ganz andern Lagen und Entfernungen. So scheinen die aus der Luft senkrecht herunterfallenden glänzenden Materien bei den Sternschnuppen an dem Gewölbe des Himmels hinzufliegen, weil wir solche indeß in die niedrigen und erweiterten Gegenden desselben hinaussetzen. Daher erscheinen die kreisförmigen Höfe und Kränze um den Mond gemeiniglich länglicht; der längste Durchmesser steht auf dem Horizont senkrecht, und die Breite der farbigten Schenkel der Regenbögen, so wie die Weite zwischen beiden, vergrößert sich nach unten. Die scheinbare Gestalt des Himmels ist eigentlich nicht bogen-

förmig; die niedrigen Gegenden krümmen sich stärker; nZm kommt daher dieser Gestalt näher als HZN.

262. Wenn auch unser Urtheil über die Entfernung leuchtender Gegenstände noch so vollkommen ist, so werden wir hierbei doch oft getäuscht, sobald entferntere Körper dieser Art vor den nähern vorzüglich glänzend erscheinen. Wir können uns nicht erwehren, überhaupt die helleren Sterne für näher zu halten, obgleich, unserer Vorstellung gemäß, alle Sterne an einer und derselben Kugelfläche stehen. Wenn bei Bedeckungen der Mond mit seinem dunkeln Rand gegen einen Stern rückt, so hat es das eigentliche Ansehen, als wenn der Stern, seiner anscheinenden größten Nähe wegen, vor dem Mond vorüber gehen werde.

263. Ferner erblicken wir alle glänzende Körper mit bloßen Augen unter einem größeren Sehewinkel, als andere gleich große Gegenstände, indem dabei um das wahre Bild derselben ein von ihrem lebhaften Glanz entstehender Zerstreuungskreis der Strahlen statt findet, innerhalb welchem sich noch ein matter Schein ausbreitet den wir mit bloßen Augen für den Körper selbst halten. Dies ist ein scheinbares und unvollkommenes Sehen; die Fernröhre sondern diesen Schein ab, und stellen uns das deutliche, nach der wirklichen scheinbaren Größe des Sehewinkels entstehende Bild vom Gegenstande vergrößert, dar.

264. Die alten Astronomen, welche nur mit bloßen Augen die Himmelskörper betrachteten, hielten daher die scheinbaren Durchmesser der Planeten und Fixsterne für viel größer, als die Neuern sie durch Ferngläser finden; wiewohl die Astronomen sich eine Fertigkeit im deutlichern Sehen erwerben, nach welcher sie die Sterne mit bloßen Augen nicht für so groß halten, als diejenigen, welche selten oder niemals die Himmelskörper durch Ferngläser betrachten. Letztere erwarten gewöhnlich den durch seinen Glanz viel ansehnlicher in die Augen fallenden Planeten dadurch vergrößert zu sehen.

265. Den vollen Mond sehen wir daher mit bloßen Augen größer, als einen jeden dunkeln Körper unter einem

gleich großen Sehewinkel. Wenn er in der Nachbarschaft zweier Sterne steht, deren scheinbare Entfernung von einander bekannt ist: so wird man schon durch die Schätzung, wie viele Monde wohl zwischen beiden Raum hätten, sich hiervon überzeugen können. Jurin setzt diese Vergrößerung auf 4 Minuten. Beim zu- oder abnehmenden Mond scheint die helle Sichel einer größern Scheibe als dem zugleich sichtbaren dunklen Theil des Mondes zuzugehören; und eben so sieht bei Sonnen- und Mondfinsternissen der noch helle Theil größer aus, als sich durch wirkliche Ausmessungen findet.

266. Der scheinbare Durchmesser der Planeten wird mit bloßen Augen in einem viel stärkern Verhältniß, als der Durchmesser des Mondes, vergrößert. Jurin findet, daß Jupiter, wegen seines Zerstreuungskreises, über siebenmal, Mars gar neun und dreißigmal, und Venus zwölfmal größer in die Augen fällt. Wegen dieses undeutlichen Sehens erscheinen auch Venus und Merkur alsdann, wenn sie sichelähnlich erleuchtet sind, rund.

267. Die Fixsterne werden auch bei schon ansehnlichen Vergrößerungen der Fernröhre um nichts größer gesehen, ja im Gegentheil wegen der Absonderung jenes Scheins kleiner. Sie bleiben Punkte, und ohne merkliche Durchmesser *). Nur ihre Zwischenräume werden erweitert, und es zeigen sich eine sehr große Menge in Gegenden, wo das bloße Auge keine sieht. Man weiß aus beobachteten Sternbedeckungen vom Monde, daß Fixsterne erster Größe keine Secunde im scheinbaren Durchmesser haben **); und nun bestimmt Jurin die mit bloßen Augen erscheinende Größe eines der hellsten Fixsterne auf 4 Minuten, oder 240 mal größer.

268. Von den unmerklichen Durchmessern und gleich-

*) Herschel beobachtet unterdessen bei 2000 und mehrmaligen Vergrößerungen seiner Teleskope die größten Fixsterne als kleine Scheiben.

**) Herschel setzt den scheinbaren Durchmesser des hellen Sterns in der Leyer nur auf $\frac{1}{3}$ Secunde.

wohl starkem Glanze der Firsterne, entsteht, vermittelst der Beschaffenheit unsers Dunstkreises, das Funkeln derselben. Die Lichtstrahlen der Sterne werden in den Dünsten der Luft gebrochen, und leiden, weil diese sich beständig zwischen unsern Augen und den Sternen bewegen, augenblicklich andere Brechungen, dergestalt, daß dadurch die Sterne selbst beständig zitternd erscheinen. Die Planeten zeigen schon, ihrer zu merklichen Durchmesser wegen, kein so zitterndes Licht, als die Firsterne, obgleich einige sehr lebhaft glänzen.

Sechster Abschnitt.

Von der Einrichtung des Sonnensystems, Erklärung der Erscheinungen am Himmel aus derselben, Vorstellung der Umlaufszeiten der Planeten, Gestalt, verhältnißmäßigen Größe, Lage ꝛc. ihrer Bahnen, Theorie ihres Laufs und Berechnung desselben.

269.

Zu unserm Sonnensystem gehört die Sonne mit den bis jetzt bekannten eilf Haupt- und achtzehn Nebenplaneten (Monden), und den in unbestimmter viel ansehnlichern Anzahl vorhandenen Kometen. Dergestalt sind die Firsterne davon gänzlich ausgeschlossen, obgleich die alten Astronomen selbige mit dazu rechneten. Was Sonne und Erde gegen einander oder gegen die übrigen Planeten für eine Stellung und gegenseitige Entfernung haben; wie die Bahnen der Planeten gegen einander liegen, und wie sich diese Körper bewegen ꝛc., darüber haben schon die ältesten Sternkundigen manche, obschon unter sich sehr verschiedene Muthmaßungen gewagt, und solche aus dem sinnlichen Anblick ihres Laufes am Firmament hergeleitet. Wir sind aber erst seit noch nicht 300

Jahren, zu einer richtigen Erklärung des Sonnensystems gelangt.

270. Unter den Alten wurde vornemlich die Meinung des Claudius Ptolemeus *) allgemein angenommen, aber auch das System der alten Aegyptier fand Beifall. Beide sind aber, obgleich erst nach 1400 Jahren, als unrichtig erklärt, da vor 280 Jahren Copernicus die wahre Verfassung des Sonnensystems vortrug und außer allen Zweifel setzte; indeß noch nach etlichen 30 Jahren Tycho ein neues ihm richtiger scheinendes System einzuführen sich bemühte.

271. Die Alten machten sich von den Größen und Entfernungen der Sonne und Planeten viel zu geringe Vorstellungen, und hingen zu sehr an Scheinbewegungen: daher denn ihre Erklärung des wahren Weltbaues unrichtig und mangelhaft ausfiel. Pythagoras, Plato, Aristoteles, Archimedes, Hypparchus, Ptolemeus, und andere, stellten sich die Erde im Mittelpunkt der ganzen Schöpfung als unbeweglich vor, wie es das Ansehen hat, um welche der Mond, die Sonne, alle Planeten, und das ganze zahllose Heer der übrigen Himmelskörper in 24 Stunden von Osten gegen Westen ihre Kreise beschreiben. Dieser Weltbau hat nichts zum Beweise für sich als den Schein, und es braucht in unsern Zeiten wenige Kenntnisse und Gründe seine Unrichtigkeit völlig einzusehen.

272. Copernicus machte sein System im Jahre 1543 bekannt. Nemlich: daß, statt eines unglaublichen und seiner Schnelligkeit wegen unmöglichen 24stündlichen Umschwungs der Himmelskugel mit allen Weltkörpern, bloß die Erde sich in eben der Zeit nach einer entgegengesetzten Richtung einmal um ihre Axe dreht, woraus dann jene scheinbare Bewegung des ganzen Firmaments entstehen muß. Ferner bewies er: daß nicht die Erde, sondern die Sonne, der Mittelpunkt des kreisförmigen Umlaufs

*) Der etwa 150 Jahr nach der christlichen Zeitrechnung zu Alexandrien lebte.

aller Planeten sey, woraus sich ihre jedesmaligen Stellungen und oft unordentlich erscheinenden Bewegungen am Himmel sehr richtig daraus erklären lassen: daß die Erde, selbst im Sonnensystem, gemeinschaftlich mit den übrigen Planeten fortrückt.

273. Nach diesem richtigen System, auf welchem sich die ganze neuere Astronomie gründet, steht, wie die 16te Figur nur allgemein und ohne das gehörige Verhältniß der Entfernungen für die älteren Planeten zeigt, die alles erleuchtende Sonne in der Mitte der Planetenbahn unbeweglich, außer daß sie sich, wie neuere Beobachtungen gelehrt haben, in 27 Tagen einmal um ihre Axe wälzt. Der nächste Planet bei der Sonne ist Merkur, welcher seine kleine Bahn am geschwindesten zurücklegt. Hierauf folgt in einer größern Entfernung die Venus; dann die Erde, von dem Mond als ihrem Trabanten begleitet; ferner Mars; hierauf Jupiter von vier; Saturn von sieben; und endlich Uranus von sechs Monden begleitet. Diese sieben, so wie die vier neuern Planeten laufen insgesammt von Westen gegen Osten mit einer sehr verschiedenen Geschwindigkeit um die Sonne. In einer viel tausendmal größern Entfernung als die weite Bahn des Urans, befinden sich die Fixsterne, die daher keinesweges zum Sonnensystem gehören. Die Erde dreht sich mit ihrer Atmosphäre in 24 Stunden von Westen gegen Osten um ihre Axe: und daraus entsteht die scheinbare tägliche Umwälzung der Himmelskugel von Osten gegen Westen, und zugleich Tag und Nacht. Sie läuft ferner in einem Jahr um die Sonne, und ihre Drehungs-Axe bleibt inzwischen beständig gegen einerlei Himmelsgegend unter einem unveränderlichen Winkel gerichtet: daraus folgt die erscheinende jährliche Bewegung der Sonne in der Ecliptik, die wohlthätige Abwechselung der Jahreszeiten, und größtentheils der unordentlich erscheinende Lauf der Planeten. Der Mond läuft um die Erde in 27 Tagen, und mit ihr zugleich um die Sonne, eben so wie Jupiter, Saturn und Uran von ihren Monden begleitet werden.

274. Das Tychonische System wurde um das Jahr

1577 bekannt; es sollte die Widersprüche heben, welche der Copernicanische Weltbau noch bei vielen, vornemlich in Betreff der Bewegung der Erde, fand. Es stellte also die Erde im Mittelpunkt des Fixsternhimmels und der Sonnenbahn in Ruhe, lies den Mond zunächst um dieselbe, und in einer größern Entfernung die Sonne, von allen Planeten begleitet, ja das ganze Heer der Fixsterne, in 24 Stunden von Osten gegen Westen laufen, so daß die Planeten wieder nach ihrem verschiedenen Abstande in kürzern oder längern Zeiten um die Sonne sich bewegen. Die Sonne sollte in zwölf Monaten ihre Bahn auch in entgegengesetzter Richtung von Westen gegen Osten, und überdem inzwischen nach Süden und Norden Schraubengänge beschreiben, deren Gränzen die Wendecircul sind, und dadurch die Jahreszeiten machen rc. Allein man darf diesen Voraussetzungen nur einiges Nachdenken widmen, um einzusehen, wie sehr verwickelt hiernach der Lauf aller himmlischen Körper ausfällt, und was sie für Ungereimtheiten und Unmöglichkeiten enthalten.

275. Die vollkommene Uebereinstimmung der Lehre des Copernicus von der Einrichtung des Sonnensystems mit allen Erscheinungen desselben, muß schon bei denen, die nicht gegen die tägliche und jährliche Bewegung unserer Erdkugel, worauf sich hiebei alles gründet, im voraus eingenommen sind, statt aller förmlichen Beweise ihrer Richtigkeit dienen. Unterdessen verdienen einige dagegen gemachte Einwürfe eine kurze Anzeige.

276. Eine Kugel von der Höhe eines Thurms herunter geworfen, fällt deswegen genau und senkrecht am Fuß desselben nieder, weil alle Körper, vermöge des längst erhaltenen Eindrucks, auch in der Luft und mit derselben gemeinschaftlich dem Umschwung der Erde folgen; und, zufolge ihrer eigenen Schwere, allemal auf den Punkt der Erdoberfläche wieder herabfallen, über welchem sie beim Anfange ihres Falles senkrecht waren. Daher scheinen Wolken bei einer Windstille eine geraume Zeit über einem Ort sich zu verweilen, ob selbige gleich indeß dem schnellen Umschwung der Erde gegen Osten

folgen, und die in der Luft willkührlich fliegenden Vögel werden mit der Oberfläche der Erde und der Luft gemeinschaftlich dorthin geführt.

277. Wir wissen ferner aus den Erfahrungen der Erdumsegler zuverlässig: daß die uns gerade entgegen liegende Halbkugel der Erde gleichfalls bewohnbar ist; daß es folglich Gegenfüßler gebe. Diese haben jetzt den nemlichen Stand, als wir nach 12 Stunden. Das eine ist eben so begreiflich als das andere.

278. Die Erde ist kein zur Bewegung ungeschickterer Körper, als irgend einer der Planeten, die gleichfalls runde, feste, und von der Sonne erleuchtete Kugeln, auch fast alle beträchtlich größer als die Erde sind.

279. Bei dem jährlichen Umlauf der Erde um die Sonne zeigt sich freilich keine merkliche Verrückung der scheinbaren Lage der Fixsterne gegen einander; allein wir wissen, daß dies bloß in der ungeheuren Entfernung der Fixsterne seinen Grund hat.

280. Die beständig parallele Lage der Erdaxe ist keine besondere Bewegung, sondern nur eine gleich bei ihrer Bildung durch Naturkräfte entstandene Stellung derselben gegen eine gewisse Gegend des Sonnensystems, die sich nicht verändern kann, weil dazu keine Ursachen vorhanden sind, und die 24stündliche Umwälzung der Erde sowohl, als ihr jährlicher Lauf um die Sonne, damit in keiner Verbindung steht *).

281. Manche wollen die Bewegung der Erdkugel deswegen nicht zugeben, weil sie davon keine Empfindung haben; hingegen alle himmlische Körper ohne Unterlaß fortrücken sehen. Erfahrungen auf segelnden Schiffen und in fortrollenden Reisewagen über den scheinbaren Fortlauf entfernter Gegenstände, zeigen aber, wie uns beim Anblick des Himmelslaufes der Augenschein täuscht. Auch muß,

*) Ich habe im astron. Jahrb. 1800, Seite 194 und 195 und in meiner Anleitung zur allgemeinen Kenntniß der Erdkugel, Seite 442, eine, meines Erachtens, gegründete Erklärung dieses Parallelismus der Erdaxe gegeben, die auch nachher noch vorkommen wird.

bei der Umwälzung und Fortrückung der Erde, durch ein bei derselben statt findendes vollkommenes Gleichgewicht ihrer festen und flüssigen Theile gegen einander, die Bewegung völlig unfühlbar werden.

282. Astronomische Beweise, die geradehin auf eine tägliche Axendrehung und jährliche Bewegung der Erdkugel führen, sind: Die Beobachtungen durch Fernröhre, daß sich die Sonne, Saturn, Jupiter, Mars, Venus und Merkur gleichfalls um ihre Axen drehen; die Verminderung der Schwere gegen den Aequator der Erde, und ihre abgeplattete Gestalt; das Daseyn einer allgemeinen Anziehungskraft der himmlischen Körper, deren Gesetze ohne die Bewegung der Erde nicht erklärt werden können; die in den neuern Zeiten gemachte Entdeckung einer Abirrung des Lichtes der Fixsterne ꝛc.

283. Endlich ist auch aus biblischen Stellen, die die Sonne als laufend vorstellen, kein gegründeter Einwurf herzunehmen: weil sich ihre Verfasser nie auf eine Erklärung des Sonnensystems einlassen, sondern davon nur zuweilen und nach den allgemeinen Begriffen ihrer Zeitgenossen reden. Wir hingegen sind im Stande, nach häufigern Erfahrungen und Beobachtungen, die unsere astronomische Kenntnisse ungemein erweitert haben, mit Grunde der Wahrheit zu behaupten, daß das Copernicanische System das einzige richtige ist, und so gut als ein jeder anderer physischer Gegenstand sich beweisen läßt.

284. Die tägliche unbegreiflich schnelle, ja ihrer Natur nach unmögliche gemeinschaftliche Bewegung aller Himmelskörper von Osten nach Westen, wird in diesem System auf eine sehr einfache Art durch eine 24stündliche Umwälzung der Erdkugel um ihre Axe, von Westen nach Osten erklärt: denn indem bei dieser Umdrehung unser Wohnort gegen Osten fortgeführt wird, muß alles Gestirn in der entgegengesetzten Richtung zu laufen scheinen. Der Scheitelpunkt eines Ortes, z. B. Z für r fig. 14, entfernt sich bei der Umwälzung der Erde von einem Stern nach Osten, und so läßt es, als wenn dieser Stern auf eben dem Parallelkreise nach Westen fortrückte.

285. Es sey fig. 17. die Sonne S in dem Mittelpunkt der Erdbahn, und diese in 12 Zeichen abgetheilt, in deren jedem sich die Erde einen Monat verweilt. Die Erdkugel bewegt sich nun von a nach b c d um die Sonne, und so muß uns diese nothwendig in der Ecliptik nach der entgegengesetzten Richtung am Himmel fortzurücken scheinen. Ist die Erde im ♑, so erscheint die Sonne im ♋; kommt jene in ♒, so rückt diese in ♌, u. s. w.

286. Der Unterschied der Sternen- und Sonnentage ist eine Folge der täglichen Umwälzung der Erde um ihre Axe und ihrer Fortrückung. Die Erde sey heute fig. 18. in a, und die Sonne S erscheine mit dem Fixstern E zugleich im Meridian des Ortes n. Nach einer einmaligen Umwälzung der Erdkugel sey dieselbe bis in c fortgerückt, so ist der Punkt n wieder in der mit nE parallel gehenden Linie ne nach dem nemlichen Fixstern E gerichtet *); der Stern steht folglich abermal im Meridian, und damit ist ein scheinbarer Umlauf oder der Sternentag geendiget. Weil aber inzwischen die Erde von a nach c gerückt ist, so erscheint die Sonne von dem Fixstern E gegen Osten nach M, und n muß durch die Umwälzung der Erdkugel noch von n nach o geführt werden, ehe die Sonne für ihn wieder in den Meridian kommt, und folglich der wahre Sonnentag verflossen ist. Die Erde rückt täglich von a nach c um etwa 1°, demnach die Sonne um eben so viel von E nach M: und daher der Unterschied von 4 Minuten zwischen dem Sternen- und Sonnentag **).

287. Diejenigen Fixsterne, welche, von dem jedesmaligen Ort der Erde aus betrachtet, hinter der Sonne stehen, sind bei Tage am Himmel, und nicht sichtbar; die

---

*) Linien aus sehr verschiedenen Punkten der Erdbahn nach aller möglichen Richtung unter sich parallel gezogen, sind der unermeßlichen Entfernung der Fixsterne wegen, als einen und denselben Stern oder Punkt der Himmelskugel treffend anzunehmen.

**) Hiernach dreht sich die Erde in 365 Sonnentagen 366 mal um ihre Axe.

sich links oder an der Ostseite der Sonne zeigen, erscheinen des Abends am westlichen, und die rechts an der Westseite derselben stehen, des Morgens am östlichen Himmel; endlich die hinterhalb der Erde, der Sonne gerade gegenüber anzutreffen sind, kommen um die Mitte der Nacht in Süden, und sind die ganze Nacht sichtbar *). Es sey z. B. fig. 17. nach T hinaus in einer gegen den Durchmesser der Erdbahn ac unermeßlichen Entfernung ein Fixstern. Ist die Erde in a, so steht die Sonne mit diesem Stern an einem Ort des Himmels; er ist folglich unsichtbar. Kommt die Erde in ♑, die Sonne in ♋, so fängt der Stern an, sich rechter Hand bei der Sonne, demnach in der Morgendämmerung, zu zeigen. Je weiter die Erde im ♒ bis ♓ fortrückt, je mehr scheint sich die Sonne von diesem Stern nach Osten hin zu entfernen; er geht daher des Morgens immer früher vor der Sonne auf. In b geht die mit ST parallel laufende Linie bt nach ihm; und da der Winkel Sbt = 90° ist, so ist er des Morgens ohngefähr um 6 Uhr im Meridian. Kommt die Erde in c, so steht die Sonne im ♐, dem Stern in Ansehung der Erde gerade gegenüber, und er muß um Mitternacht im Meridian seyn. In d ist der Winkel zwischen den zum Stern und zur Sonne gehenden Linien dt und ds abermals 90°; der Stern erscheint etwa 6 Stunden ostwärts von der Sonne, oder des Abends um 6 Uhr in Süden. Läuft endlich die Erde von d bis a, so scheint sich der Stern nach und nach der Sonne wieder zu nähern, und wird, wenn sie gegen den ♐ kömmt, oder die Sonne gegen ♊ erscheint, in der Abenddämmerung unsichtbar. Da nun die Fixsterne (jährlich bis auf einige Secunden) ihren Ort behalten, und die Erde in einem jeden Monat des Jahrs denselben Lauf hat, so folgt: daß die Zeit der Sichtbarkeit oder Unsichtbarkeit eines jeden Fixsterns alle Jahr periodisch wiederkehrt.

288. Fig. 19. zeigt die schräge gegen das Auge kie-

*) Ausgenommen Fixsterne, die bei uns beständig sichtbar oder unsichtbar sind.

gende Erdbahn mit dem Ort der Erdkugel und der Stellung ihrer Axe gegen die Sonne S für den Anfang der vier astronomischen Jahreszeiten; NS ist die um $66\frac{1}{2}°$ gegen die Ebene ihrer Bahn geneigte und in allen Stellungen sich parallel bleibende Erdaxe; N der Nord- und S der Südpol; ae der Aequator; nm der Krebs- und or der Steinbockswendecircul; di der nordliche und th der südliche Polarcircul der Erde. Steht die Erde im ♋, so erscheint die Sonne im ♑, und ihre Strahlen So fallen auf den Steinbockswendecircul senkrecht; sie scheint diesen Kreis or zu beschreiben, und macht für die nordlichen Länder den Anfang des Winters, und für die südlichen den Anfang des Sommers. In k liegt etwa Deutschland, dessen Zenith aufwärts nach Z geht, und die Sonne erscheint uns um diese Zeit weit vom Zenith nach Süden. Zwischen dem nordlichen Polarcircul di ist alsdann beständig Nacht, und zwischen dem südlichen th beständig Tag: weil jener Raum bei der Umdrehung der Erde in der dunkeln, und dieser in der der Sonne zugewendeten Halbkugel bleibt. Nach 3 Monaten kömmt die Erde in ♎; die Sonne zeigt sich im ♈, ihre Strahlen fallen senkrecht auf den Aequator ae, und sie scheint diesen Kreis zu beschreiben. Beide Pole werden von der Sonne erleuchtet; die Meridiane, wie Nase, werden Erleuchtungskreise; und indem sich die Erde einmal umdrehet, hat sie ihre ganze Oberfläche der Sonne zugewendet: daher überall Tag und Nacht gleich lang ist, und in den nordlichen Ländern der Frühling, in den südlichen der Herbst angeht. Kömmt die Erde in ♑, so sehen wir die Sonne im ♋: und dann ist der Nordpol der Sonne zu-, der Südpol aber von derselben abgewendet. Zwischen dem nordlichen Polarcircul id ist beständig Tag, und zwischen dem südlichen ht beständig Nacht. Die Sonnenstrahlen fallen auf m den Krebswendecircul mn senkrecht; die Sonne scheint diesen Kreis zu beschreiben, und in den nordlichen Ländern geht der Sommer, in den südlichen der Winter an. Nach Z geht der Scheitelpunkt von k, und die Sonne muß alsdann hoch am Himmel erscheinen. In ♈ hat endlich die

Erde die nemliche Lage, wie in ♎. Die Sonne erscheint in ♎, und wirft ihre Strahlen senkrecht auf den Aequator, so daß die Halbkugel der Erde auf einmal bis zu beiden Polen erleuchtet ist, und Tag und Nacht abermals gleich lang sind. Nun geht bei uns der Herbst, in der südlichen Halbkugel aber der Frühling an.

289. Der Mond ist eine für sich dunkle Kugel, die ihr Licht von der Sonne erhält, und allemal nur zur Hälfte von derselben erleuchtet werden kann. Diese lichte Halbkugel des Mondes aber ist in allen Gegenden seiner Bahn nicht gegen uns, sondern gegen die Sonne gewendet. Es sey fig. 20. a b c d die Mondbahn, in deren Mittelpunkt T die Erde und in S die Sonne ist. Steht der Mond in a zwischen Sonne und Erde, so ist er mit der Sonne an einem Ort des Himmels; wendet seine dunkle Halbkugel völlig gegen uns, und dann ist Neumond. Rückt er von da in seiner Bahn gegen die linke Hand, so entfernt er sich für uns von der Sonne gegen Osten; wird nach Sonnenuntergang am westlichen Himmel sichtbar, und fängt an, uns einen Theil seiner hellen Seite als eine schmale Sichel zu zeigen. Am 4ten Tage nach dem neuen Lichte ist er 45° ostwärts von der Sonne, und seine Lichtsgestalt wird immer breiter. Am 8ten Tage steht er in b 90° von der Sonne, und kehrt uns genau die Hälfte seiner hellen Seite zu; erscheint an der rechten Seite halb erleuchtet: dann ist das erste Viertel. Nachher nimmt das Licht des Mondes noch immer mehr zu. Kommt er endlich am 15ten Tage 180° von der Sonne, oder derselben in Ansehung der Erde gerade gegenüber in c, so scheint er die ganze Nacht, und wendet der Nachtseite der Erde seine erleuchtete Halbkugel völlig zu: es ist Vollmond. Von da nimmt er an Lichtsgestalt wieder ab. Sieben Tage nach dem Vollmond steht er in d 270° ostwärts von der Sonne, ist nunmehr an der linken Seite halb erleuchtet: das letzte Viertel. Nachher zeigt er sich des Morgens am östlichen Himmel immer sichelähnlicher, je mehr er sich der Sonne nähert, bis er 29 Tage nach dem

dem vorherigen neuen Lichte abermal bei der Sonne erscheint *).

290. Die Dauer der Wiederkehr des Mondes zur Sonne ist 29½ Tage; von einem Fixstern bis wieder zu dem nemlichen aber 27⅓ Tage. Jener heißt der synodische, und dieser der periodische Umlauf des Mondes. Die Erde stehe fig. 20. in T, der Neumond in a: so sehen wir Sonne und Mond beisammen; dies sey z. B. im 6° ♉. Nach 27⅓ Tage hat der Mond um unsere Erde seine Laufbahn oder 360°, und damit seinen periodischen Umlauf am Himmel vollendet, und erscheinet abermal im 6° ♉; die Erde ist aber mittlerweile, vom Monde begleitet, bis in V gerückt. Hier sehen wir den Mond in α auf der mit TS parallel gezogenen Linie Vα abermal im 6° ♉. Die Sonne erscheint aber aus V nach VhS. Der Mond muß demnach noch den Bogen αh durchlaufen, bis er wieder mit der Sonne an einem Ort des Himmels gesehen werden kann, und dieser trägt etwa 27° aus, welchen der Mond beiläufig in 2 Tagen zurücklegt, und damit seinen synodischen Umlauf vollendet.

291. Merkur kann sich nie über 28, und Venus nie über 48° von der Sonne entfernen: weil ihre Bahnen von der Erdbahn eingeschlossen sind. Daher heißen diese der Sonne näher stehenden Planeten: untere; hingegen Mars, Jupiter, Saturn und Uran: obere. Merkur und Venus stehen in Ansehung der Erde zuweilen jenseits, ein andermal diesseits der Sonne; haben in jenem Stande ihre größte, in diesem ihre geringste Entfernung von der Erde; jene heißt ihre obere, und diese ihre untere Zusammenkunft mit der Sonne. Dadurch wird ihre zu- und abnehmende scheinbare Größe begreiflich. Mars, Jupiter, Saturn und Uran, stehen einmal mit der Sonne an einem Ort des Himmels (in ☌), wie z. B. beim Mars in n, ein andermal 180° von derselben entfernt (in ☍), oder in m; im ersten Fall haben sie ihren größten Abstand von der Erde, im zweiten sind sie derselben viel nä-

*) Man muß sich TS etwa 400 mal größer als Ta vorstellen.

her: woraus sich gleichfalls ihre veränderliche scheinbare Größe erklären läßt. S. fig. 16.

292. Der den Alten unerklärbare, ungleiche Gang der Planeten, ist nach diesem System leicht einzusehen. Wir beobachten den Lauf der Planeten nicht von der Sonne, sondern von der Erde aus, die als ein Planet mit den übrigen gemeinschaftlich, aber geschwinder oder langsamer um die Sonne läuft. Daher gehen die Gesichtslinien von der Erde nach den Planeten bis an die scheinbare Himmelskugel oder die Fixsterne hinaus verlängert, bald mehr bald weniger nach Osten; sie müssen aber auch zuweilen nach Westen hin fallen, so wie nemlich die Erde und ein gewisser Planet entweder nach einer Gegend zugleich, oder nach der entgegengesetzten, oder beide gerade gegen einander anrücken, in welchem letztern Fall der Planet eine Weile stille zu stehen scheint.

293. Es sey fig 21. in S die Sonne; 1. 2. 3. ꝛc. die Bahn des Merkurs, der in 88 Tagen herumkömmt, in 11 Theile getheilt; AC ein Bogen der Erdbahn für 88 Tage auf gleiche Art getheilt; HL ein Bogen der scheinbaren Himmelskugel. Steht die Erde in A und ☿ in m, so ist er hinter der Sonne, und in seiner obern ☌ mit derselben, auch von der Erde am weitesten entfernt. Die Erde rückt von A nach 1. 2. 3. 4., und ☿ inzwischen durch eben so bezeichnete Punkte seiner Bahn; kömmt immer weiter hinter der Sonne nach Osten herum, kann also des Abends am westlichen Himmel sichtbar werden, und die Gesichtslinien von der Erde zum ☿ zeigen ein schnelles Fortrücken desselben gegen Osten. In 5 wird diese Bewegung schon langsamer, da ☿ anfängt, sich gegen die Erde zu bewegen. Zwischen 5 und 6 scheint er stille zu stehen, indem er seinen größten Abstand von der Sonne links für uns erreicht, und gerade gegen die Erde rückt. In 6 aber fällt die Gesichtslinie schon rechts oder rückwärts; in 7 noch mehr: so daß also ☿, indem er in den gegen die Erde liegenden Theil seiner Bahn kömmt, nach Westen zu gehen, und sich der Sonne wieder zu nähern scheint. Zwischen 7 und 8 steht, wenn die Erde in B kömmt, ☿ in n gerade

zwi-

zwischen uns und der Sonne in seiner untern ☌, und ist der Erde am nächsten. Sein Zurückgehen nach Westen wird alsdann am stärksten bemerkt. In 8 und 9 scheint er sich noch weiter gegen Westen zu bewegen, und sich von der Sonne zu entfernen, wobei er des Morgens am östlichen Himmel sichtbar werden kann. Etwas über 9 hat er seinen größten westlichen Abstand von der Sonne für uns erreicht, und hört auf zurückzugehen, indem er sich wieder in gerader Richtung von der Erde entfernt In 10 und 11 erscheint sein Lauf wieder vorwärts nach Osten.

294. In fig. 22. sey 1. 2. 3. ꝛc. die Erd=, a b ein Theil der Jupitersbahn und n m des Fixsternhimmels. Die Erdbahn ist in 12 Theile eingetheilt, deren jeden die Erde in einem Monat durchläuft. Inzwischen nun, da sie ihren ganzen Umlauf vollendet, rückt Jupiter etwa von o bis 12 in seiner Bahn fort. Steht die Erde in o und ♃ gleichfalls in o, so sehen wir ihn in ☌ mit der Sonne, und er ist hinterhalb derselben am weitesten von uns entfernt. Rückt die Erde von o nach 1. 2. 3. und ♃ durch eben so bezeichnete Punkte in seiner Bahn, so fallen die Gesichtslinien am Firmament hinaus nach Osten, und ♃ scheint (wie er wirklich läuft, nur geschwinder) dahin, und also vorwärts zu gehen. Kommt die Erde gegen 5, so wird die Bewegung des ♃ nach Osten langsamer, und er hört auf, sich dahin zu bewegen, weil die Erde alsdann in gerader Richtung gegen die Jupitersbahn rückt. In 6 fällt schon die Gesichtslinie gegen Westen, und ♃ scheint dorthin, also rückwärts zu gehen. Zwischen 6 und 7 kommt die Erde in d, wo der Planet folglich in ☍ oder 180° von der Sonne entfernt ist, und hier ist die Erde zwischen dem Jupiter und der Sonne ersterm am nächsten gekommen; die Gesichtslinien nach ihm fallen am stärksten westwärts: allein zwischen 8 und 9 hört diese Bewegung auf, da die Erde sich wieder gerade vom ♃ ab in ihrer Bahn bewegt. In 9 fällt die Gesichtslinie wieder vorwärts nach Osten, und die Fortrückung des ♃ dahin wird in 10. 11. und 12. immer merklicher. Steht die Erde in o diesseits

und ♃ jenseits der Sonne, so kann er von uns nicht gesehen werden. Kommt die Erde in 1. 2., so wird ♃ des Morgens am östlichen Himmel sichtbar; in 3., so steht er des Morgens um 6 Uhr im Meridian. Zwischen 6. und 7. zeigt er sich die ganze Nacht, und kömmt um Mitternacht in Süden. Ist die Erde zwischen 9. und 10., so erreicht ♃ bereits des Abends um 6 Uhr den Meridian. In 11. und 12., so zeigt er sich des Abends am westlichen Himmel; und in 1., so steht er abermals hinter der Sonne.

295. Wenn nach fig. 21. und 22. die Erde in A und ☿ in m in der obern ☌ mit der Sonne ist, so wendet er seine erleuchtete Halbkugel völlig gegen uns. Rückt er hinterhalb der Sonne nach Osten herum, so kömmt an der Ostseite ein Theil seiner dunkeln Halbkugel zum Vorschein. In 3. ist dieses schon merklich. In der Gegend um 5., wo ☿ seinen größten Abstand von der Sonne nach Osten erreicht, erscheint er auf der Erde nur halb erleuchtet. In 6. ist seine Lichtfigur sichelförmig, und in n kehrt er zur Zeit seiner untern ☌ mit der Sonne seine dunkle Halbkugel völlig gegen uns. Nachher erhält er für uns wieder Licht. Gegen 9. ist er des Morgens noch sichelähnlich, und weiter hin, da, wo er seinen größten westlichen Abstand von der Sonne erhält, abermal halb erleuchtet. In 11. nimmt seine Lichtsgestalt noch mehr zu, bis er wieder in ☌ hinterhalb der Sonne für uns volles Licht hat, aber nicht sichtbar ist. Eben dies gilt bei der Venus. Die obern Planeten kehren in ☌ und ☍ mit der Sonne ihre erleuchtete Halbkugel völlig gegen uns, aber nicht wenn sie 90° von derselben zu stehen scheinen. Beim Jupiter und Saturn ist dieses unmerklich; allein beim Mars nicht. Die Erde sey in 2. fig. 22., so zeigt sich ♂ in N in ☌, und in O in ☍ im vollen Lichte. In A aber, wenn er des Abends um 6 Uhr culminirt, kömmt an der Ost- und in M, wenn eben dies des Morgens um 6 Uhr geschieht, an der Westseite ein Theil seiner dunkeln Halbkugel bei uns zu Gesicht. Diese Erscheinungen beweisen, daß die Planeten dunkle Ku-

geln sind, die ihr Licht, wie die Erde, von der Sonne erhalten *).

296. Die genaue Dauer der (periodischen) Umlaufszeiten der **Hauptplaneten** um die **Sonne** zeigt folgende Tafel (das Jahr zu 365 Tagen 6 Stunden gerechnet) **).

	Tropischer Umlauf.					Syderischer Umlauf.				
	J.	T.	St.	M.	S.	J.	T.	St.	M.	S.
Merkur ☿	—	87	23	14	35	—	87	23	15	44
Venus ♀	—	224	16	41	27	—	224	16	49	11
Erde ♁	—	365	5	48	48	—	365	6	9	12
Mars ♂	1	321	16	18	27	1	321	17	30	36
Vesta ⚶	3	224	9	15	47	3	224	13	41	17
Juno ⚵	4	131	10	30	21	4	131	16	57	51
Ceres ⚳	4	220	6	52	6	4	220	13	3	39
Pallas ⚴	4	221	15	35	51	4	221	22	47	44
Jupiter ♃	11	312	20	39	2	11	314	20	26	31
Saturn ♄	29	154	13	16	15	29	166	19	51	11
Uranus ♅	83	274	8	38	—	84	8	18	14	—

Die zweite Columne giebt die Wiederkehr der Planeten zu den Aequinoctialpunkten an. Dies ist aber nicht der eigentliche Umlauf: denn da diese Punkte nach Westen zurückweichen, so hat der Planet noch nicht 360° vollendet, wenn er wieder den nemlichen Punkt der Länge erreicht. Der dritte hingegen zeigt, innerhalb welcher Zeit jeder Planet genau 360 Grad in Ansehung eines Fixsterns oder seinen eigentlichen Umlauf vollendet.

*) Ich hatte vor mehrern Jahren hieselbst für Liebhaber Modelle vom Sonnensystem veranstaltet; sie bestehen aus einem hölzernen Räderwerk, welches durch eine Kurbel in Bewegung gesetzt wird, und die verhältnißmäßige Entfernung und Geschwindigkeit der Planeten, ihre Stellung und Erscheinung ꝛc. für eine jede Zeit sehr sinnlich darstellt. Der Professor **Gelpcke** in Braunschweig läßt dergleichen Modelle mit messingenen Rädern in verschiedener Vollständigkeit, nach seiner Erfindung anfertigen. Sie werden vermittelst einer Kurbel oder eines Uhrwerks in Bewegung gebracht.

**) Die Entdeckungsgeschichte der vier neuen Planeten: Ceres, Pallas, Juno, Vesta, kömmt nachher vor.

297.

	100jährige Bewegung, tropische.				mittlere tägliche Bewegung.		
Merkur	415 Uml.	2 Z.	14°	4'	4°	5'	32"
Venus	162 =	6	19	12	1	36	8
Erde	100 =	0	0	46	0	59	8
Mars	53 =	2	1	42	0	31	27
Vesta	27 =	8	7	4	0	16	22
Juno	22 =	11	7	9	0	13	34
Ceres	21 =	8	21	0	0	12	51
Pallas	21 =	8	14	28	0	12	50
Jupiter	8 =	5	6	17	0	4	59
Saturnus	3 =	4	23	32	0	2	1
Uranus	1 =	2	9	51	0	0	42

Venus z. B. vollendet also in 100 Jahren oder 36525 Tagen 162 mal ihren tropischen Umlauf, und noch überdem 6 Z. 19° 12'; und wenn sie mit gleichförmiger Geschwindigkeit jeden Umlauf in einer Kreisbahn zurücklegte, würde sie, aus der Sonne betrachtet, in 24 Stunden 1 Grad 36 Min. 8 Sec. im Bogen ihrer Bahn beschreiben.

298. Nach diesen periodischen Umlaufszeiten erscheinen die Planeten, aus der Sonne gesehen, wieder in einem gleichen Grad der Länge, oder bei dem nemlichen Fixstern. Die synodischen Umläufe aber sind die Wiederkehr der Planeten zu ihrer Zusammenkunft mit der Sonne, aus der Erde, oder mit der Erde aus der Sonne gesehen: folglich, wenn der Planet mit der Sonne oder mit der Erde wieder eine gleiche Länge hat. Ihre Dauer hängt von der zusammengesetzten Bewegung der Erde und der Plancten ab.

	Mittlerer synodischer Umlauf.					
Merkur			115	Tage	21	Stunden
Venus	1	Jahr	218	—	16	—
Mars	2	—	49	—	22	—
Vesta	1	—	139	—	19	—
Juno	1	—	108	—	17	—
Cires	1	—	101	—	9	—
Pallas	1	—	101	—	6	—
Jupiter	1	—	33	—	13	—
Saturnus	1	—	12	—	20	—
Uranus	1	—	4	—	10	—

299. Die wahren Bahnen der eilf Hauptplaneten sind nicht kreisförmig, PaAb, fig. 23., sondern etwas länglicht oder ellipsenähnlich, PdAe gestaltet. Die Sonne liegt außerhalb dem Mittelpunkt c in dem einen Brennpunkt einer jeden Bahn, z. B. in n; P heißt die Sonnennähe (Perihelium); A die Sonnenferne (Aphelium). In d und e haben sie ihre mittlere Entfernung von der Sonne $\frac{nP+nA}{2} = Pc = cA$; aber nach den Eigenschaften der Ellipse ist nd oder ne $= Pc = \frac{1}{2} PA$. Die Ausweichung der Sonne vom Mittelpunkt c, nemlich cn $=$ cm, heißt die Excentricität. Je größer diese, je mehr sind die große und kleine Axe PA und de von einander verschieden, oder um desto länglichter fällt die Bahn aus; cn ist gleich $\frac{1}{2}$ mn. AP heißt die Apsidenlinie. Eine Linie, wie nP, nd, nA, no, ne, welche die jedesmalige Weite des Planeten von der Sonne anzeigt, ist der Radius vector. Seine Entfernung im Bogen oder Winkel von der Sonne vom Aphelio gegen Osten, also von A nach ePd, wird die Anomalie genannt, wornach sich der eigene ungleiche Gang desselben richtet: denn in der Sonnenferne A bewegt er sich am langsamsten, in der Sonnennähe P am geschwindesten *).

300.

	Sonnenferne, den 1. Jan. 1801.				Jährliche Bewegung.	24stündliche Bewegung in der Sonnennähe.			24stündliche Bewegung in der Sonnenferne.		
	Z.	G.	M.	S.	Sec.	G.	M.	S.	G.	M.	S.
Merkur	8	14	21	57	56,2	6	20	47	2	45	19
Venus	10	8	37	1	48,6	1	37	27	1	34	49
Erde	9	9	29	22	62,1	1	1	16	0	57	11
Mars	5	2	24	24	67,0	0	38	4	0	26	12
Vesta	2	9	50	32		0	19	30	0	13	50
Juno	7	23	19	0		0	23	40	0	8	19
Pallas	10	1	3	11		0	21	50	0	8	2
Ceres	10	26	37	59		0	15	5	0	11	1
Jupiter	6	11	9	18	56,7	0	5	31	0	4	33
Saturn	8	29	5	17	66,1	0	2	16	0	1	48
Uranus	11	17	21	42	52,8	0	0	46	0	0	38

*) Die Eigenschaft und Berechnung der Ellipse lehren die eigentlichen mathematischen Lehrbücher. Ein jeder Kreis stellt sich bei einer schrägen Lage gegen das Auge als eine Ellipse dar.

301.

Nach Fig. 23.	Excentricität cn ♁ von ☉ = 10000	Abstand der Planeten von der Sonne, der mittlere Abstand der Erde (♁) = 10000		
		kleinster in P cP — nc	mittlerer in d oder e nd = cP	größter in A cA + cn
Merkur	795	3075	3871	4667
Venus	50	7184	7235	7283
Erde	168	9832	10000	10168
Mars	1420	13816	15237	16657
Vesta	2014	21538	23551	25565
Juno	6820	19872	26692	33512
Ceres	2168	25506	27674	29842
Pallas	6784	20905	27690	34474
Jupiter	2501	49527	52028	54529
Saturn	5364	90043	95407	100771
Uranus	8955	182880	191836	200792

Die Excentricität einer Planetenbahn läßt sich durch Beobachtungen bestimmen, und dann kann man, vermittelst des 2ten Kepplerschen Satzes (davon nachher), die kleinste, mittlere und größte verhältnißmäßige Entfernung aller Planeten von der Sonne finden, die der mittlern Entfernung ♁ ☉ als 10000 angenommen.

Nach der 4ten Columne sind die **mittleren Abstände der eilf Planeten von der Sonne** in kleinern Zahlen 4, 7, 10, 15, 24, 27, 28, 28, 52, 95 und 192.

302. Die Ebenen der Bahnen der zehn Hauptplaneten neigen sich unter verschiedenen, wiewohl bei den mehrsten geringen Winkeln, gegen die Ebene der Erdbahn oder Ecliptik. Es sey Fig. 24. S die Sonne und PTAV die Erdbahn, beide in einer gemeinschaftlichen Ebene: so werden, Linien von S unter rechten Winkeln gezogen, 0° ♈, ♋, ♎, ♑ in der Ecliptik anzeigen. Allein die übrigen Planeten können nur in den beiden einander gerade entgegen liegenden Punkten, nach welchen die Richtung des gemeinschaftlichen Durchschnittes der Ebenen ihrer Bahnen und der Erdbahn hinausgeht, in der Ecliptik erscheinen, und müssen in allen übrigen entweder nordlich oder südlich von derselben sich zeigen.

303. Es sey fig. 24. Ert die Bahn eines obern Planeten, und ☊☋ die gemeinschaftliche Durchschnittslinie ihrer Ebene und der Ebene der Erdbahn, die man die Knotenlinie nennt, in welcher der Planet keine Breite hat. ☊ heißt der aufsteigende und ☋ der niedersteigende Knoten; die eine Hälfte der Bahn ☊A☋ neigt sich etwas über, und die andere ☋r☊ um eben so viel unter die Ebene des punktirten Kreises ☊fg☋ih, welche mit der Ebene der Erdbahn zusammenfällt. Vom ☊ fängt der Planet an, sich über diese Ebene zu erheben, und erhält einen nordlichen Abstand von der Ecliptik (Breite); 90° vom ☊ bei E herum ist solche am größten *). Von E nimmt die nordliche Breite wieder ab; in ☋ geht er abermal durch die Ebene der Ecliptik, und erhält eine südliche Breite, welche 90° davon in r am größten ist.

304.

	Neigung der Bahnen.			Ort des ☊ den 1. Januar 1793.				Jährliche Bewegung der Knoten.
	G.	M.	S.	Z.	G.	M.	S.	Sec.
Merkur	7	0	0	1	15	57	31	43,3
Venus	3	23	35	2	14	52	39	31,0
Mars	1	51	3	1	18	1	28	28,0
Vesta	7	8	11	3	13	18	28	
Juno	13	4	26	5	21	4	28	
Pallas	34	37	41	5	22	28	57	
Ceres	10	37	34	2	20	53	23	
Jupiter	1	19	2	3	8	24	43	35,7
Saturnus	2	29	55	3	21	57	11	33,3
Uranus	0	46	16	2	12	51	14	15,7

305. Die Anomalie eines Planeten wird auf verschiedene Art bestimmt. Die wahre ist der Winkel Ano, welchen der Radius vector no und die Apsidenlinie nA im Brennpunkt n, worin die Sonne liegt, mit einander machen. Die excentrische ist der Winkel Acu am Mittelpunkt der Ellipse c zwischen cA und dem Kreis-

*) Die größte Breite der Planeten aus der Sonne ist allemal der Neigung ihrer Bahnen gleich.

Halbmesser cu, der dahin gezogen worden, wo die auf nA senkrecht stehende und durch den wahren Ort des Planeten o geführte Linie rou verlängert den Umkreis eines Kreises trifft, der aus c mit dem Halbmesser der halben großen Axe um die Ellipse beschrieben worden. Die mittlere endlich ist der mit der Zeit verhältnißmäßig zunehmende Abstand vom Aphelio. Es sey Ax die mittlere Anomalie für den Stand des Planeten in o, und man stelle sich vor, daß die Linie cx um c gleichförmig sich gewendet, so wird solche nach der Figur schon weiter als no vom Aphelio weg seyn müssen, weil die wahre Fortrückung des Planeten Ao in der Gegend des Apheliums geringer ist als diese vorausgesetzte mittlere Bewegung.

306. Der Unterschied zwischen der wahren und mittlern Anomalie, oder den Winkeln Ano und Acx, heißt die Gleichung der Bahn. Es wird nemlich angenommen, der Planet beschreibe in gleichen Zeiten gleich große Bögen auf dem Kreise Ab oder gleiche Winkel am Mittelpunkt c, oder endlich gleich große Ausschnitte von der Kreisebene: und alles dieses wird durch die mittlere Anomalie oder mittlere Bewegung ausgedrückt. Sie bleibt allemal den Zeiten proportional, so daß der Planet, z. B. während dem 6sten Theil seiner Umlaufszeit, im Bogen und Winkel 60° = dem 6ten Theil der vorausgesetzten Kreisebene durchläuft. Allein Kepler hat entdeckt, daß der Planet auch von der Ebene seiner wahren elliptischen Laufbahn in gleichen Zeiten gleich große Ausschnitte (Sectores) beschreibt, s. den VIII. Abschnitt *): so daß für jeden Ort des Planeten, wie z. B. in o, der elliptische Sector Ano und der Kreissector Acx deren verschiedene Winkel an n und c die wahre und mittlere Anomalie heißen, gleiche Flächentheile von der Ellipse und dem Kreise ausmachen, und alsdann ist o der wahre und x der mittlere Ort des Planeten.

307. Der Unterschied zwischen dem wahren und mitt-

*) Hiernach geben also auch die elliptischen Sectores, die der Planet zurücklegt, eine mittlere Anomalie, da sie den Zeiten proportional bleiben.

lern Ort wird im Aphelio und Perihelio = 0, weil da cx mit cA oder cP zusammenfällt: denn die mittlere Bewegung im Kreise führt den Planeten so wie die wahre in seiner Ellipse, in der einen Hälfte der Umlaufszeit von A durch b oder e nach P, und in der andern von P durch a oder d nach A. Vom Aphelio bis Perihelio liegt der mittlere Ort des Planeten weiter gegen Osten als der wahre; vom Perihelio bis Aphelio aber weiter gegen Westen. Die größte Mittelpunktsgleichung findet in i und l bei der mittlern Anomalie von III Zeichen + und IX Zeichen — einige Graden statt, wo nemlich der Radius vector ni oder nl die mittlere Proportionallinie zwischen der halben großen und halben kleinen Axe der Ellipse oder cA:ni = ni:ce wird.

308. Da die mittlere Anomalie auch durch den elliptischen Sector Ano ausgedruckt werden kann, weil wenn derselbe z. B. den 6ten Theil vom Flächenraum der ganzen Ellipse austrägt, der Winkel Ano die wahre Anomalie, oder der elliptische Bogen Ao in dem 6ten Theil der Umlaufszeit von dem Planeten zurückgelegt wird: so kömmt es darauf an, für diesen 6ten Theil oder 60° mittlerer Anomalie den Winkel Ano oder die wahre Anomalie zu finden; und der Unterschied zwischen beiden giebt die Mittelpunktsgleichung, oder wie viel man zum mittlern Ort (Länge) addiren, oder davon subtrahiren muß, um die wahre Länge des Planeten zu erhalten. Man kann aber die mittlere Anomalie für eine jede Zeit aus dem Ort des Apheliums und der Dauer der Umlaufszeit leicht finden. Die wahre hingegen ergiebt sich aus der Beobachtung, wie weit der Planet, aus der Sonne betrachtet, von seinem Aphelio entfernt ist. Die Auflösung der Aufgabe: aus der mittlern die wahre Anomalie und umgekehrt, imgleichen die größte Mittelpunktsgleichung und den Radius vector zu finden. S. meine Erläuterung der Sternkunde, Seite 370 u. f. *).

*) Größte Mittelpunktsgleichung hat beiläufig Merkur 24°, Venus $\frac{3}{4}$°, Erde 2°, Mars 11°, Vesta $9\frac{3}{4}$°, Juno $29\frac{1}{2}$°, Ceres 9°, Pallas 28°, Jupiter $5\frac{1}{2}$°, Saturn $6\frac{1}{2}$°, Uranus $5\frac{1}{3}$°.

309. Fig. 24 stellt beiläufig die verhältnißmäßige Größe und die Lage der Erd= und Marsbahn vor; Sm ist für die Mars= und Sc für die Erdbahn die Excentricität, so daß aus m und c mit den Halbmessern der mittleren Entfernung (§. 301.) die Bahnen dieser beiden Planeten kreisförmig beschrieben worden, weil ihre ellipsenähnliche Gestalt in dieser kleinen Figur nicht merklich wird; P ist die Sonnennähe, und A die Sonnenferne. Mars stehe nun zwischen ♋ und ♎ in E und die Erde in T, so ist für den Mars tzE oder der Winkel ESt seine Entfernung vom Widderpunkt, oder die Länge in seiner Bahn aus der Sonne gesehen, welche die heliocentrische genannt wird. Wird von E, Ea senkrecht auf die erweiterte Ebene der Erdbahn oder Ecliptik heruntergefällt, und aS gezogen, so ist aSt die heliocentrische Länge in der Ecliptik, und ESa die heliocentrische Breite. Ferner zeigt Ta den auf die Ecliptik reducirten geocentrischen oder aus der Erde gesehenen Ort des Mars an, mit welcher eine andere Sf parallel gezogen wird, die alsdann zu dem nemlichen Grad der Länge als Ta führt (§. 286.): also ist der Bogen ♈hf oder der Winkel ♈Sf die geocentrische Länge, und ETa die geocentrische Breite des Mars. Er hat in E zwischen ☊ und ☋ eine nordliche Breite, und ist seiner Sonnenferne A nahe.

310. Ferner ist die heliocentrische auf die Ecliptik reducirte Länge des Mars um den Winkel TaS = aSf größer als die geocentrische, oder der Planet erscheint, von der Erde ausgesehen, um so viel weiter gegen Westen. Die heliocentrische Breite muß ein wenig kleiner als die geocentrische sein, weil die Erde dem Mars hier etwas näher als dieser der Sonne steht. Der Unterschied der heliocentrischen und geocentrischen Länge, oder der Winkel am Planeten TES, um welche sich dort die Erde von der Sonne entfernt zeigt, heißt die Parallaxe der Erdbahn. Er ist bei den obern Planeten am größten, wenn die Linien aus der Sonne und den Planeten an der Erde einen rechten Winkel machen; bei den untern hingegen,

wenn der Planet in der untern ☌ mit der Sonne ist (s. fig. 22. und 21). Steht aber Venus oder Merkur in R (fig. 21.), daß der Winkel an ihnen BRS ein rechter ist, so haben beide ihre größte westliche oder östliche Ausweichung von der Sonne, von der Erde aus gesehen, erreicht.

311. Wenn ein oberer Planet in ☌ hinterhalb der Sonne steht, so fällt seine heliocentrische und geocentrische Länge zusammen; seine geocentrische Breite erscheint uns kleiner, wegen seiner größten Entfernung als die heliocentrische. Wenn er von der Sonne westwärts wegrückt, wird seine geocentrische Länge immer größer, als die heliocentrische; 90° von der Sonne, da er um 6 Uhr Morgens den Meridian erreicht, ist dieser Unterschied am größten, und nimmt nachher wieder ab. Er kömmt nach einiger Zeit zum Stillstande, und wird rückgängig. Steht er in ☍, oder die Erde zwischen ihm und der Sonne, so ist der Unterschied zwischen seiner heliocentrischen und geocentrischen Länge abermal 0. Die geocentrische Breite aber erscheint bei seiner größten Nähe größer, als die heliocentrische. Nachher kömmt er zum zweitenmal an der Ostseite der Sonne zum Stillstande. Seine geocentrische Länge wird immer geringer, als die heliocentrische, bis er 90° von der Sonne ostwärts erscheint, und des Abends um 6 Uhr in Süden steht, wo der Unterschied zwischen beiden Längen abermal am größten ist; hierauf nähert er sich wieder der Sonne, und jener Unterschied nimmt wieder nach und nach ab.

312. Wenn ein unterer Planet in seiner obern hinterhalb der Sonne ist, so ist seine geocentrische Länge der heliocentrischen gleich; seine geocentrische Breite aber erscheint kleiner. Kommt er hinterhalb der Sonne ostwärts und am Abendhimmel zum Vorschein, so fällt seine geocentrische nach und nach immer weiter nach Westen als seine heliocentrische. Wenn er seine grosste Ausweichung von der Sonne ostwärts erreicht, so ist der Unterschied zwischen beiden Längen am größten; er kömmt nachher, indem er sich wieder der Sonne nähert, zum erstenmal zum Stillstand, wird rückgängig, und tritt bald darauf in

die untere ☌ mit der Sonne, wo seine geocentrische und heliocentrische Länge um 180° unterschieden sind; die geocentrische Breite erscheint bei der ♀ größer, bei ☿ kleiner als die heliocentrische. Er rückt nun von der Sonne westwärts ab, und erscheint in den Morgenstunden am östlichen Himmel; seine geocentrische Länge fällt immer mehr östlicher als die heliocentrische; er kömmt zum zweitenmal zum Stillstande *), und nachher zu seiner größten westlichen Ausweichnng von der Sonne, wo jener Unterschied der Längen am größten ist. Von da nähert er sich wieder der Sonne, und beide Längen treffen nach und nach wieder zusammen.

313. Wenn ein Planet gerade in seiner Knotenlinie steht, so ist er auch, von der Erde aus betrachtet, in der Ecliptik, und hat keine Breite, ob er sich gleich um den Bogen der Parallaxe der Erdbahn, der alsdann bei ihm statt findet, vom wahren Ort seines Knoten entfernt zeigt. Je näher ein Planet heliocentrisch dem 90sten Grad des Abstandes ost- oder westwärts vom ☊ oder ☋ ist, und je näher er zugleich der Erde ist, um desto größer erscheint seine geocentrische Breite. Die größte geocentrische Breite des Merkur ist 4° 44′, der Venus 8° 44′, des Mars 6° 52′, Vesta 12° 0′, Ceres 15° 59′, Juno 24° 45′, Pallas 56° 47′, des Jupiter 1° 41′, des Saturn 2° 48′, und des Uran 0° 49′.

314. Der Winkel an der Sonne **EST** heißt der Commutations- und der an der Erde **ETS** der Elongations- oder Entfernungswinkel; jener zeigt den Unterschied der heliocentrischen Länge des Mars und der Sonne an. Durch das Perpendicul **Ea** wird das Dreieck **ETS** auf das in der Ebene der Ecliptik liegende **aTS** reducirt. Nun läßt sich aus den Tafeln vom Lauf der Planeten **) für eine jede Zeit ihre heliocentri-

*) Im Mittel geht Merkur 18, Venus 42, Mars 70, Jupiter 119, Saturn 136, und Uranus 151 Tage zurück.

**) Die bisherigen Halleyschen Tafeln vom Saturn und Jupiter hat de Lambre, und die vom Mars, Venus und Merkur la Lande verbessert. Meine Uranustafeln stehen im

sche Länge und Breite, so wie ihr abgekürzter Abstand von der Sonne Sa, ingleichen der heliocentrische Ort der Erde und ihr Abstand von der Sonne berechnen.

315. Verlangt man aber z. B. die geocentrische Länge und Breite des Mars, so muß das, zufolge der Tafeln, sich formirende geradlinigte Dreieck TSE, oder eigentlich TSa, aufgelöst werden. Der Winkel an der Sonne aST und die Seiten Sa und ST, demnach zwei Seiten mit dem zwischen beiden liegenden Winkel aST, sind bekannt. Hieraus wird der Elongationswinkel STa leicht gefunden, nemlich: (Sa + ST):(Sa — ST) = Tang. ½ (STa + TaS): Tang. ½ (STa — TaS). aST ist bekannt, daher auch die Summe der beiden übrigen Winkeln = 180° — aST; wird also die halbe Differenz zur halben Summe addirt, da der Winkel an T der größte ist, so kömmt der Winkel an der Erde STa, und dieser in der gegenwärtigen Stellung des Mars gegen Osten, zur Länge der Sonne addirt, giebt dessen geocentrische Länge; ferner Sin. aST : Sin. aTS = Tang ESa:Tang. FTa, die geocentrische Breite. Wenn man sich den Triangel, welchen Sonne, Erde und Planet bilden, für jeden vorkommenden Fall aus der bekannten heliocentrischen Länge der beiden letztern entwirft, so ergiebt sich sogleich; auf welcher Seite der Sonne wir den Planeten sehen.

316. Die Parallaxe der Erdbahn ist die Ungleichheit, welche die Fortrückung der Erde im Sonnensystem in den scheinbaren Bewegungen der Planeten hervorbringt, und sie muß um so viel größer seyn., je näher uns der Planet ist *). Hiernach versuchte schon, Copernicus die ver-

---

astronom. Jahrbuch für 1787. Wurm hat des de Lambre's Tafeln für diesen Planeten 1791 herausgegeben. v. Zach und von Lindenau haben die neuesten Tafeln der Sonne, Venus und Merkur geliefert.

*) Die Parallaxe der Erdbahn ist aufs höchste bei Mars 46° bei der Ceres 23°, bei Jupiter 12°, bei Saturn 6° und bei Uran 3°. Und so weit entfernt sich nur die Erde von der Sonne, aus diesen Planeten betrachtet.

hältnißmäßigen Entfernungen der Planeten von der Sonne aus der beobachteten Parallaxe der Erdbahn herzuleiten. Wenn nemlich ein oberer Planet mit der Sonne im ☍ steht, so fällt sein heliocentrischer und geocentrischer Ort zusammen. Beobachtet man nun einige Zeit nachher, da dieser Planet gerade um 90° von der Sonne ostwärts erscheint, also nach fig. 22. die Erde in 2 und der Planet in A steht, den geocentrischen Ort desselben, so hat man S2A = 90°. Nun läßt sich für die seit der ☍ verflossene Zeitdauer aus den Tafeln berechnen, wo der Planet sich zur Zeit der letzten Beobachtung heliocentrisch zeigte; der Unterschied zwischen diesem heliocentrischen und dem beobachteten geocentrischen Ort bestimmt den Winkel am Planeten 2AS, und in diesem Fall die größte Parallaxe der Erdbahn, woraus sich das Verhältniß von 2S und SA berechnen läßt.

317. Nach den oben angegebenen Bestimmungen der Oerter der Sonnenferne, Excentricität, mittlern Weite von der Sonne, Knoten und Neigung der Planetenbahnen, lassen sich selbige nach einem angenommenen Maaßstabe, nach ihrer verhältnißmäßigen Größe und Lage mit Zirkel und Lineal richtig entwerfen, und damit kann man, wenn der jedesmalige heliocentrische Ort eines Planeten und der Erde gehörig eingetragen wird, alle bisher angezeigte Erscheinungen und Stellungen der Planeten deutlich sich vorstellen. S. meine Anleitung zur Kenntniß des gestirnten Himmels, 9te Auflage, Seite 119 — 124, und Seite 466 — 482.

Siebenter Abschnitt.

Ueber die Beschaffenheit der Sonne, ihre Flecken rc., Stärke und Geschwindigkeit ihres Lichts; Beschreibung der Planeten und ihrer Merkwürdigkeiten; von den Nebenplaneten oder Monden, Lauf und Erscheinung derselben; Gründe zur Berechnung und Bestimmung der wahren Entfernung und Größe der Sonne und Planeten.

318.

Auf der Sonne zeigen sich auch schon durch mittelmäßige Fernröhre die mehreste Zeit dunkle Flecke, oft einzeln zuweilen aber in mehrerer Anzahl und in unregelmäßigen veränderlichen Gestalten. Sie wurden bald nach der Erfindung der Fernröhre um das Jahr 1610 entdeckt, Die größern sind gewöhnlich mit einem Nebel oder blassern Schatten umgeben. Sie entstehen und verschwinden auch oft mitten auf der Sonne; bewegen sich gemeinschaftlich und mit einander parallel, innerhalb einem gewissen breiten Streifen vom östlichen Sonnenrande bis zum westlichen in etwa 13½ Tagen, und gegen die Ränder hin langsam. Einige kommen nach 13½ Tagen wieder am östlichen Rande zum Vorschein nachdem sie am westlichen verschwunden sind. Mitten auf der Sonne erscheinen sie runder und größer. Auch lassen sich zuweilen, vornemlich in der Nachbarschaft der Sonnenränder, gewisse mit einem andern Lichte als der übrige Sonnenkörper versehene Stellen bemerken, welche Sonnenfackeln genannt werden. Die größten dunkeln Flecken nehmen etwa eine Minute ein *).

319. Aus den Beobachtungen der Sonnenflecken, hat man gefolgert, daß die Sonne eine Kugel sey, sich wie es uns erscheint von Osten nach Westen um ihre Axe

---

*) S. Schröters Beobachtungen über die Sonnenfackeln und Sonnenflecken rc., 4. Erfurt 1789.

wälze, und daß diese Flecken sich auf ihrer Oberfläche selbst aufhalten. Wäre nach fig. 25. ame die Sonne, und hsl die Region ihrer Flecken: so würde bei der Umdrehung der Sonne, von der Erde T oder V aus betrachtet, nur hk oder sr der Bogen ihrer Sichtbarkeit auf der diesseitigen Halbkugel seyn. Bei der Umdrehung der Sonnenkugel müssen ferner die Sonnenflecken sich nach dem Sinus des zurückgelegten Bogens der Sonnenoberfläche, also gegen die Ränder hin, immer langsamer zu bewegen scheinen; und weil sie, der Convexität der Sonnenkugel folgend, dort sehr schräge gegen den Beobachter stehen, sich länglicht und schmäler zeigen.

320. Es sey fig. 25. C die Sonne und T die Erde; ein Sonnenfleck mitten auf der Sonne in m, da ab der in T sichtbare Durchmesser der Sonne ist. Nachdem sich die Sonnenkugel nach admb einmal umwälzt, ist die Erde inzwischen bis V gerückt, und nun ist n mitten auf der Sonne, oder de ihr sichtbarer Durchmesser. Sie muß sich also noch um mn weiter herumwälzen, ehe m wieder in die Mitte kommt. Hieraus folgt, daß, obgleich die Sonnenkugel in 25 Tagen 14 Stunden 8 Minuten sich von Westen gegen Osten wirklich um ihre Axe wälzt, sie dennoch den Erdbewohnern erst nach 27 Tagen 12 Stunden 20 Minuten wieder dieselbe Seite zuwende.

321. Hätte die Sonnenaxe eine senkrechte Stellung auf der Ebene der Ecliptik, so würde der Sonnenäquator admne in dieser Ebene der Erdbahn liegen, und folglich müßten die mit ihm bei der Umwälzung der Sonne parallel fortrückenden Flecken gleichfalls allemal in geraden Linien auf der Sonne sich bewegen. So aber lehren Beobachtungen, daß dies nur zweimal im Jahr geschieht, nemlich am Ende des Novembers und Mays; sonst beschreiben sie schmale Ellipsen, welche vom December bis May nordwärts, in den übrigen 6 Monaten aber südwärts vom Mittelpunkt der Sonne liegen. Hieraus hat man gefunden, daß der Sonnenäquator sich mit der Erdbahn $7\frac{1}{2}$ Grad, folglich die Sonnenaxe mit derselben $82\frac{1}{2}$ Grad, neige; daß der Nordpol der Sonne beständig gegen

gen den 8° ♓ und 82½ nordlicher, der Südpol aber gegen den 8° ♍ und 82½° südlicher Breite gerichtet sey.

322. Die Sonne hat eine schwach schimmernde Lichtsphäre, das Zodiakallicht genannt, die sich, so weit wir sie bemerken können, noch bis jenseits der Marsbahn erstreckt, eine bei den Polen der Sonne sehr abgeplattete Gestalt hat, und zuweilen einige Stunden am westlichen oder östlichen Himmel als ein der Milchstraße gleichender pyramidalförmig gestalteter Lichtschimmer zu Gesicht kömmt. Am besten zeigt es sich im Februar und März in den Abendstunden am westlichen, und im October in den Frühstunden am östlichen Himmel. Die Länge desselben, von der Sonne an gerechnet, ist zuweilen 100, und ein andermal kaum 50 Grad; die Breite am Horizont zwischen 8 bis 30 Grad.

323. Der ältesten Meinung zufolge, daß die Sonne ein wirklich brennender Körper sey, erklärte man ihre Flecke als Rauch- und Dampfwolken; oder als große Klumpen ausgebrannter Materien, die wechselsweise über das Feuermeer der Sonne zum Theil hervorragen und wieder einsinken. Allein diese Hypothesen haben vieles wider sich. Daß die Sonne ein Feuer sey, beweist man gewöhnlich aus ihrem Lichte und ihrer Wärme. Allein, zufolge der neuern Entdeckungen der mächtigen und schnellen Wirkungen der Electricität, imgleichen der chemischen Verbindung des Lichtstoffs mit der Feuermaterie, kann man sich die Sonne mit weit mehr Wahrscheinlichkeit als eine feuerlose Kugel vorstellen, die bei ihrem schnellen Umschwung aus dem Himmelsraum die Lichtmaterie absondert und an sich zieht, welche sich dann auf eine oder die andere Art durch das ganze Sonnengebiet wirksam zeigt und fortgepflanzt wird. Die Erwärmung der irdischen Körper durch das Sonnenlicht ist dann eine chemische Wirkung der Materie ihrer Strahlen auf den in den untern Regionen unserer Atmosphäre und den der Erdoberfläche zunächst benachbarten überall vorhandenen Feuerstoffen. Die Größe dieser Wirkung richtet sich aber nur zum Theil nach den verschiedenen größern oder kleinern Einfallswinkeln, unter welchen die Sonnenstrahlen eine Gegend treffen; denn das Meiste hängt hie-

bei von lokalen Umständen und von dem größern oder geringern Vorrath jener Stoffe ab. Bis zu den höchsten Bergen steigen diese Feuertheile nicht, und deswegen herrscht auf ihren Gipfeln ein beständiger Winter. Daß die Lichtstrahlen der Sonne im Brennpunkt eines Brennglases oder Spiegels zünden, ist blos ihrer bei dieser Zusammenpressung heftig vermehrten Wirkung zuzuschreiben.

324. Diesen Erfahrungen und Gründen gemäß, stelle ich mir die Sonne überhaupt als eine ursprünglich **dunkle planetische Kugel** vor, auf deren Oberfläche Länder und Meere seyn können, und die in die Lichtmaterie auf eine ähnliche Art, wie unsere Erde in ihre Atmosphäre, eingehüllt ist. Die Sonnenflecken, als bloß kleine, zuweilen von der Lichtmaterie entblößte Stellen der Sonnenländer oder Meere, werfen uns nur ein vom Glanz des Lichtstoffs geborgtes, auch größtentheils, wenn es etwa Meere sind, verschlucktes Licht zu; oder es kann sich an diesen Oertern eine völlig nächtliche Dunkelheit ausbreiten, wenn die Lichtwolken der Sonne gänzlich unter den Horizont der Mitte derselben hinabsinken, und die größern dunkeln Flecken bilden; der sie gewöhnlich umgebende Nebel entsteht von einigen Lichtwolken, die noch zum Theil über dem Sonnen-Horizont stehen. Die sonderbaren Schattirungen, welche sich durch gute Fernröhre zwischen Fackeln- und Fleckensammlungen auf der Sonne zuweilen deutlich zeigen, scheinen landschaftliche Gegenden zu seyn, wo die Lichtwolken nur einzeln oder verdünnt stehen, und Berge und Thäler von verschiedenen Seiten erleuchten *).

325. Es sey nun die eine oder die andere Hypothese richtig, so wird der Endzweck des prachtvollen Sonnenballs, nemlich durch alle Räume seiner weiten Herrschaft, so wie unserer **Erde**, auch den übrigen um ihn laufenden

*) S. des Grafen v. **Hahn** Gedanken über die Sonne und ihr Licht, in meinem astronomischen Jahrbuch für 1795, und meine Gedanken über die Natur der Sonne und Entstehung ihrer Flecken, im zweiten Bande der Beschäftigungen der Berlinischen Gesellschaft naturforschender Freunde, Berlin, 1776.

Planeten- und Kometenkugeln den bei den verschiedenen Entfernungen möglichsten Grad des Lichts und nach chemischen Grundsätzen die benöthigte Wärme mitzutheilen, glücklich erreicht. Dieser wichtige und allgemeine Nutzen, so wie die mächtige Kraft der Anziehung, mit welcher die Sonne alle Kugeln ihres Systems bis zu unermessenen Entfernungen um sich in Kreisen herumlenkt, ist von ihrer ungeheuren Größe zu erwarten: denn ihr Durchmesser trägt über 113 Erddurchmesser, mehr als 194000 Meilen, ihr Umfang im Aequator über 611000 Meilen aus; und sie übertrifft unsere Erde an Größe 1448000 mal. (Den Beweis nachher).

326. Newton erklärte die Lichtstrahlen als wirkliche aus der Sonne und den Sternen durch völlig leere Räume sich ergießende Ausflüsse. Cartesius dachte sich diese Räume mit Himmelsluft angefüllt, und die feinsten Theile der Sonnenstrahlen als harte, dicht an einander in gerader Linie liegende Kügelchen, die, wenn das der Sonne zunächst stehende einen Stoß ihrer bewegten Lichttheile erhält, sich ohne den geringsten Zeitverfluß auf der Erde wirksam zeigen. Allein gegen beide Voraussetzungen lassen sich gegründete Einwürfe machen.

327. Euler nimmt hingegen mit mehrerer Wahrscheinlichkeit an, daß die kleinsten Theile der Lichtmaterie der Sonne in einer heftigen zitternden Bewegung sind; diese wird den der Sonne zunächst angränzenden Theilen des Aethers (einer den Weltraum anfüllenden höchst subtilen, flüssigen und dabei elastischen Materie) mitgetheilt, und pflanzt sich nach und nach durch den Aether auf eine ähnliche Art, wie der Schall durch unsere Luft, obgleich wegen jener viel tausendmal subtilern Materie ungemein schneller, bis zu der Erde und andern Planeten fort, so daß hiebei eben so wenig wirkliche Lichtausflüsse erfolgen, als beim Schall einer Glocke Theile aus derselben zu unsern Ohren kommen.

328. Römer, ein Dänischer Astronom, machte etwa vor 150 Jahren die wichtige Entdeckung, daß das Licht zwar nicht augenblicklich, aber doch mit einer erstaunlichen

Geschwindigkeit sich fortpflanzt. Es sey fig. 26. in S die Sonne, BDAC die Erde, RV die Jupitersbahn, und Jupiter stehe in n; emd sey die Bahn seines ersten Trabanten, der in 42 Stunden 28 Minuten um ihn läuft, und allemal nach dieser Zeit entweder in e in den Schatten seines Planeten tritt und eine Verfinsterung leidet, oder in m aus demselben tritt und wieder sein Licht erhält (wovon nachher). Ist die Erde in C, so steht Jupiter hinter der Sonne in seiner größten Entfernung von uns. Kömmt die Erde in D, so ist die Erde ihm um den ganzen Durchmesser ihrer Bahn CD = der doppelten Entfernung der Sonne, die wenigstens 40 Millionen Meilen austrägt, näher.

329. Soll nun nach der Rechnung dieser Trabant um eine gewisse Zeit in den Schatten seines Planeten treten, so geben die Beobachtungen, daß dieser Eintritt, wenn die Erde in C ist, um 8 Minut. 7½ Secunde später, und wenn sie in D anlangt, um 8 Minut. 7½ Sec. früher sich zeigt. Die Ursache hiervon ist, weil das Licht so viele Zeit gebraucht, sich durch den Halbmesser der Erdbahn SD = SC fortzupflanzen; es schießt also DC in 16 Min. 15 Sec. durch. Von C durch B nach D nähert sich die Erde dem Jupiter, und hierdurch wird die Zeit der Verfinsterungen scheinbar beschleunigt. Gesetzt, der Trabant trete in e ein, wenn die Erde in B ist, so sollte er nach 42 Stund. 28 Min. abermal eintreten; allein weil die Erde inzwischen sich dem Jupiter nach b genähert, so sehen wir den Trabanten um so viel früher verschwinden, als das Licht eher in b als B anlangt. Von D durch A bis C entfernt sich die Erde wieder vom Jupiter, und der Trabant tritt in m immer später aus dem Schatten. Bei A herum zeigt sich das Gegentheil von dem bei B.

330. Dem in B und A bemerkten Zeitunterschiede sowohl, als den Beobachtungen in C und D gemäß, braucht also das Licht der Jupiterstrabanten 8 Min. 7 Sec., sich von der Sonne bis zu uns, also wenigstens 20 Millionen Meilen weit, mit einer uns unbegreiflichen Schnelligkeit fortzupflanzen, oder legt in einer Secunde

41000 Meilen zurück; der Schall hingegen in 22 Secunden nur eine deutsche Meile.

331. Diese Schnelligkeit des Lichts ist gleichfalls durch die von Bradley entdeckte Abirrung des Lichts der Fixsterne bestätigt worden (s. den Abschnitt von den Fixsternen). Die Lichtstrahlen gebrauchen hiernach so viel Zeit, um eine dem Abstande der Sonne gleiche Weite zu durchschießen, als die Erde braucht, um 20 Sec. im Bogen ihrer Bahn fortzurücken, wozu 8 Min. 7 Sec. (wie vorher gefunden) gehören. Nun ist jener Bogen 1940 Meilen lang, woraus folgt: daß die Fortschwingung des Lichts über 10300 mal schneller geschieht, als der Lauf der Erde.

332. Die Stärke der Erleuchtung eines Körpers nimmt ab, wie das Quadrat seines Abstandes vom leuchtenden Körper zunimmt, wird also in einer doppelten Entfernung 4mal; in einer dreifachen 9; in einer vierfachen 16mal u. s. w. schwächer, welches leicht zu beweisen ist.

333. Hiernach läßt sich eine Vergleichung der Stärke des Sonnenlichts auf den Planeten nach ihren verschiedenen verhältnißmäßigen Abständen von der Sonne (s. §. 301.) anstellen; und es ergiebt sich z. B., daß das Licht der Sonne auf dem Merkur 6- und auf der Venus 2mal stärker; hingegen auf dem Mars um die Hälfte, auf dem Jupiter 27-, auf dem Saturn 90-, und auf dem Uranus 364mal schwächer als auf der Erde ist. Daher entsteht der schon uns erscheinende, merklich verschiedene Glanz der Planeten zum Theil aus ihrer sehr verschiedenen Entfernung von der Sonne. Allein es kömmt auch sehr vieles hierbei auf ihre eigene Größe, und auf die besondere Beschaffenheit der Theile ihrer Oberfläche und ihrer Atmosphäre an.

334. Aus Vergleichung der Stärke des Sonnen- oder des gemeinen Tageslichts mit dem Lichte, welches uns der Mond zuschickt, hat unter andern Smith berechnet, daß 90000 Vollmonde mit ihrem vereinigten Lichte es bei uns nur so helle als die Sonne machen würden.

Wenn nemlich der Mond bei Tage zu der Zeit, da er drei Viertel oder mehr erleuchtet ist, über dem Horizont steht, so erscheint er nicht viel heller als ein mit ihm gleich großes Wölkchen, welches das Sonnenlicht lebhaft zurückwirft; deswegen kann auch der Mond bei Nacht nicht mehr Licht haben, als diese Wolke, wenn sie ihren von der Sonne erborgten Schein wie der Mond behielte. Nun ist das gewöhnliche Tageslicht der Wiederschein des mit hellen Wolken überzogenen Himmels, und der Mond nimmt in jener Gestalt etwa den 90000sten Theil von der sichtbaren Halbkugel des Himmels ein: daher muß sein Licht auch um eben so viel schwächer seyn *).

335. Wir würden unterdessen diesen erstaunlichen Unterschied des Sonnen- und Mondenlichts eher empfinden und beurtheilen können, wenn die Eröffnung der Pupille unsers Auges bei allen Graden der Stärke des Lichts gleich groß bliebe. So aber erweitert sich diese Oeffnung bei einem schwachen Lichte sehr merklich, und wir sehen daher die bei demselben sichtbaren Gegenstände stärker erleuchtet, so daß das Vermögen des Auges Gegenstände, die vom Lichte in einer sehr verschiedenen Stärke beschienen werden, dennoch in ziemlicher Klarheit zu sehen sehr weite Gränzen hat **).

336. **Merkur** beschreibt zunächst um die Sonne seine Bahn in 88 Tagen, in einer Entfernung von etwa 9400 Halbmessern der Erde ***) (jeden zu 859½ deutsche Meilen gerechnet). Er sieht die Sonne 6mal im Flächenraum größer als wir, und um eben so viel heller. Er ist

*) **Bouguer** findet dies Verhältniß wie 300000 : 1, und **Euler** gar wie 374000 : 1. Nach **Lamberts** Berechnung scheint die Sonne 277000 mal heller als der Mond.

**) Daher bemerken wir bei großen Sonnenfinsternissen noch keine Abnahme der Erleuchtung der Gegenstände auf der Erde, wenn auch die Sonne schon weit über halb verdunkelt ist.

***) Wie die wahre Entfernung der Planeten von der Sonne und Erde, imgleichen ihre wahre Größe gefunden worden, wird im folgenden gezeigt. Hier werden diese Entfernungen nur beiläufig angesetzt.

der kleinste Planet, und wird von unserer Erdkugel an Größe 18mal übertroffen. Da er sich nie über $28\frac{1}{4}$ Grad von der Sonne östlich oder westlich entfernt, so sehen wir ihn nur zuweilen nahe am Abend= oder Morgenhorizont in der Dämmerung. Der unermüdete Schröter hat durch beobachtete Flecken die Umdrehung des Merkur auf 24 Stunden 1 Minute bestimmt.

337. Er erscheint als ein kleiner lebhaft glänzender Stern. Sein scheinbarer Durchmesser trägt diesseits der Sonne 12 Secunden, in seinem größten Abstand aber hinterhalb der Sonne nur 5 Sec. aus. Daher und wegen seines starken Glanzes, den seine große Nähe bei der Sonne veranlaßt, wird die Abwechselung seiner Lichtgestalten nur durch beträchtlich vergrößernde Dollondische Fernröhre, deren Objectivglase man nur eine geringe Oeffnung lassen muß, bemerkt. Merkur ist in seiner untern Zusammenkunft mit der Sonne 14900, in seiner obern Zusammenkunft mit derselben aber 33600 Erdhalbmesser von uns entfernt.

338. In einem größten Abstande von 17500 Halbmessern, wälzt sich Venus in 224 Tagen um die Sonne. Sie sieht die Sonne im Flächenraum noch einmal so groß als wir, und ist nur etwas kleiner als die Erde. Schon Cassini fand vor 160 Jahren Flecken auf ihrer Oberfläche, aus deren veränderlichen Stellung er eine Umwälzung ihrer Kugel von 23 Stund. 20 Min. folgerte. Schröter zu Lilienthal hat in neuern Zeiten mit vieler Sorgfalt die Venus durch ein 7füßiges Herschelsches Teleskop beobachtet, merkwürdige Ungleichheiten auf derselben entdeckt, und ihre Umdrehungszeit 23 Stund. 22 Min. gefunden; ferner deutliche Spuren von ihrer Atmosphäre und deren Dämmerungen bemerkt *). Auch ist zuweilen von einem Trabanten der Venus die Rede gewesen, dessen bisherige Erscheinung durch Fernröhre aber als optische

*) S. mein astronom. Jahrbuch für 1793, Seite 136 bis 142; und für 1795, Seite 209 bis 216.

Täuschungen mit ziemlichem Grunde der Wahrscheinlichkeit erklärt worden.

339. **Venus** ist der schönste Stern am Himmel; sie hieß schon im entferntesten Alterthum der **Morgen-** oder **Abendstern**, nachdem sie entweder des Morgens vor der Sonne herging, oder ihr des Abends nachfolgte. In ihrer größten Entfernung jenseits der Sonne, trägt ihr scheinbarer Durchmesser nur 9 Secunden; steht sie aber diesseits der Sonne uns am nächsten, 61 Secunden aus. Wenn sie in dem untern Theil ihrer Bahn etwa 40° ost- oder westwärts von der Sonne erscheint, hat sie ihr stärkstes Licht, ob sie gleich kaum den 4ten Theil erleuchtet ist *). Venus ist der einzige Stern, den man die mehreste Zeit mit bloßen Augen bei Tage am Himmel sieht. In ihrer obern Zusammenkunft mit der Sonne steht sie 41800, hingegen in ihrer untern nur 6700 Erdhalbmesser von uns. Sie kömmt uns dann unter allen Planeten am nächsten, ist gleichwohl noch 110mal weiter als der Mond.

340. Die Erde ist der dritte Planet von der Sonne; sie läuft, 24000 ihrer Halbmesser entfernt, in 365 Tagen 6 Stunden um die Sonne. Die **Umdrehung der Erdkugel**; ihre etwas **eingedrückte Gestalt**; ihre **Größe**; die unveränderliche **Neigung der Axe** von $66\frac{1}{2}$ Grad gegen die Ebene ihrer **etwas elliptischen Laufbahn**; die daher entstehende **Abwechselung der Jahreszeiten** oder verschiedene Stellungen der Theile ihrer Oberfläche gegen die Sonne; **Beschaffenheit ihrer Atmosphäre und Erscheinungen in derselben** rc. Alles dies ist schon hinlänglich aus den vorigen Abschnitten bekannt.

341. Unser beständiger Begleiter, der **Mond**, läuft zunächst um die Erde von Westen gegen Osten, in einer Entfernung von etwa 60 ihrer Halbmesser in 27 Tagen

---

*) S. die erste Kupfertafel in meiner **Anleitung zur Kenntniß des gestirnten Himmels**. In meinen astron. Jahrb. wird die Lichtgestalt der **Venus** monatlich in einem Holzschnitt vorgestellt.

8 Stunden. Er ist der kleinste von allen planetarischen Himmelskörpern, die wir kennen, und im Flächenraum 14, im körperlichen Inhalt aber 50mal kleiner als die Erde.

Period. Umlauf des Mondes.		Synodischer Umlauf.	Mittlere tägliche tropische Bewegung.
Tropisch. Umlauf.	Syder. Umlauf.		
27 T. 7 St. 43′ 5″	27 T. 7 St. 43′ 11″	29 T. 12 St. 44′ 3″	13° 10′ 35″

In 100 Jahren, jedes zu 365¼ Tagen gerechnet, legt der Mond, nach seiner tropischen Bewegung, 1336mal seine Bahn, und überdem noch 10 Z. 7° 53′ 35″ zurück. Zwölf synodische Mondumläufe, oder ein Mondenjahr, ist 354 Tage 8 Stund. 48′ 35″ lang. In 19 Sonnenjahren treffen 235 synodische Umläufe des Mondes ein; die Abweichung beträgt nach 312 Jahren nur einen Tag.

342. Die Mondkugel wird allemal zur Hälfte von der Sonne erleuchtet; allein die Breite des Theils, welcher davon uns jedesmal zu Gesicht kömmt, nimmt keinesweges, vom neuen Lichte an, in dem Verhältniß zu, wie sich der Mond von der Sonne ostwärts entfernt, sondern diese Zunahme richtet sich beinahe nach dem Sinus versus (was der Cosinus vom Radius übrig läßt) vom Bogen des scheinbaren Abstandes des Mondes von der Sonne, erscheint also ungleich und um die Zeit der Viertel am merklichsten. Der größte Kreis auf dem Mond, welcher jedesmal die erleuchtete und dunkle Halbkugel trennt, zeigt sich in den Vierteln als eine gerade Linie, indem er alsdann senkrecht gegen unser Auge steht; in allen übrigen Stellungen des Mondes aber als eine Ellipse, weil er eine schräge Lage gegen uns hat. Nur im Vollen- und Neuen Lichte fällt er mit dem auf der Erde sichtbaren Rand des Mondes zusammen, weil wir alsdann senkrecht auf seine Ebene sehen.

343. Wenn der Mond sich sichelähnlich erleuchtet zeigt, so zeigt sich auch seine dunkle oder Nacht-Seite in einem blassen aschfarbenen Lichte; und je schmäler die Mondsichel ist, desto lebhafter. Wir sehen hier, wie unsere Erde, die Nächte des Mondes erleuchtet; denn da dieselbe 14mal mehr im Flächenraum hat, als der Mond, so er-

leuchtet sie seine Nächte ohngefähr so viel mal stärker als der Vollmond die unsrigen. Dies ist eigentlich der Fall im Neumond bei a fig. 20., denn da scheint die Erde im Mond mit vollem Lichte; je breiter aber die Lichtsgestalt des Mondes wird, desto mehr nimmt die Erleuchtung der Erde im Monde ab, daher wird jenes aschfarbene Licht immer unmerklicher, und selten ist es noch durch Fernröhre kenntlich, wenn der Mond über halb sich erleuchtet zeigt.

344. Die Erde rückt in ihrer Bahn in 24 Stunden etwa so weit fort, als die Peripherie der Mondbahn austrägt. Daher ist die Fortrückung des Mondes in seiner eignen Bahn in der nemlichen Zeit von etwa 13 Grad kaum der 27ste Theil von der Weite, durch die der Mond mit der Erde gemeinschaftlich sich fortschwingt. Vom Vollen- zum Neuenlichte geht der Mond vor der Erde her, und vom Neuen- zum Vollenlichte folgt er derselben. Vom ersten bis letzten Viertel geht er mit der Erde nach einer gleichen Richtung, und ist weiter, wie sie, von der Sonne entfernt; vom letzten bis ersten Viertel hingegen nach der entgegengesetzten, und ist der Sonne näher. S. fig. 20. Der monatliche Weg des Mondes um die Erde und Sonne zugleich, ist eine Cycloide oder Radlinie.

345. Der scheinbare Durchmesser und die Geschwindigkeit des Mondes erscheinen monatlich merklich ungleich. Daher muß der Mond uns zuweilen näher seyn, als zu einer andern Zeit, oder die Erde liegt nicht im Mittelpunkt seiner Bahn; diese ist nicht kreisförmig, sondern elliptisch gestaltet, wie AbcPde fig. 27. (obgleich lange nicht so excentrisch). Die Erde steht in dem einen Brennpunkt E; in P ist das Perigäum oder die Erdnähe, und in A das Apogäum oder die Erdferne des Mondes; PA ist die Apsidenlinie; rE die Excentricität der Mondbahn = 550 solcher Theile, deren rP = rA 10000 hat. Weiß man nun für eine gewisse Zeit die Länge des Mondes und seine mittlere Anomalie, so läßt sich die Gleichung der Bahn und damit seine wahre Länge, aus den Mondtafeln wie bei den Planeten, finden.

346. Allein hiermit reicht man lange nicht aus, die Berechnung mit der Beobachtung zustimmend zu erhalten. Ursachen davon sind: die äußerst merkliche Fortrückung der Apsidenlinie bei der Mondbahn nach Osten, die in weniger als 9 Jahren durch den ganzen Thierkreis herumkömmt; die periodisch veränderliche Excentricität seiner Bahn; eine dritte Ungleichheit, die am größten ist, wenn der Mond 45° von der Sonne steht; endlich eine vierte und jährliche, die sich nach der mittlern Anomalie der Sonne verändert. Bei Anwendung dieser vier Verbesserungen weichen dennoch die Berechnungen oft merklich von den Beobachtungen ab, und erst seit funfzig Jahren haben die größten Astronomen und Geometer die verwickelte und schwere Theorie des Mondlaufes glücklich so weit zu Stande gebracht, daß nun die neuesten Mondtafeln *) den Ort des Mondes, obgleich nach einer weitläuftigen Berechnung, jedesmal mit großer Genauigkeit darstellen.

347. Ferner neigt sich die Mondbahn unter einem Winkel von etwa 5 Grad mit der Erdbahn. In beiden Durchschnittspunkten (Knoten) hat der Mond keine, und 90 Grad davon die größte nordliche oder südliche Breite. Die Knoten verändern ihren Ort gleichfalls sehr merklich, und gehen nach kaum 19 Jahren durch den ganzen Thierkreis von Osten nach Westen, also rückwärts herum. Hiernach ist die Gestalt und Lage der Mondbahn gegen die Ecliptik einer schnellen Abwechselung unterworfen, und die geschwindere oder langsamere Fortrückung des Mondes; imgleichen sein größter oder kleinster Durchmesser wird so wie sein Durchgang durch die Ecliptik und seine größte Breite immer in andern Gegenden des Thierkreises bemerkt. Die schräge Lage der Mondbahn und ihre Veränderungen sind neue Schwierigkeiten, die Theorie des Mondlaufs genau zu berichtigen.

*) **Tobias Mayer** brachte zuerst die Mondtafeln zu ihrer jetzigen Vollkommenheit. Seine Tafeln stehen in der Berliner Sammlung astronomischer Tafeln. **Euler**, **Mason**, **Burg**, **de Lambre**, **Oltmanns** u. a. haben selbige noch erweitert und genauer berechnet.

348. Die Wiederkehr des Mondes zu seiner Erdferne oder Erdnähe, heißt ein anomalistischer, und der Umlauf in Ansehung der Knoten ein draconitischer Monat. Jener dauert 27 Tage 13 Stund. 18′ 34″, und dieser 27 T. 5 St. 5′ 36″.

349. Der scheinbare Durchmesser des Mondes in der Erdferne, und wenn er zugleich in ☌ mit der Sonne ist, beträgt 29 Min. 22 Sec., und in der Erdnähe, wenn er zugleich in ☍ ist, 33 Minuten 31 Secunden; in der mittlern Entfernung hingegen 31 Min. 7 Sec. Der Durchmesser des Mondes verhält sich allemal zur horizontalen Parallaxe desselben, wie 32′ 45″, 6 zu 60′. Wenn der Mond nach fig. 11. im Scheitelpunkt c steht, so ist er dem Beobachter in n näher, als wenn er im Horizont a erscheint, und so wird auch sein scheinbarer Durchmesser vom Horizont herauf größer. Der horizontale Durchmesser verhält sich zum Höhen-Durchmesser, wie der Sinus der wahren Entfernung des Mondes vom Scheitelpunkt zum Sinus seiner scheinbaren Entfernung, welches sich nach fig. 11 ergiebt.

350. Schon mit bloßen Augen sehen wir auf der Oberfläche dieses uns am nächsten stehenden Himmelskörpers helle und dunklere Theile. Und bereits durch mittelmäßige Fernröhre stellt er sich überall mit vielen Ungleichheiten, Streifen, Flecken und großen Vertiefungen dar. Die größern dunkeln oder blaß schattirten Flecken scheinen Ebenen zu seyn, die das Sonnenlicht nicht so lebhaft als der übrige Theil des Mondes zurückwerfen, wiewohl sich auch darin Streifen, und hie und da Vertiefungen und Bergadern zeigen. Viele in deu hellern Theilen zerstreuete Flecken erscheinen als runde Gruben und Vertiefungen in ebenen Gegenden mit einem dunkeln oder hellen Grunde, und viele davon sind mit einem Walle eingefaßt; andere machen sich als einzelne Berge sehr kenntlich. Zur Zeit des vollen Lichtes wird die uns sichtbare Halbkugel des Mondes von den Sonnenstrahlen senkrecht, im zu- und abnehmenden Lichte aber unter größern oder kleinern Winkeln erleuchtet: daher verschwinden im erstern Stande alle

Schatten, welche sich von den einzeln Höhen oder Bergen und den Randgebürgen der Gruben der Sonne gerade gegenüber, oder innerhalb den Gruben und Cratern, an der der Sonne zugewendeten Seite in allen übrigen Stellungen des Mondes zeigen. Aus den ansehnlichen Bergen und Thälern der Mondoberfläche sind alle Ungleichheiten und die häufigen vom hellen Theil abgerissenen Lichtpunkte, welche sich im zu- und abnehmenden Mond an der Gränzlinie seiner Tag- und Nachtseite, auf welcher die Sonne dort auf- oder untergeht, zeigen, leicht zu erklären. Den vornehmsten und kenntlichsten Mondflecken haben die Astronomen Namen beigelegt, ihre Lage gegen einander und ihre Lichtschattirungen bestimmt, und so von der Gestalt der uns jederzeit sichtbaren Seite des Mondes Abbildungen geliefert *).

351. Der Mond wendet beständig eine und dieselbe Halbkugel gegen die Erde, und scheint nur, während einem Monat, periodisch etwas zu schwanken, so daß seine Flecken gemeinschaftlich nach der Ost- oder Westseite rücken. Man folgerte hieraus: daß der Mond sich wirklich um seine Axe wälzt, und zwar innerhalb 27 Tagen 8 Stunden, in welchen er seinen Umlauf um die Erde vollführt; und fand, daß die Mondaxe mit der Ebene der Erdbahn einen unveränderlichen Winkel von 88° 31′ macht und folglich dessen Aequator 1° 29; daß aber ihre Neigung mit der Ebene der veränderlichen Mondbahn bis auf 83¼° gehen kann; daß die Punkte, in welchen der

*) Das 11te Blatt der Doppelmayerschen Himmelskarten zeigt den Mond nach Hevels und Ricciolus Vorstellung. Die Namen der vornehmsten Mondflecken nach dem Ricciolus; das astronomische Jahrbuch von 1776, und Mayers *Opera inedita*, Vos. I. Die neuesten und vollständigsten Beobachtungen und Abbildungen der Mondflecken kommen vor in Schröters Selenotopographischen Fragmenten zur genauern Kenntniß der Mondfläche ꝛc., 4. mit 65 Kupfern. Das Jahrbuch 1825 liefert eine Mondcharte von Gruithuisen in München, und Lohrmann in Dresden bearbeitet jetzt eine Mondtopographie in 25 Blättern.

Mondäquator die Ebene der Ecliptik berührt, mit dem mittlern Ort der Mondknoten übereinkommen. Hieraus, und daß der Mond in seiner elliptischen Bahn ungleich fortläuft, entsteht eine veränderliche Schwankung (Libration), sowohl in der Länge als Breite.

352. Es sey fig. 27. AcPd die elliptische Bahn des Mondes, und in deren Brennpunkt E die Erde. Nun wendet, nach der Theorie, die Mondkugel beständig dieselbe Seite genau gegen den zweiten Brennpunkt F. Es sey n ein Flecken mit auf der Mondscheibe, von F aus gesehen. Steht also der Mond in A, so ist auch n, von der Erde gesehen, mitten auf dem Mond. Kommt der Mond in b, und hat sich folglich in Ansehung des Punkts F um den Winkel AFb = 90° herumgewälzt, so ist o sein Mittelpunkt, von der Erde aus betrachtet, und n scheint sich von demselben gegen Westen am weitesten entfernt zu haben. Beim Stande des Mondes in c kommt n dem Mittelpunkt wieder etwas näher, und wenn er in P fällt o mit n wieder zusammen. Steht der Mond in d, so ist n von o nach Osten, in e am merklichsten, und in A zeigt sich n wieder im Mittelpunkt. Dies ist die Schwankung der Mondkugel in der Länge; die Weite on kann bis 8° der Mondoberfläche gehen.

353. Ein für unser Auge durch den Mittelpunkt des Mondes gezogener Meridian der Mondkugel trifft beständig mit ihrer wahren Länge überein; den dortigen ersten Meridian aber, von welchem die selenographischen Längen der Flecke gerechnet werden, stellt man sich mit der mittlern Länge des Mondes zusammenfallend vor: daher liegen beide um den Unterschied zwischen dem wahren und mittlern Ort des Mondes im Bogen der Mondkugel auseinander. Nun treffen in A und P beide Oerter, also auch jene Meridiane, zusammen. Vom Apogäo durch b und c zum Perigäo liegt der erste Meridian im Mond westwärts, und vom Perigäo durch de bis zum Apogäo ostwärts vom Mittelpunkt des Mondes. Von e, etwa durch A bis ohngefähr in b, schwankt die Mondkugel in

der Länge nach Westen; hingegen von b durch P bis e nach Osten.

354. Die Schwankung des Mondes in der Breite zeigt die 28. fig. Es sey T die Erde, STE liege in der Ebene der Ecliptik, mTn in der Mondbahn und ITO in der Ebene des Mondäquators, so ist T der gemeinschaftliche Durchschnittspunkt, oder der Knoten dieser drei Ebenen. Die Mondbahn neigt sich mit der Ecliptik unter dem Winkel von 5° 17′ = nTE = STm und der Mondäquator mit derselben um 1° 29′ = ETo = ITS; ps, die Axe des Mondes, steht auf ITo senkrecht, und folglich liegt der Mondäquator ae parallel mit ITo. Hat nun der Mond, von T aus betrachtet, nach B hinaus seine größte nördliche Breite, so ist c für uns sein Mittelpunkt, und sein Aequator erscheint als eine halbe Ellipse nordwärts um oa = nTE + ETO = 6° 46′; um so viel erscheinen alsdann alle südliche Mondflecken in ihren Parallelen von Mondrand entfernter und die nördlichen dem Rande näher. Hat hingegen der Mond nach 14 Tagen gegen D hin seine größte südliche Breite erreicht, so liegt der Mondäquator a um eben so viel südlicher vom Mittelpunkt c, erscheint als eine südwärts geneigte Ellipse in der Breite ac = ITS + STm = 6° 46′ und alle südliche Flecken erscheinen dem Mondrand so viel näher, als die nördlichen davon weiter weg. Dies giebt in beiden Fällen die größte Libration des Mondes in der Breite *).

355. Die Höhen der Berge im Monde müssen zum Theil sehr ansehnlich seyn, welches man aus der Länge ihrer Schatten und aus der Entfernung von der Tagseite, auf welcher ihre Gipfel zum Vorschein kommen, abnehmen kann. Es sey fig. 12. o der Mittelpunkt, und bae ein Theil der Oberfläche des Mondes; ad ein Sonnen-

*) Im astronomischen Jahrbuch 1776 kommt Seite 134 u. f. eine Anweisung vor, die Lage der Axe und des Aequators, so wie des ersten Meridians im Mond zu finden. Dies ist auch dort auf der dritten Kupfertafel durch Figuren erläutert.

strahl, welcher die Oberfläche in den Vierteln bei a berührt, und weiterhin die Spitze des Berges d trifft; ab die helle und ae die dunkle Seite des Mondes. Nun ist ad, nach einigen Beobachtungen, $\frac{1}{13}$ von ao; und da der Halbmesser des Mondes on 232 Meilen austrägt, so muß ed $\frac{2}{3}$ deutsche Meilen, etwa 15000 Franz. Fuß, hoch seyn. Schröter hat Berge im Monde beobachtet, deren Höhe bis zu 25000 Fuß hinansteigt; imgleichen Gruben von 1000 bis 18000 Fuß tief nach andern Gründen berechnet.

356. Eine Atmosphäre um den Mond wollen Einige aus einem glänzenden Ring schließen, der sich um den Mond bei totalen Sonnenfinsternissen gezeigt hat; ferner aus der Beobachtung, daß die Planeten, wenn sie vom Monde bedeckt werden, zuweilen am Mondrande ihre runde Gestalt verlieren. Mayer suchte zu beweisen, daß der Mond keine Atmosphäre habe. Sie muß freilich von einer andern Beschaffenheit, als die unsrige, seyn, denn es zeigen sich keine Wolken im Monde, und die gewöhnlichen Flecken desselben erscheinen jederzeit gleich helle. Es müßte hiernach auf diesem Weltkörper ein beständig heiterer Himmel und keine Abend- und Morgendämmerung statt finden, weil an der Lichtgränze, wo doch die Sonne auf- und untergeht, die Flecken so heiter als sonst überall sich zeigen. Ob etwa daher, daß ein jeder Punkt der Mondoberfläche 14½ Tage beständig von der Sonne erleuchtet und vermuthlich auch erwärmt wird, wolkenähnliche Verdichtungen nur in der Nachtseite statt finden? Schröter hat aber auch deutliche Spuren vom Dasein einer äußerst subtilen Mondatmosphäre, und sogar von einer dortigen Abend- und Morgendämmerung bemerkt. (S. astron. Jahrb. f. 1795. S. 216.) Große Wassersammlungen hat man so wenig als Flüsse auf dem Mond mit Sicherheit entdeckt, und die sich zuweilen durch Fernröhre in seiner Nachtseite zeigenden Lichtpunkte, welche einige Astronomen für Ausbrüche feuerspeiender Berge hielten, habe ich durch ein lebhaft reflectirtes Erdenlicht dieser Punkte zu erklären gesucht. (S. astron. Jahrbuch 1792. Seite 112).

357. In einem größern Abstande als die Erde mit ihrem

ihrem Mond, läuft Mars seine Bahn in einem Jahr und 322 Tagen um die Sonne. Er ist gegen 27000 Halbmesser der Erde von der Sonne entfernt, und etwa 4mal kleiner als die Erdkugel. Er sieht die Sonne im Flächenraum etwa nur halb so groß als wir. Cassini sahe 1666 zuerst dunkle Flecken auf dem Mars, und folgerte aus deren Fortrückung, daß sich dieser Planet in 24 Stund. 40 Min. um seine Axe dreht. Maraldi fand 1704 eben diese Umdrehungszeit. Messier bemerkte in neuern Zeiten veränderliche Flecken und Streifen auf dem Mars so wie seine zuweilen glänzende Nordliche oder Südliche Polarzone. Eben so Schröter. (S. das 5te Blatt der Doppelmayerschen Charten. Herschel hat im Jahr 1781 die Umwälzungszeit des Mars 24 St. 39′ 21″ gefunden; ferner die Neigung seines Aequators gegen seine Laufbahn 28° 42′, und die Abplattung seiner Kugel unter ihren Polen $\frac{1}{16}$tel.

358. Mars erscheint uns die mehreste Zeit nur als ein kleiner Stern; er macht sich aber besonders an seinem feuerrothen Lichte kenntlich *). Er verändert seine scheinbare Größe sehr merklich, denn hinterhalb der Sonne hat er etwa nur 4 Secunden, wenn er aber des Nachts um 12 Uhr im Meridian steht, 27 Sec. im Durchmesser. Er ist (im Mittel gerechnet) im erstern Falle über 61200, im zweiten aber nur 12700 Halbmesser der Erde von uns; 90° von der Sonne west- oder ostwärts hat er die Gestalt des Mondes 3 Tage nach oder vor dem vollen Lichte; Trabanten hat man bei ihm noch nicht entdeckt, ob sich gleich vermuthen läßt, daß er einen oder mehrere um sich habe.

359. Zwischen der Mars- und Jupitersbahn befindet sich ein, verhältnißmäßig gegen die übrigen Planeten-Entfernungen von der Sonne, zu großer Raum, innerhalb welchem noch kein Planet beobachtet worden. Dies veranlaßte in neuern Zeiten die gegründete Vermu-

*) Eine Anzeige von einer starken Atmosphäre.

thung *), daß dort sich wohl noch ein oder mehrere bisher unentdeckte Planeten aufhalten könnten, und auch ich äußerte seit 1772 dies öffentlich. Nun wurde am Anfang des gegenwärtigen Jahrhunderts, der eine erwartete Planet glücklich entdeckt und in den sechs folgenden Jahren fand man auch noch drei in der nemlichen Region.

360. Am 1sten Jun. 1801 entdeckte der Dr. Piazzi zu Palermo, durch einen glücklichen Zufall im Stier einen kleinen beweglichen Stern, den er anfangs für einen Kometen hielt, den ich aber sogleich nach erhaltener Nachricht und angestellter Beobachtung für den dort längst vermutheten Planeten erkannte **). Er ist 67100 Erdhalbmesser von der Sonne entfernt, man schätzt ihn nicht größer als unsern Mond, er zeigt sich uns nur als ein Stern 7. Gr. Sein Entdecker hat ihm den Namen Ceres beigelegt und mit ⚳ bezeichnet.

361. Am 28sten März 1802 entdeckte der Dr. Olbers in Bremen noch einen kleinen beweglichen Stern am Nordlichen Flügel der Jungfrau, von dem Beobachtungen und Berechnungen bald zeigten, daß derselbe gleichfalls ein in der Region der Ceres sich aufhaltender Planet sey, dessen Bahn eine sehr starke Neigung und Excentricität habe. Er erscheint uns nur als ein Stern 7. 8. Gr. Der Dr. Olbers hat ihm den Namen Pallas gegeben und das Zeichen ⚴ für ihn vorgeschlagen.

362. Am 1sten Sept. 1804 entdeckte der Prof. Harding, damals in Lilienthal (jetzt in Göttingen) einen drit-

---

*) Selbige schien auch aus einer merkwürdigen Progression, die alle Planetenbahnen in ihrer Entfernung von der Sonne zeigen, sich zu ergeben. Es sey der Abstand des Saturns = 100; so ist beiläufig der Abstand des Merkurs 4; der Venus 4 + 3 = 7; der Erde 4 + 6 = 10; des Mars 4 + 12 = 16. Nun kömmt eine Lücke 4 + 24 = 28, wo noch kein Planet bekannt war; dann folgt 4 + 48 = 52 der Abstand des Jupiters; 4 + 96 der des Saturns und 4 + 192 der des Uranus.

**) S. meinen Tractat: Von dem neuen zwischen Mars und Jupiter entdeckten achten Hauptplaneten, 9 Bogen in 8. Berlin, 1802.

ten kleinen beweglichen Stern beim Schwanz des Südlichen Fisches im Thierkreise, den man nachher auch als einen unbekannt gebliebenen Planeten zwischen Mars und Jupiter erkannte. Er ist der Sonne etwas näher als Ceres und Pallas und nur durch Fernröhre wie jene sichtbar. Harding nannte ihn Juno und Olbers legte ihm den Zepter ⚵ bei.

363. Endlich hatte am 29sten März 1807 der Dr. Olbers abermals das Glück, einen vierten Planeten am Nordlichen Flügel der Jungfrau zu entdecken, der auch nur 7. Gr. erscheint. Er ist der Sonne näher als die 3 vorigen. Der Dr. Gauß in Göttingen hat ihn Vesta genannt und das Zeichen ⚶ für ihn vorgeschlagen.

364. Diese vier neuen Planeten laufen also gemeinschaftlich in der erwarteten Gegend des Sonnensystems. Ihre Bahnen durchschlingen sich sehr merkwürdig: da wo Pallas und Juno durch ihren ☊ oder ☋ gehen, hat Ceres ihre größte Nordliche oder Südliche Breite, und wo Ceres ihren ☊ oder ☋ paßirt, haben die beiden übrigen ihre größte Südliche oder Nordliche Breite. Der ansehnlichen Neigung ihrer Bahnen wegen übersteigen sie oft sehr weit, besonders Pallas, die Grenzen des Thierkreises. Sie sind sämmtlich nur durch Fernröhre aufzusuchen. Ihrer regelmäßigen elliptischen Bahnen wegen, und daß sie keine der übrigen Planetenbahnen durchschneiden, müssen sie als Hauptplaneten erkannt werden.

365. Weit jenseits der Bahnen der 4 neuen Planeten umläuft in einem Abstande von fast 126200 Halbmessern der Erde Jupiter seine Bahn in 11 Jahren und 314 Tagen um die Sonne, welche er 27mal im Flächenraum kleiner als wir sieht. Er ist der größte unter allen Planeten, und 1474mal größer als die Erde. Auf seiner Oberfläche zeigten sich schon den ältern Astronomen durch Fernröhre einige dunkle, zum Theil veränderliche, parallel unter einander von Osten nach Westen liegenden Streifen. Schröter fand mit Herschelschen Teleskopen im Jahr 1756 fast beständig vier, worin sich

mancherlei Veränderungen zeigten *). Auch bemerkt man zuweilen einzelne dunkle Flecken, aus deren Verrückung verschiedene Astronomen die Umwälzung der Jupiterskugel auf 9 St. 56 Min. herausgebracht und Schröter auf 9 St. 55′ 34″. Die Neigung der Axe des Jupiters gegen die Ebene seiner Laufbahn ist 87°, und seine Kugel ist unter ihren Polen nach Cassini um $\frac{1}{13}$, nach Pound um $\frac{1}{13}$, und nach Short um $\frac{1}{14}$tel abgeplattet, also viel stärker als die Erdkugel.

366. Jupiter zeigt sich uns allemal als ein schöner mit einem gelblichten Lichte scheinender Stern. Wenn er hinterhalb der Sonne steht, ist er mehr als 150000 Erdhalbmesser von uns, und sein scheinbarer Durchmesser 30 Secunden. Steht er aber der Sonne gerade gegenüber und um Mitternacht in Süden, so ist er 39 Secunden groß, und die Erde nur 102000 Erdhalbmesser von ihm entfernt.

367. Dieser Planet wird auf seiner zwölfjährigen Reise um die Sonne von vier Monden (Trabanten) begleitet, welche inzwischen in verschiedenen Zeiten von Westen gegen Osten um ihn laufen. Sie wurden im Jahr 1610 von Galiläus entdeckt, und sind schon durch mittelmäßige Fernröhre sichtbar. Die Wargentinschen Tafeln, nach welchen vornemlich ihre Verfinsterungen zu berechnen sind, waren bisher die richtigsten. de Lambre aber hat neulich noch genauere und sehr vollständige, nach der Theorie des de la Place berechnet, herausgegeben, die sehr gut mit den Beobachtungen stimmen aber eine mühsame Berechnung erfordern.

368. Der periodische Umlauf ist, aus dem Jupiter gesehen, ihre Rückkehr zu dem nemlichen Punkt des Thierkreises; der synodische aber die Zeit von einer dortigen ☌ oder ☍ derselben mit der Sonne zur andern.

*) S. dessen von mir herausgegebene Beiträge zu den neuesten astronomischen Entdeckungen, mit 8 Kupf. 8. Berlin 1788.

	Periodischer Umlauf.				Synodischer Umlauf.			
I. Trab.	1 T.	18 St.	27′	33″	1 T.	18 St.	28′	36″
II. =	3	13	13	42	3	13	17	54
III. =	7	3	42	33	7	3	59	36
IV. =	16	16	32	8	16	18	5	7

Der Unterschied zwischen beiden Umläufen entsteht auf eine ähnliche Art, wie bei unserm Mond (290). Der synodische Umlauf wird aus Beobachtungen der Wiederkehr zu den Finsternissen gefunden, der periodische aber hieraus berechnet. Aus dem Jupiter betrachtet, läuft nach voriger Tafel in 24 Stunden: der erste Trabant etwa 203, der zweite 101, der dritte 50, und der vierte 22 Grad am Firmament fort. Ferner findet sich, daß nach etwa 437 Tagen 3 Stunden der erste Trabant 247, der zweite 123, und der dritte 61; der vierte aber in 435 Tagen 14 Stunden, 26 synodische Umläufe vollendet.

369. Hiernächst hat man ihre größten Abstände vom Jupiter gemessen, und solche in Halbmessern des Planeten, welches ihre wahren Entfernungen, und im Bogen der Himmelskugel, welches ihre scheinbaren Entfernungen, von der Erde aus betrachtet, sind, bestimmt. Letztere sind in folgender Tafel für die Zeit der mittlern Entfernung des Jupiters von der Erde angesetzt, wenn dessen scheinbarer Durchmesser 37¼″ austrägt.

	Größter Abstand in Halbmessern des ♃ (jeden zu 9783 Meilen).	Größter scheinbarer Abstand.
I. Trabant	5, 96	1′ 51″
II. =	9, 49.	2 57
III. =	15, 14	4 42
IV. =	26, 63	8 16

Jupiter nimmt also mit seinem Gefolge 16′ 32″ an unserm Firmament ein *), etwa so viel als die ☉ im Halbm.

*) Die Nähe dieser Monde im Verhältniß der Größe des Jupiters ist, so wie ihr schneller Lauf, bewundernswürdig. Man stelle darüber Vergleichungen mit unserm Mond an.

370. Die 29ste Figur stellt den Jupiter ♃ mit den Bahnen seiner vier Trabanten in den obigen verhältnißmäßigen Entfernungen vor. Er wirft, der Sonne, die nach C hinausgesetzt wird, einen Schatten HE, welcher spitz zuläuft, weil die Sonne viel größer als Jupiter ist. Die Trabanten erhalten ihr Licht von der Sonne, und erleiden im Schatten ihres Planeten eine Verfinsterung. In i treten sie in und in c wieder aus demselben. Diese Mondfinsternisse im Jupiter müssen sehr oft vorfallen *). Kommen hingegen die Trabanten auf der Linie zwischen dem Jupiter und der Sonne, z. B. in n, so können sie ihren Schatten auf den Planeten werfen, und verursachen dort Sonnenfinsternisse; wir sehen dann ihre Schatten über den Jupiter von Osten nach Westen fortrücken.

371. Wenn die Erde zur Zeit der ☌ oder ☍ des Jupiters mit der Sonne nach C hinaus, fig. 29 oder fig. 26, in C oder B steht, so liegt der Schatten des Jupiters für uns gerade hinter dem Planeten. Wenn die Erde von C nach B rückt, und Jupiter in den Frühstunden sichtbar ist, ragt der Schatten an der Westseite hervor, am merklichsten in B, da Jupiter um 6 Uhr Morgens culminirt, und wir sehen ihn nach D. Läuft die Erde von B bis D fig. 26, so rückt der Schatten wieder hinter den Jupiter. Nach der ☍ in D geht die Erde gegen A, und der Schatten liegt ostwärts am Jupiter. Bei A, da Jupiter um 6 Uhr Abends culminirt, ist dies am merklichsten; wir sehen ihn nach AHF, fig. 29. Bewegt sich endlich die Erde von A nach C, fig. 26, so geht der Schatten wieder hinter den Planeten. Von der ☌ bis zur ☍ sind also nur die Eintritte; von der ☍ bis zur ☌ aber nur die Austritte der Trabanten sichtbar, weil der andere Theil des Schattens hinter dem Jupiter bleibt. Dies gilt beständig für den ersten, und mit einer seltenen Ausnahme auch für den zweiten Trabanten. Von dem 3ten und 4ten aber werden, vornemlich bei B oder A, sowohl die Ein- als Austritte gesehen.

*) Sie werden in den astronomischen Jahrbüchern im voraus angekündigt.

372. Die Ebene der Bahn des Jupiters neigt sich mit der Ebene der Erdbahn unter einen kleinen Winkel von 1° 19′, und mit den letztern machen die Ebenen der Trabantenbahnen Winkel von $2\frac{1}{2}$ bis $3\frac{1}{2}$°. Hieraus folgt, daß das System des Jupiters sich nur wenig gegen unser Auge neigt, und wir die Trabanten nur immer zu beiden Seiten des Jupiters größtentheils in einer geraden Linie sehen. Der ☊ aller vier Trabantenbahnen liegt etwa im 14° ♒, und folglich der ☋ im 14° ♌. Wenn also ♃ dorthin erscheint, so gehen die Trabanten sowohl vor als hinter ihm in geraden Linien durch seinen Mittelpunkt; sonst beschreiben sie äußerst schmale Ellipsen, die im 14° ♉ und ♏ am weitesten offen erscheinen. Aber schon etwa 30 Grad ost- und südwärts von diesen Punkten, geht der 4te Trabant jedesmal, den Schatten unverfinstert, nord- oder südwärts vorbei.

373. Durch ein Modell vom System des Jupiters (Jovilabium) lassen sich die Stellungen der Trabanten, von der Erde aus betrachtet, für eine jede Zeit mechanisch leicht finden. Es werden nach einem beliebigen Maaßstabe (Halbmesser des ♃ = 1) die Bahnen der Trabanten in ihrer verhältnißmäßigen Größe auf Kartenblätter beschrieben und ausgeschnitten; hierauf mit einem beliebigen größern Halbmesser die Ecliptik beschrieben und eingetheilt. Die Mittelpunkte obiger Scheiben werden, vermittelst eines Stifts, mit dem Mittelpunkt der Ecliptik vereinigt, so daß sie sich umdrehen lassen. Die Umkreise der Bahnen theilt man nun nach den Jovicentrischen 24stündlichen Bewegungen eines jeden Trabanten für alle Tage des Monats ab. Im Mittelpunkt wird ♃ verzeichnet, und über dem Stift noch ein schmaler Zeiger für die Gesichtslinie der Erde zum ♃, und ein anderer für die von der Sonne zum ♃ gehende Linie, welche die Lage des Schattens bestimmt, angebracht. Dann wird ihre Länge im Thierkreise, aus dem Jupiter gesehen, aus den darüber vorhandenen Tafeln genommen; der letztere Zeiger auf diesen Grad geschoben, und die Zahl des vorgegebenen Tages auf einer jeden Trabantenbahn unter ihn gebracht. Endlich, ohne Verrückung der Scheiben, der eine Zeiger

nach dem heliocentrischen und der andere nach dem geocentrischen Ort des ♃ gerichtet. Die Verzeichnung der geocentrischen Stellung der Trabanten läßt sich dann aus der 29sten Figur abnehmen *).

374. Diese Monde zeigen auch bei ansehnlichen Vergrößerungen in sehr guten Fernröhren noch keinen so merklichen scheinbaren Durchmesser, daß derselbe mit den gewöhnlichen Instrumenten auszumessen wäre. Maraldi hat aus der Dauer ihrer Vorübergänge vor der Jupitersscheibe gefunden, daß der 3te, welcher der größte ist, $\frac{1}{18}$tel; die drei übrigen aber $\frac{1}{20}$tel vom Durchmesser des Jupiters halten **). Da nun Jupiter über 11mal größer im Durchmesser als die Erdkugel ist, so müssen die Trabanten etwa nur achtmal kleiner als die Erde seyn. Endlich erscheinen die Trabanten, ohnerachtet sie immer gegen uns ihre ganz erleuchtete Seite wenden, dennoch nicht allemal gleich helle, und ihre Schatten zeigen sich auf dem Jupiter gewöhnlich größer als sie selbst, woraus eine Umdrehung dieser Monde um ihre Axe, und daß sie auf ihrer Oberfläche mehr oder wenigere dunkle Flecke haben müssen, zu folgen scheint.

375. Saturn läuft in einem fast doppelten Abstande wie Jupiter, nemlich von mehr als 231400 Erdhalbmessern, seinen Weg um die Sonne in 29 Jahren und 166 Tagen. Er sieht die Sonne im Flächenraum 90mal kleiner als wir. Seine Größe übertrifft die Größe unserer Erdkugel 1030mal. Weil sich auf seiner Oberfläche bei der großen Entfernung von uns keine einzelne Flecken durch die ehemaligen Fernröhre unterscheiden ließen, so blieb hiernach die Umdrehungszeit seiner Kugel völlig unbekannt, wiewohl

*) Meine astron. Jahrbücher zeigen diese Stellung der Trabanten für eine gewisse Stunde einer jeden Nacht da Jupiter sichtbar oder über dem Horizont ist.

**) Sie müssen also wenigstens 2 Sec. im scheinbaren Durchmesser haben, und daher sieht man besonders den 3ten und 4ten durch gute Fernröhre nach und nach in und aus dem Schatten treten, welches an ihrer allmähligen Ab- und Zunahme des Lichts erweislich ist.

schon Huygen dieselbe aus andern Gründen auf 10 Stunden, und Prof. Kant auf 6 Stunden 24′ bestimmte. Herschel entdeckte zuerst durch sein zwanzigfüßiges Teleskop dunkle Flecken, imgleichen 2 blasse Streifen auf dem Saturn, die auch schon Messier bemerkt. Ersterer fand auch die Abplattung der Saturnskugel $\frac{1}{11}$tel.

376. Saturn erscheint uns als ein kenntlicher Stern mit einem bleich = röthlichem Lichte. Er sieht die Sonne 90mal im Flächenraum kleiner als wir. Die Erdbahn ist zehnmal im Umfange und Durchmesser kleiner als die Laufbahn dieses Planeten. Wenn er um die Mitte der Nacht culminirt, so ist die Erde ihm am nächsten, und zeigt sich uns etwas größer, als wenn er nahe bei der Sonne steht. Im ersten Falle ist sein scheinbarer Durchmesser 21½ Secunden, und seine Entfernung von der Erde 207000 Erdhalbmesser; im andern aber jener nur 15½ Sec., und diese über 255000 Erdhalbmesser.

377. Der sich um den Saturn durch Fernröhre zeigende Ring ist eine der merkwürdigsten Erscheinungen am Himmel. Galliläus und Gassendus beobachteten ihn zuerst sehr unvollkommen, und konnten keine richtige Erklärung seiner veränderlichen Erscheinungen geben; selbst Hevel sahe durch seine Fernröhre nichts Deutlicheres, und setzt nur sechs unterschiedene Gestalten des Saturns fest, ohne ihre Ursache zu bestimmen. Endlich lehrte Huygen, daß ein ziemlich breiter, aber dagegen äußerst dünner Ring in einem gewissen Abstande, concentrisch mitten um diese Planetenkugel frei schwebe, eine beständig parallele Richtung nach einer und derselben Gegend des Himmels behalte, und wie Saturn selbst nur auf der einen Seite von der Sonne erleuchtet werde. Die Richtigkeit dieser Erklärung haben alle neuere Beobachtungen bestätigt.

378. Der Durchmesser des Ringes verhält sich zum Durchmesser der Saturnskugel, etwa wie 7 : 3, woraus folgt: daß er in der Erdnähe des Saturns 50 Sec., in der Erdferne desselben aber 36 Sec. im scheinbaren größten Durchmesser hat. Der Abstand seines innern Randes von der Oberfläche des Saturns ist ohngefähr der Breite

des Ringes gleich. Achromatische Fernröhre von 2 bis 3 Fuß zeigen ihn schon deutlich. Man erblickt zuweilen den Saturn ohne Ring; einige Zeit nachher fängt der letztere an, sich als eine gerade Linie zu beiden Seiten desselben zu zeigen; wird immer breiter und elliptisch gestaltet, s. fig. 30.; erscheint nach 7½ Jahren am weitesten offen und etwa so breit, daß er die Kugel des Saturns einfaßt. Von da verengt er sich wieder, und 15 Jahre nach der erstern Erscheinung ist Saturn abermal ohne Ring. Nachher erscheint er wieder als eine gerade Linie, wird immer breiter, geht offen, und nach 7½ Jahren ist er abermal am weitesten offen; dann wird er nach und nach enger, schließt sich, und gegen Ende des 30jährigen Umlaufs des Saturns ist er abermal nur als eine gerade Linie sichtbar.

379. Daß der Ring ein von der Sonne erleuchteter und für sich fester Körper sey, wird durch seine scharf begränzte Gestalt, durch seinen Schatten erwiesen, der sich zuweilen auf der Kugel dieses Planeten zeigt, und daß er selbst von deren Schatten verfinstert erscheint. Er wirft auch das erborgte Sonnenlicht auf einige Gegenden der Saturnskugel zurück. Er neigt sich unter einem beständigen Winkel von etwa 31° mit der Ecliptik, und wird daher immer nur schief von der Sonne erleuchtet. Die Ebene des Ringes behält eine parallele Lage durch die ganze Laufbahn des Saturns; muß also erweitert, beim 30jährigen Umlauf des Saturns zweimal durch die Sonne gehen, wo alsdann der Ring nur der Dicke nach erleuchtet wird, welche aber zu geringe ist, als daß wir solche mit unsern gewöhnlichen Fernröhren noch bemerken könnten; kurz vor- und nachher erscheint er als eine gerade Linie *). 90° von diesen Gegenden sehen wir den Ring am weitesten offen, und alsdann verhält sich die große Axe der Ellipse des

*) Herschel hat unterdessen im Jahr 1789 bei dieser Stellung des Ringes denselben durch sein vierzigfüßiges Riesentelescop, dessen großer Spiegel über 4 Fuß im Durchmesser faßt, unaufhörlich als eine äußerst zarte Linie zu beiden Seiten des Saturns erkannt. S. astron. Jahrb. 1793.

Ringes zur kleinen, wie der Sin. tot. zum Sin. von 31°. Der Nordpol des Ringes fällt, aus der Sonne betrachtet, gegen den 17° ♊ und 59° nordl. Breite, und daher der Südpol gegen den 17° ♐ und 59° südl. Breite. Demnach liegen jene Durchschnittspunkte in der Ecliptik im 17° ♓ und 17° ♍.

380. Aus diesen Polen würde sich der Ring völlig rund und in der verhältnißmäßigen Größe gegen die Kugel des Saturns zeigen; s. fig. 31. Allein gegen uns liegt er allemal sehr schräge, und muß sich daher und wegen seiner beständig parallelen Lage, in einer elliptischen, periodisch veränderlichen, Gestalt darstellen. Steht nemlich Saturn im 17° ♓, so geht die Ebene desselben durch die Sonne, und er formirt eine äußerst feine Linie. Rückt Saturn durch ♈ und ♉, so fängt die Sonne an, die südliche Seite des Ringes zu erleuchten, welche sich immer mehr gegen uns erhebt, so daß die nordliche Hälfte desselben vor der Kugel des Saturns über, und die südliche hinterhalb derselben unter dem Mittelpunkt liegt. Im 17° ♊ erscheint er am breitesten. Von da nimmt die Breite durch ♋ und ♌ wieder ab. Im 17° ♍ ist abermal seine Ebene gegen die Sonne gerichtet. Nachher fängt die Sonne an, die nordliche Seite des Ringes zu erleuchten, so wie Saturn durch die ♎ und den ♏ fortrückt, und der Ring wird wieder sichtbar, indem sich seine nordliche Seite gegen uns senkt. Im 17° ♐ ist die Ellipse des Ringes abermal am breitesten; der nordliche Theil desselben liegt jenseits über und der südliche diesseits unter dem Mittelpunkt der Kugel. Endlich wird der Ring durch den ♑ und ♒ wieder enger.

381. Der Ring kann außer der Zeit, wenn die Sonne in seiner Ebene liegt, von der Erde aus betrachtet, noch aus zwei andern Ursachen unsichtbar werden. Diese erweiterte Ebene kann entweder durch die Erde oder zwischen Erde und Sonne hindurch gehen. Im erstern Falle muß der Ring für uns völlig unsichtbar seyn; im zweiten kann die von der Sonne abgewendete und folglich dunkle Seite des Ringes gegen uns gekehrt seyn; und beydes geschieht

allemal kurz vor und nach der Zeit, da die Ebene des Ringes durch die Sonne geht *).

382. Dieser körperliche Ring, der den Saturn frei umschwebt, hat mehr als 40500 Meilen im Durchschnitt, und 127000 im Umfange. Seine Dicke ist nicht zu bestimmen, muß aber gegen seine Breite, die 5800 Meilen austrägt unbeträchtlich seyn. Sein äußerster Rand steht 11600, und sein innerer nur 5800 Meilen von der Oberfläche des Saturns. Short und Andere wollten bemerken, daß der Ring nach innen zu heller sey, auch daß sich auf seiner Oberfläche dunkle Kreise zeigen. Herschel hält es für ausgemacht, daß die schmale dunkle Zone, die sein großes Teleskop auf dem Ringe zeigt, eine Oeffnung sey, so daß also Saturn zwei concentrische, in einer gleichen Ebene liegende, etwas von einander abgesonderte Ringe habe. Er giebt an: Breite des innern 97, des äußern 34; Zwischenraum zwischen beiden 14 Theile, deren der Halbmesser des Saturns 214 hat. Er hat auch entdeckt, daß sich der Ring in 10 Stund. 32′ 15″ umdrehet. Schröter und Harding hingegen haben Beobachtungen geliefert, die zu beweisen scheinen, daß der Ring sich nicht umdreht.

383. Man wird nun um so mehr annehmen können, daß die Ebenen des Ringes und des Aequators vom Saturn, also auch ihre Pole, zusammen fallen, indem sich Saturn höchst wahrscheinlich nach der Richtung und Lage seines Ringes, und vermuthlich in einer gleichen Zeit mit demselben um seine Axe dreht. Hierbei läßt sich aber leicht zeigen, daß der Ring, seiner Stellung und Nähe beim Saturn wegen, die Erleuchtung der Nächte dieses Planeten viel weniger befördert, als man vermuthen sollte, und ihn zum Theil des Sonnenlichts bei Tage beraubt. Die hieher gehörigen Bemerkungen habe ich in einer Abhandlung: Ueber die Erleuchtung und Erscheinung des Saturnringes, vom Saturn aus betrachtet,

*) S. astron. Jahrbuch f. 1789, Seite 120 — 125.

vorgetragen. S. astronom. Jahrb. von 1786. Seite 138 bis 148.

384. Saturn nimmt auf seiner 30jährigen Reise um die Sonne ein Gefolge von sieben Monden mit sich, die sämmtlich außerhalb dem Ringe um ihn in verschiedenen Zeiten von Westen gegen Osten laufen; sie sind nur durch sehr gute Fernröhre zu bemerken. Der 6te ist der größte und bereits durch mittelmäßige Fernröhre sichtbar. Er wurde auch zuerst von Huygen im Jahr 1655 entdeckt. Von 1671 bis 1684 fand Cassini mit sehr langen Fernröhren den 7ten, 5ten, 4ten und 3ten. In England erblickte erst im Jahr 1718 Pound diese 5 Trabanten durch ein sehr großes Fernrohr. Endlich entdeckte Herschel im Jahr 1789 durch sein 40füßiges Teleskop die beiden innersten Trabanten. Alle sieben sind nur durch dies Riesenteleskop zu erkennen.

385. Nachdem die fünf erstern Trabanten des Saturns entdeckt worden, haben Huygen, Cassini und Andere, Tafeln ihres Laufs geliefert, die aber größtentheils nur dazu dienen, um ihre jedesmaligen Stellungen, von der Erde aus betrachtet, zu finden. Man kann sich nach denselben auf eben die Art wie für die Jupiterstrabanten, ein Saturnilabium verfertigen. Verfinsterungen dieser Monde fallen wegen der großen Neigungen ihrer Bahnen selten vor und würden auch schwer zu beobachten seyn.

386.

Ordn. d. Trabanten.		Periodischer Umlauf.				Synodischer Umlauf.			
Ehemals.	Jetzt *).	T.	St.	M.	S.	T.	St.	M.	S.
	I	0	22	37	16	0	22	37	23
	II	1	8	52	54	1	8	53	9
I	III	1	21	18	26	1	21	18	55
II	IV	2	17	44	51	2	17	45	51
III	V	4	12	25	11	4	12	27	55
IV	VI	15	22	41	16	15	23	15	23
V	VII	79	7	53	43	79	22	3	13

*) Der I. und II. sind die beiden innern von Herschel entdeckten, und daher rücken die bis dahin bekannten um zwei in der Ordnung weiter.

Der synodische Umlauf ist aus Beobachtungen bestimmt, und daraus, wie bei den Jupiterstrabanten, der periodische berechnet. Hiernach muß der erste Trabant in 24 Stunden 382, der zweite 363, der dritte 191, der vierte 131, der fünfte 79, der sechste 22, und der siebente 4 Grad am Firmament des Saturns zurücklegen.

387. Ihre Entfernung vom Mittelpunkt des Saturns ist nach Bradley's und Herschels Bestimmungen:

	in Halbmessern des Saturns *)		in Halbmessern des Ringes		größter scheinbarer Abstand	
I. Trab.	2,	8	1,	2	0′	27″
II. =	3,	6	1,	5	0	34
III. =	4,	9	2,	1	0	47
IV. =	6,	3	2,	7	1	9
V. =	8,	7	3,	7	1	24
VI. =	20,	3	8,	7	3	15
VII. =	59,	2	25,	2	9	28

Nach der 3ten Columne nimmt also Saturn mit seiner weitläuftigen Begleitung an unserm Firmament 2 . 9′ . 28″ = 18′ 56, etwas mehr als das Jupitersſystem, ein. Die Angaben der 2ten Col. mit 8681 multiplicirt, giebt die wahren Abstände der Trabanten vom ♄ in deutschen Meilen. Die sechs ersten Trabanten bewegen sich in der Ebene des Ringes; ihre Bahnen neigen sich daher gleichfalls 31° gegen die Ecliptik, und die elliptische Gestalt ihrer Bahnen muß mit der jedesmaligen Gestalt des Saturnringes übereinkommen. Die Bahn des VIIten Trabanten hingegen neigt sich mit der Ecliptik nur um 16 Grad, formirt also eine engere Ellipse, und ihre Durchschnittspunkte liegen auch 12° westlicher als die Bahnen von jenen.

388. Fig. 32. zeigt die Bahnen der Saturnstrabanten in gehörigem Verhältnisse. Saturn wirft der Sonne, die hier nach C hinausgesetzt wird, einen Schatten gegen E. Zur Zeit der ☌ und ☍ des ♄ sehen wir ihn nach CE, und der Schatten liegt hinter seiner Kugel. Steht

*) In der mittlern Entfernung des Saturns von der Erde, wenn dessen Halbmesser 9″,6 und der Halbmesser des Ringes 22″,4 erscheint.

er aber 90° von der Sonne gegen Westen, nach Bn; und wenn er 90° von der Sonne nach Osten steht, nach Am. Im erstern Fall zeigt sich durch gute Fernröhre etwas vom Schatten des Saturns auf dem jenseitigen Theil des Ringes zur rechten, und im andern zur linken. ☊☋ ist die Durchschnittslinie für die Ebene der Bahn und der Ecliptik des VIIten und für die 6 innern Trabanten. Steht ♄ im 17° ♍ und ♓, so scheinen die 6 ersten, und wenn er 12° westlicher sich zeigt, der VIIte Trabant einer geraden Linie sich zu bewegen; hingegen in allen übrigen Gegenden beschreiben sie mehr oder weniger offene Ellipsen um den Saturn, die im ♐ und ♊ am breitesten, bei den 6 innern in dem Verhältnisse der großen Axe zur kleinen wie 2 : 1, bei dem VIIten aber wie 4 : 1 erscheinen *).

389. Es ist wahrscheinlich, daß wir diese Monde blos deswegen so schwer erkennen, weil sie uns aus ihrer großen Entfernung nur ein von der Sonne erborgtes schwaches Licht zuwerfen. Sie sind auch nicht immer gleich helle, woraus zu folgen scheint, daß sie sich um ihre Axe wälzen, oder daß Veränderungen auf ihren Oberflächen vorgehen. Der 7te ist, wenn er seinen größten westlichen Abstand vom Saturn erreicht, größer; zuweilen aber ist er sehr klein, und oft verschwindet er sogar, wenn er seinen größten östlichen Abstand erreicht; doch soll ihn Herschel durch sein 20füßiges Teleskop nie aus den Augen verloren haben. Auch hat derselbe aus einer bemerkten periodischen Lichtabnahme gefolgert, daß sich dieser Trabant in 79 Tagen 8 Stunden, also während der Zeit seines Umlaufs um den ♄, um seine Axe dreht.

390. Uranus, dieser entfernteste Hauptplanet, den wir kennen, ist im Jahr 1781 den 13ten März von Herschel zu Bath in England durch einen glücklichen Zufall entdeckt **). Er steht gerade noch einmal so weit als Sa-

*) S. Berliner Ephemeriden vom Jahr 1777.

**) S. meine Abhandlung: Von dem neu entdeckten Planeten, Berlin 1784; und meine astronomischen Jahrbücher seit 1784.

turn von der Sonne, in einer Weite von fast 465000 Halbmessern der Erde, und legt seine große Laufbahn erst in 84 Jahren und 9 Tagen zurück. Er sieht die Sonne im Flächenraum 368mal kleiner als wir. Seine Größe übertrifft die Größe der Erdkugel etwa 85mal. Von seiner Umdrehungszeit weiß man noch nichts.

391. Dieser, bis vor 43 Jahren als Planet unbekannt gebliebene Weltkörper, dem ich (mit Zustimmung fast aller Astronomen) den Namen **Uranus** beigelegt und mit ♅ bezeichnet, gleicht mit bloßen Augen vollkommen einem Fixstern sechster Größe, und ist auch, wie ich gefunden, wirklich ehedem zweimal als ein solcher angesehen worden: denn **Flamsteed** hat ihn zu Greenwich im Jahr 1690 im Stier, und **Tob. Mayer** in Göttingen im Jahr 1756 beim Wassermann bemerkt *). Wenn man seinen Ort genau weiß, so ist er leicht mit guten Augen zu erkennen, und nach einiger Zeit unterscheidet er sich durch seine Bewegung von den Fixsternen. Er hat im scheinbaren Durchmesser, wenn er bei der Sonne erscheint und 487200 Erdhalbmesser von der Erde steht, 3,7 Secunden; wenn er aber der Sonne entgegen kömmt, und der Erde auf 438600 Erdhalbmesser am nächsten ist, 4,1 Sec. **).

392. **Herschel** hat den 11ten Jan. 1787 das Glück gehabt, zwei Monde beim **Uranus** zu entdecken. Nach vielen unermüdeten Nachforschungen fand er am 18. Jan. 1790; 9. Febr. 1791; 28. Febr. und 26. März 1794 noch vier als die feinsten Lichtpunkte, durch sein großes Teleskop. Sie sind nur bei sehr starken Vergrößerungen in dem lichtvollen 20füßigen Teleskop zu sehen. Die 4 neuern hat, meines Wissens, noch kein anderer Astronom gesehen. **Herschel** bestimmt:

---

*) S. astron. Jahrb. f. 1784 und 1789.

) Tafeln von ihm stehen im astron. Jahrb. f. 1787, und in **Wurm's Geschichte des neuen Planeten Uranus.

	Synodischer Umlauf.			Abstand im Halbmesser des Urans.	größter scheinbarer.		
I. Trab.*)	5 T.	21 St.	25′	13,1	0′	25″,	5
II. —	8	17	1	16,9	0	33,	0
III. —	10	23	4	19,8	0	38,	6
IV. —	13	11	5	22,7	0	44,	2
V. —	38	1	49	45,3	1	28,	4
VI. —	107	16	40	90,7	2	56,	8

Ihre Bahnen, wovon die des II. und IV. fig. 33. in gehörigem Verhältnisse zeigt, sollen gegen die Ecliptik größtentheils eine fast senkrechte Stellung haben **).

393. Die bisher betrachteten eilf Haupt- und achtzehn Neben-Planeten machen unser planetarisches Sonnensystem aus, so weit wir es nunmehr kennen. Sollte aber wirklich Uranus die außerste Grenze des Sonnengebiets bezeichnen. Hieran ist zu zweifeln, wenn man die ungeheuren Räume, die zwischen ihm und den nächsten Fixsternen vorhanden seyn müssen bedenkt (s. 11ter Abschnitt). Innerhalb der Bahn des Merkurs ist noch kein vielleicht dort vorhandener Planet bemerkt, in der Region der 4 kleinen bald nach einander entdeckten mag sich auch noch einer aufhalten.

394. Auch hat es vielen Anschein, daß wir noch nicht alle vorhandenen Monde der uns nun bekannten Planeten kennen. Der angebliche Venusmond (s. oben) ist freilich für eine optische Täuschung erklärt, verdient aber doch weitere Nachforschungen. Daß der Mars ohne alle Begleitung seyn sollte, ist kaum zu glauben. Die 4 neuen Planeten haben vielleicht zu wenig Masse, um Monde um sich zu lenken. Das Jupiters-Mondensystem scheint vollzählig zu seyn; allein zwischen dem 5ten und 6ten, vielleicht auch 6ten und 7ten Saturnstrabanten ist noch Platz zu bisher unbekannten. Das Mondensystem des Uranus hat auch anscheinend noch Lücken; dergleichen Entdeckungen sind hoffentlich noch den künftigen Zeiten vorbehalten.

*) Der II. und IV. sind die beiden zuerst entdeckten.

**) S. astron. Jahrb. f. 1793, Seite 104 u. f.

395. Die Berechnung der Entfernung der Planeten setzt eine genaue Kenntniß ihrer Parallaxe voraus (167), und bei deren Ermangelung konnte das, was die alten Astronomen hierüber herausbrachten, nicht anders als sehr unvollkommen seyn. Dies zeigte sich selbst bei dem der Erde am nächsten stehenden Himmelskörper, dem Monde. Fast durchgehends setzten sie selbigen in einer viel geringern Weite, als die Neuern, zufolge der genauesten Beobachtungen, gefunden, weil sie dessen Parallaxe, wenn sie noch eine zum Grunde legten, zu groß annahmen.

396. Die größte horizontale Parallaxe des Mondes in der Erdnähe ist = 61′ 32″ und die kleinste 53′ 52″. Innerhalb diesen Gränzen fällt demnach der Winkel **a** in dem parallactischen Dreieck **naT** fig. 11. Der Halbmesser der Erde **aT** von $859\frac{1}{2}$ geographischen Meilen werde als überall gleich groß, folglich die Erde kugelrund angenommen, so läßt sich aus einer jeden beobachteten horizontalen Parallaxe des Mondes = **a** die Entfernung desselben vom Mittelpunkt der Erde, oder die Linie **Ta** = **h** und **Tn** = **k** gesetzt, leicht berechnen; es ist nemlich $h = \frac{k}{\text{Sin. a}}$. Ist also die horizontale Parallaxe des ☾ 61′ 32″, so ist der Mond 48021, und ist dieselbe 54′ 2″, 54686 deutsche Meilen von uns. Und eben dazu dient in dem Dreieck **nTb** die in einer gewissen Höhe des Mondes über dem Horizont entweder beobachtete, oder aus der horizontalen berechnete Parallaxe **nbT**.

397. Wegen der Abplattung der Erde aber wird auch bei einer unter dem Pol und Aequator gleich groß beobachteten horizontalen Parallaxe der Mond nicht gleich weit von der Erde stehen, weil bei dem parallactischen Dreieck im erstern Stande ein kleinerer Erdhalbmesser als im letztern vorkömmt (s. fig. 13. und §. 193). Gesetzt, der Mond habe zu einer und der andern Zeit unter dem Aequator und den Polen im Horizont eine Parallaxe von 58′, so wird sein Abstand im erstern Fall 51012, und im letztern 50733 solcher Meilen seyn.

398. Es giebt verschiedene Methoden, die Höhenparallaxe des Mondes zu beobachten. Einige setzen die Richtigkeit der astronomischen Tafeln voraus; allein es ist sicherer, die Parallaxe unmittelbar aus bloßen Beobachtungen und ohne Beihülfe der Tafeln zu folgern.

399. Es sey fig. 35. NeSa der Umfang der Erde in einem Mittagskreise, und ae ihr Aequator. Der Mond stehe in L in der Ebene des Meridians am Himmel AB. Der leichteste Fall wäre nun, wenn ein Beobachter denselben im scheinbaren Horizont ru und ein anderer d zu gleicher Zeit im Zenith o erblickte, denn da würde das, was dem Bogen rd oder dem Unterschied der geographischen Breite beider Oerter noch an 90° fehlt, der horizontalen Parallaxe des Mondes in r oder rLd gleich seyn: denn, wenn man Tt mit rL parallel zieht, so ist rLt = dTt, und das Maaß dieser Winkel der Bogen dt; nun hält aber rt 90°, und daher ist rd = rt — dt. Allein wie äußerst selten muß die Lage beider Oerter mit einem zur Berechnung so bequemen Fall zusammen treffen? Es sey demnach in E ein Beobachter nordwärts vom Aequator, dessen Zenith nach Z hinaus, und ein anderer südwärts in F, dessen Zenith nach V geht, so findet ersterer den scheinbaren Abstand des Mondes vom Zenith = ZEL und letzterer VFL. Die Parallaxe in diesem Abstande ist für E, ELT = mLo; und für F, FLT = nLo. Beide Parallaxen zusammen sind ELF oder nLm gleich, und dieser Winkel bleibt übrig, wenn man von der Summe des scheinbaren Abstandes des Mondes vom Zenith in E und F, nemlich ZEL + VFL, den Winkel ETF oder den Bogen-Unterschied der geograph. Breiten beider Oerter abzieht. Hätte der Mond eine unendliche Entfernung, oder keine Parallaxe, und würde also von T nach o, folglich von E und F nach D und G hinaus gesehen: so wäre ZED + VFG = ETF = dem Bogen vom Erdmeridian EF. Nun aber ist ZEL um DEL = der Parallaxe ELT, und VFL um GFL = der Parallaxe FLT größer als ZED und VFG, folglich die Summe beider Parallaxen ELF oder nLm dem Unterschiede der

Summe des Abstandes des Mondes vom Zenith in E und F und der Entfernung beider Oerter im Meridian FE gleich.

400. Da nun die Höhenparallaxe gefunden wird, wenn man die horizontale mit dem Sinus des scheinbaren Abstandes vom Zenith multiplicirt, so ist für E die Höhenparallaxe ELT = der horizontalen multiplicirt mit Sinus ZEL, und für F, FLT = der horizontalen multiplicirt mit Sinus VFL, also ihre Summe ELF = der horizontalen, multiplicirt mit der Summe der beiden Sinusse jener Abstände. Die horizontale Parallaxe des Mondes in L wird gefunden, wenn man den Winkel ELF, als die Summe der beobachteten Höhenparallaxe in E und F, durch die Summe der Sinusse beider beobachteten scheinbaren Entfernungen vom Zenith dividirt. Der Unterschied der geograph. Breite beider Oerter EF muß hierbei genau bekannt seyn. Es können aber auch beide Beobachter ELF finden, ohne diesen Unterschied dabei anzuwenden, wenn sie nemlich den Abstand des Mondes von einem zugleich mit demselben culminirenden Fixstern auszumessen Gelegenheit haben. Gesetzt, die Parallellinien ED, FG, gingen nach diesem Fixstern, so wird aus E der Mond um DEL nach Süden, und aus F um GFL nach Norden, von demselben entfernt, im Meridian erscheinen. Aber DEL + GFL = ELF; und wenn noch der scheinbare Abstand des Mondes von den Scheitelpunkten Z und V bekannt ist, so findet sich nach obiger Regel die horizontale Parallaxe. Uebrigens ist hierbei noch vorher der Unterschied zwischen dem wahren und scheinbaren Zenith (193 und 201.), und die verschiedene Größe der Erdhalbmesser mit in Rechnung zu ziehen.

401. Wenn die Alten über den Abstand des Mondes von uns wenig Zuverlässiges zu bestimmen im Stande waren, so kann man dies um so eher in Ansehung der vielmal entferntern Sonne erwarten. Wenigstens hatten sie davon vor dem Hypparchus keine auch nur einigermaßen richtige Vorstellung. Aristarch glaubte z. B., daß die Parallaxe der Sonne nicht über 3 Min. gehen

könne. Er sahe ein, daß der Erdhalbmesser zur Erfindung der Sonnenweite zu klein sey, und legte daher in dem hierbei vorkommenden Dreieck eine viel größere Seite, nemlich den als bekannt angenommenen Abstand des Mondes von der Erde, zum Grunde.

402. Es sey fig. 36. T die Erde, S die Sonne, und LMQ die Bahn des Mondes. Wenn nun der Mond kurz vor dem ersten Viertel, oder 90sten Grad Abstand von der Sonne, der in M liegt, in L steht, so machen Linien aus der Erde und Sonne an seinem Mittelpunkt einen rechten Winkel TLS, und er erscheint schon wirklich halb erleuchtet. Wird alsdann seine scheinbare Entfernung von der Sonne LTS beobachtet und TL als bekannt angenommen, so ist in dem bei L rechtwinklichten Dreieck TLS, TL und LTS bekannt, woraus sich der Abstand der Sonne TS durch $\frac{TL}{\text{Cos. } LTS}$ finden läßt. Unterdessen hält es schwer, die Zeit genau zu bestimmen, da der Mond gerade halb erleuchtet erscheint. LTS muß auch dem rechten MTS sehr nahe kommen, weil TS 400mal länger ist als TL. Ricciolus fand LTS 89° 30′, wenn der Mond genau halb erleuchtet erschien; also LST = 30′, und wenn TL = 60 Erdhalbmesser gesetzt wird, die horizontale Parallaxe der Sonne etwa 30 Sec. Ein anderer fand LTS nur 15′, also ist, nach dieser Methode, die Parallaxe der Sonne, und also auch ihre Entfernung, nur beiläufig zu schätzen.

403. Da diese und andere Vorschläge der Alten demnach sehr unzuverläßig sind, den Abstand der Sonne zu finden, so suchten die Astronomen bei aller Gelegenheit Methoden hervor, um zu der in der ganzen Astronomie höchst wichtigen Kenntniß einer genauen Sonnenparallaxe zu gelangen. Sie fanden bald, daß diese immer geringer ausfiel, je genauer die Beobachtungswerkzeuge und das Verfahren bei der Untersuchung derselben befunden wurden, daß ihre Gränzen innerhalb einigen Secunden fallen müssen, und folglich sehr genaue und mit den vollkommensten Instrumenten angestellte Beob-

achtungen voraussetze. Unterdessen verlohnte es sich sehr der Mühe, hierauf allen Fleiß zu verwenden; denn wenn man die Entfernung der Erde von der Sonne aus einer richtigen Parallaxe der letztern bei uns kennt, so läßt sich bloß hiernach die Entfernung aller übrigen Planeten von der Sonne finden. Der Grund von diesem merkwürdigen Satz ist ein Verhältniß, welches sich zwischen den periodischen Umlaufszeiten der Planeten um die Sonne und ihren Abständen von derselben findet, und von Keppler zuerst entdeckt worden ist. (S. den folgenden Abschnitt).

404. Die Sonnenparallaxe unmittelbar aus gleichzeitigen Beobachtungen des scheinbaren Abstandes der Sonne im Zenith an zwei unter einem gleichen Meridian weit von einander liegenden Oertern zu suchen, ist bei ihrer äußerst geringen Größe nicht rathsam; allein bei den Planeten, die uns zuweilen näher als die Sonne kommen, und alsdann eine größere Parallaxe wie sie haben, läßt sich unter andern jene Methode gebrauchen, und dann von der gefundenen Parallaxe des Planeten aus dessen und der Erde verhältnißmäßigen Entfernung von der Sonne die Parallaxe der letztern folgern. Mars in seinem Gegenschein bot hierzu Gelegenheit dar. Cassini und Richer fanden hiernach die Parallaxe des Mars $25\frac{1}{2}''$, woraus die Sonnenparallaxe etwa 10 Secunden folgt. Flammsteed brachte eben so viel heraus. Pound und Bradley bestimmten solche zwischen 9 und 12 Sec. De la Caille berechnete die horizontale Sonnenparallaxe aus seinen Beobachtungen auf $10\frac{1}{4}$ Sec.

405. Venus ist in ihrer untern ☌ nur halb so weit von uns entfernt, als Mars in seiner ☍. Allein es finden sich Schwierigkeiten, die Venus in ihrer untern ☌ wegen ihres nahen Standes bei der Sonne bei Tage zu beobachten. Maraldi verglich die Venus mit der Sonne, und fand den Unterschied beider Parallaxen 33″. Blanchini folgerte aus vielen mit Fleiß angestellten Venusbeobachtungen die Sonnenparallaxe 14 Secunden. De la

Caille bestimmte aus einer untern ☌ der Venus die horizontale Sonnenparallaxe auf $10\frac{1}{4}$ Secunden.

406. So weit waren die Astronomen über diese wichtige Untersuchung gekommen, als bei der 1761 und 1769 zu erwartenden seltenen Himmelsbegebenheit, nemlich die Venus in der untern ☌ vor der Sonne zu sehen, diese Parallaxe mit der größten möglichen Genauigkeit zu finden, im voraus die gegründetste Hoffnung war. Halley hatte diese Vortheile zuerst angekündigt, und dadurch die Aufmerksamkeit aller Sternkundigen auf diese Durchgänge erregt. Es ließ sich nicht allein alsdann die Venus unmittelbar mit der Sonne unter einerley und verschiedenen Meridianen an weit entlegenen Oertern vergleichen, sondern man fand noch bequemere Wege bei dieser Himmelsbegebenheit, vermittelst welcher man auch bei Voraussetzung der bei aller Vorsichtigkeit unvermeidlichen Fehler im Beobachten, dennoch die Parallaxe der Sonne mit einer großen Genauigkeit finden mußte. Der Nutzen, welchen sich die Sternkunde von diesen merkwürdigen Durchgängen der Venus versprach, ist im Ganzen der Erwartung gemäß ausgefallen. Man weiß nun aus denselben durch häufige Beobachtungen und Berechnungen, daß die Gränzen der horizontalen Sonnenparallaxe zwischen $8\frac{1}{2}$ und 9 Secunden liegen.

407. De la Lande hat nun unter andern viele Wahrnehmungen des letztern Durchganges an verschiedenen Oertern durch Berechnungen Paarweise mit einander verglichen, und daraus die mittlere horizontale Sonnenparallaxe auf 8″, 5 bestimmt, welche als die der Wahrheit gewiß nahe kommende beizubehalten ist, woraus sich nun die wirkliche Entfernung der Sonne von der Erde leicht finden läßt *). Denn man darf nur den Halb-

*) Herr Prof. Encke, Direktor der Sternwarte Seeberg bei Gotha, hat seit kurzem aufs neue, die beiden Durchgänge der Venus von 1761 und 1769 mit dem größten Fleiß und Scharfsinn berechnet. Das Endresultat, ist, daß die mittlere horizontale Sonnenparallax unterm Aequator 8″, 5776 sey. Für meine Leser mag es, bei 8″, 5 wonach alle folgende Tafeln berechnet sind, sein Bewenden haben.

messer der Erde = 1 durch den Sinus der Parallaxe dividiren, um die Sonnenweite in Erdhalbmessern zu haben. Diese horizontale Parallaxe von 8″, 5 gilt aber nur für den mittlern Abstand der Erde von der Sonne zu Anfange des Aprils und Octobers; im Anfang des Januars aber ist die Erde in ihrer Sonnennähe, und im Anfang des Juli in der Sonnenferne: daher ist wegen der Excentricität der Erdbahn die Sonnenparallaxe etwas veränderlich.

	Horizontale Sonnenparallaxe.	Abstand in Erdhalbmessern.	In deutschen Meilen, der Erdhalbmesser = $859\frac{1}{2}$ Meil.
Am 1sten Januar	8″, 64	23852	20500800
— 1sten April und October	8 , 50	24260	20851500
— 1sten Juli	8 , 36	24667	21201300

408. Da nach §. 301. die verhältnißmäßige Entfernung aller Planeten von der Sonne bekannt ist: so läßt sich ihre wahre Entfernung von derselben in Erdhalbmessern finden, da man nun weiß, daß jenen 10000 Theilen, als der angenommenen mittlern Entfernung der Erde von der Sonne, 24260 ihrer Halbmesser zukommen.

	Entfernung von der Sonne in Erdhalbmessern.		
	kleinste	mittlere	größte
Merkur	7460	9391	11322
Venus	17426	17548	17669
Erde	23852	24260	24667
Mars	33519	36965	40411
Vesta	52250	57136	62021
Juno	48210	64755	81299
Ceres	61877	67137	72397
Pallas	50716	67175	83634
Jupiter . . .	120151	126220	132288
Saturnus . .	218445	231458	244471
Uranus . . .	443668	465395	487121

Aus dem mittlern Abstand der Planetenbahnen läßt sich ihr Umfang in Meilen beiläufig finden; und wird dieser, durch die Umlaufszeiten der Planeten (267.) in Secunden verwandelt, dividirt, so ergiebt sich, daß Merkur 6,7; Venus 4,9; die Erde 4,1; Mars 3,4; Vesta 2,7; Juno, Ceres und Pallas 2,4; Jupiter 1,9; Saturn 1,3; und Uran 0,9 deutsche Meilen in einer Zeitsecunde zurücklegen.

409.

	Entfernung der Planeten von der Erde in Erdhalbmessern *)	
	größte	kleinste
	obere ☌	untere ☌
Merkur	33651	14869
Venus	41808	6712
	☌	☍
Mars	61225	12705
Vesta	81396	32876
Juno	89015	40495
Ceres	91397	42877
Pallas	91435	42915
Jupiter	150480	101960
Saturnus	255718	207198
Uranus	489655	441135

Merkur und Venus sind nemlich in ihrer obern ☌ mit der Sonne um den Halbmesser ihrer Bahnen weiter, und in ihrer untern ☌ um eben so viel näher als die Sonne, bei uns. Mars, Vesta, Juno, Ceres, Pallas, Jupiter, Saturn und Uran hingegen sind in ihrer ☌ mit der Sonne um den Halbmesser der Erdbahn weiter, und in ihrer ☍ um eben so viel näher bei uns, als ihre mittlere Entfernung von der Sonne austrägt. Wegen der Excentricität der Bahnen sind diese Entfernungen nicht allemal die nemlichen.

410. Nach den Regeln der Sehekunst müssen sich die

*) Die mittleren Entfernungen von der Sonne zum Grunde gelegt.

wahren Durchmesser zweier gleich weit entfernter Himmelskörper gegen einander verhalten, wie ihre in die Augen fallenden scheinbaren, weil bei denselben die Gesichtswinkel, wie dies bei der Sonne und dem Mond der Fall ist, höchstens etwa nur einen halben Grad austragen. In fig. 37. sey CF die Entfernung, aus welcher die beiden Planetenkugeln C und F gesehen werden, so wird die größere C aus F unter dem Winkel AFB, und die kleinere F aus C unter DCE erscheinen. Es verhalten sich aber diese Winkel, da sie nur klein sind, wie AB zu DE, und eben so stehen die halben Sehewinkel mit den wahren Halbmessern der Kugeln im Verhältniß. Ist aber der Abstand zweier Planeten von der Erde ungleich, so verhält sich der wahre Durchmesser des nähern zum wahren Durchmesser des entferntern, wie das Product des Sehewinkels und der Entfernung von beiden gegen einander. Erscheinen endlich zwei Himmelskörper in ungleichen Entfernungen von der Erde von gleicher Größe, so zeigt schon die 2te Figur, daß der entferntere s gerade so vielmal im Durchmesser größer seyn muß, wie der nähere m, als er weiter weg ist.

411. Nach der 37sten Figur läßt sich ferner deutlich zeigen, daß die bekannte horizontale Parallaxe und der scheinbare Durchmesser eines Himmelskörpers in einem gewissen Abstande von der Erde, auf das beständige Verhältniß des wahren Durchmessers der Erde und dieses Himmelskörpers führen. Denn es sey C der Mittelpunkt der Erde und F des Mondes, so ist DCE der scheinbare Durchmesser des Mondes, von der Erde, und AFB der scheinbare Durchmesser der Erde, vom Monde aus gesehen. Dieser letzte Winkel ist der doppelten Horizontalparallaxe des Mondes bei uns oder AFC + BFC gleich, woraus also allgemein zu schließen ist, daß der scheinbare Durchmesser der Erde aus einem Himmelskörper gesehen, der doppelten Horizontalparallaxe desselben bei uns gleich, und der wahre Durchmesser der Erde sich zum wahren Durchmesser eines Himmelskörpers verhält, wie des-

sen doppelte Horizontalparallaxe zum scheinbaren Durchmesser.

412. Nach §. 349. hat der Mond 32′ 45″ im scheinbaren Durchmesser, wenn seine horizontale Parallaxe 60 Min. austrägt. Demnach giebt 2. 60′ : 32′ 45″ oder 7200″, 0 : 1965″ = 1 : 0,27 das Verhältniß des wahren Erddurchmessers zum Monddurchmesser. Eben so ist die horizontale Parallaxe der Sonne 8″,5 in ihrem mittlern Abstande von der Erde, und ihr scheinbarer Durchmesser trägt alsdann 32′ 3″ 4 aus *), folglich verhält sich der Erddurchmesser zum Sonnendurchmesser wie 2 . 8″, 5 : 32′ 3″ 4 oder wie 170 : 19234, d. i. wie 1 : 113, 14; also fassen 113 Erddurchmesser nur einen Sonnendurchmesser. Aus diesem und dem obigen Verhältniß folgt: daß sich der Monddurchmesser zum Sonnendurchmesser verhält wie 0,27 : 113,14 oder 27 : 11314 = 1 : 419. Da nun zufälligerweise Mond und Sonne an unserm Firmament oft genau von gleicher Größe erscheinen, so muß nach fig. 2. alsdann die Sonne gerade 419mal weiter von uns weg seyn, als der Mond; und da 1 : 0,27 = 419 : 113,14, so ist der Mond 113, 14 Mond- und die Sonne 113, 14 Sonnenkugeln von der Erde entfernt.

413. Die Planeten haben aber nur einen geringen scheinbaren Durchmesser und eine noch geringere Parallaxe, so daß sich aus diesen beiden Stücken schwerlich mit einiger Zuverlässigkeit das Verhältniß ihres wahren Durchmessers zum Erddurchmesser finden lassen würde. Man hat daher, statt der Parallaxe, den bekannten scheinbaren Durchmesser der Erde, aus der Sonne gesehen, gleich der doppelten Horizontalparallaxe der Sonne 17″,0 und ihren Abstand von der Sonne, mit dem verhältnißmäßigen Abstand des Planeten von der Erde und dessen beobachteten scheinbaren Durchmesser verglichen. Das Product der beiden ersten steht alsdann mit dem Product der beiden letzten in dem zu suchenden Ver-

*) Nach von Zachs Sonnentafeln ist der scheinbare Durchmesser der Sonne in ihrer Erdnähe 32′ 35″, 8 und in ihrer Erdferne 31′ 31″ 0.

hältniß der wahren Durchmesser der Erde und des Planeten, oder zu mehrerer Erleichterung der Rechnung werden die in einem gewissen Abstande des Planeten von der Erde aus gemessenen scheinbaren Durchmesser, sämmtlich auf ihre Größe aus einer Entfernung, die der mittlern Entfernung der Sonne gleich ist, betrachtet, reducirt: denn alsdann werden sich nach fig 37. die scheinbaren Durchmesser der Planeten geradehin gegen einander wie die wahren verhalten.

414. S. 3te Columne der folgenden Tafel. Die 4te giebt den wahren Durchmesser der Planeten in Meilen an. Z. B. für ♃ und ♄ : 17″ : 3′ 13″,5 wie 1719 Meilen : 19566 Meilen Durchmesser des ♃. Die 5te Columne vergleicht die Durchmesser der Erde und der Planeten, z. B. bei ♃ $\frac{19566}{1719} = 11{,}38$; d. i. 11,38 Erddurchmesser faßt der Durchmesser des ♃. Die 6te wie vielmal die Planeten größer oder kleiner als die Erdkugel sind. Nach geometrischen Gründen verhalten sich die körperlichen Größen zweier Kugeln gegen einander, wie die Kubikzahlen ihrer Durchmesser. Also bei ♃ und ♄ $100^3 : 1138^3 = 1000000$ zu $1473760072 = 1$ zu 1474. Daher muß Jupiter 1474mal größer seyn als die Erde. Die Durchmesser der Erde und des Merkurs verhalten sich wie 100 : 40. Also $100^3 : 40^3 = 1000000$ zu $64000 = 16$ zu 1. Demnach ist ☿ 16mal kleiner als die Erde.

415.

In aufsteigender Größe.	Beobachteter scheinbarer Durchmesser in der größten Erdnähe.	Scheinbarer Durchmesser aus der mittl. Entfernung der Sonne von der Erde gesehen.	Wahrer Durchmesser in deutschen Meilen.	Verhältniß gegen den Erddurchmesser.	Größe in Vergleichung gegen die Erde.
Mond	33′ 31″, 0	4″, 6	465	0,27	50 mal kl. als die Erde
Merkur	12 , 2	6 , 9	697	0,40	16 mal kl. als die Erde
Mars	26 , 0	9 , 1	920	0,54	$6\frac{2}{5}$ mal kl. als die Erde
Venus	61 , 4	16 , 7	1688	0,98	etwa $\frac{1}{10}$ mal kl. als die Erde
Erde	180 Grad *)	17 , 0	1719	1,00	
Uranus	4″, 3	1′ 14 , 8	7564	4,40	85 mal gr. als die Erde
Saturnus	21 , 4	2 51 , 7	17362	10,10	1030 mal gr. als die Erde
Jupiter	49 , 0	3 13 , 5	19566	11,38	1474 mal gr. als die Erde
Ring des ♄ . . .	50 , 1	6 40 , 7	40518	23,58	
Sonne	32′ 36″, 0	32 3 , 4	194490	113,14	1448079 mal gr. als die Erde

*) Die scheinbare Größe ist auch der Raum, den der Planet an unserm Firmament bedeckt; da uns nun die Erdkugel die Hälfte der Himmelskugel verbirgt, so faßt ihr scheinbarer Durchmesser 180 Grad.

416. Zur Versinnlichung der Entfernungen und Größen der Sonne und Planeten dient folgendes. Eine Kanonenkugel geht in einer Secunde beiläufig 600 Fuß weit. Sie hätte aber aus der Sonne zu fliegen (die mittleren Entfernungen vorausgesetzt) nach dem Merkur $9\frac{1}{2}$, der Venus 18, der Erde 25, dem Mars 38, (nach den vier neuen Planeten etwa 70) dem Jupiter 130, dem Saturn 238, und dem Uranus 479 Jahre; hingegen von der Erde bis zum Mond würde sie nur 23 Tage gebrauchen. Ferner: das Licht pflanzt sich mit unbegreiflicher Geschwindigkeit in einer Secunde wenigstens 41000 Meilen fort, und gleichwohl braucht es von der Sonne bis zum Merkur 3′ 8″, zur Venus 5′ 52″, zur Erde 8′ 7″, zum Mars 12′ 22″, zum Jupiter 42′ 13″, zum Saturn 1 St. 17′ 25″, und zum Uranus 2 St. 35′ 42″; vom Mond bis zu uns aber nur eine Secunde. Neun Kugeln von folgenden Durchmessern in Zollen stehen im Verhältniß der Größen des Mondes, der Planeten und der Sonne, $\frac{1}{4}$; $\frac{2}{5}$; $\frac{3}{5}$; 1; 1; $4\frac{2}{5}$; $10\frac{1}{10}$; $11\frac{2}{5}$; 113 *). Die Summe der wahren Durchmesser aller dieser sieben ältern Hauptplaneten trägt nach der vorigen Tafel 29,5 aus; der Sonnendurchmesser aber hat 113,14, ist also noch 4mal größer; endlich alle Planeten zusammen genommen sind 2589, die Sonne aber ist 1448079mal größer als die Erde.

---

*) S. die zweite Kupfertafel in meiner Anleitung zur Kenntniß des gestirnten Himmels.

Achter Abschnitt.

Von den Gesetzen der Bewegung und den Wirkungen der Centralkräfte beim Lauf der Planeten; von der Schwere auf der Erdoberfläche und im Planetensystem; wechselseitige Anziehung, Masse und Dichtigkeit der Planeten; verschiedene Erscheinungen der Wirkung einer allgemeinen Anziehungskraft ꝛc.; Bestimmung der Planeten.

417.

Kepler kam um das Jahr 1618 zuerst auf die Gedanken, daß die Bahnen der Planeten vom Circulskreise abweichen, wozu ihn vornemlich die häufig angestellten Untersuchungen über den Lauf des Mars, der, seiner Nähe bei der Erde und sehr beträchtlichen Excentricität wegen, hierzu besonders geschickt war, veranlaßten. Er fand nemlich aus Tychonischen Beobachtungen, daß die Oerter und jedesmaligen Entfernungen dieses Planeten von der Sonne, in verschiedenen Gegenden seiner Bahn keinesweges mit der Voraussetzung einer circulären Bahn in Uebereinstimmung zu bringen waren, denn die Beobachtungen wichen zuweilen um 10 bis 11 Grad hiervon ab. Er suchte besonders diese Entfernung in drei beträchtlich von einander liegenden Punkten der Marsbahn, nebst den dazu gehörigen heliocentrischen Längen, zur Bestimmung der Gestalt und Größe derselben.

418. Es sey fig. 26. S die Sonne, M der Mars, a und C zwei Oerter der Erde zur Zeit, da Mars sich in dem nemlichen Punkt seiner Bahn oder in einer gleichen Entfernung von der Sonne SM befindet. In dem Dreieck aSC sind aS und CS nemlich die Entfernungen der Erde von der Sonne bekannt, nebst aSC, als dem Unterschied der beiden heliocentr. Längen der Erde in a und C. Hieraus finden sich SaC, SCa und aC; MaS ist der beobachtete Längenunterschied des Mars und der Sonne, und

MaS — CaS = MaC; ferner ist SCM — SCa = MCa. Nun sind in MCa zwei Winkel und die Seite aC bekannt, woraus sich die beiden Entfernungen des Mars von der Erde aM und CM finden lassen. Endlich ist in MaS, Ma und aS so wie MaS bekannt, wodurch die gesuchte Entfernung des Mars von der Sonne SM, imgleichen MSa sich ergiebt. Wird nun MSa zur heliocentrischen Länge der Erde in a addirt, so kömmt die verlangte heliocentrische Länge des Mars in M. Hiernach brachte Kepler verschiedene Abstände des Mars von der Sonne, und endlich die Excentricität der Bahn desselben heraus.

419. Als er nun die Marsbahn circulär fig. 23. PaAb mit dem Halbmesser cr voraussetzte, und die gefundene Excentricität derselben nc annahm, ließ sich leicht in dem Dreieck ncr, in welchem nc, cr und der Winkel rnc = dem Abstand des Mars vom Aphelio nA, die Seite nr oder der wahre Abstand des Planeten von der Sonne finden; und auf eine ähnliche Art wurden mehrere wahre Abstände gefunden. Der Erfolg zeigte, daß die beobachteten Abstände kleiner ausfielen, als die nach der Kreishypothese berechneten, und die Unterschiede wurden immer größer, je näher die Beobachtungen den Gegenden der Bahn bei a und b lagen; also mußte dort herum die Bahn von der Circulrundung am meisten abweichen und abgeplattet seyn. Nachdem nun Kepler eine Ellipse, als die regelmäßigste unter allen Ovalen, angenommen, trafen die berechneten Oerter und Entfernungen des Mars mit der Beobachtung genau zusammen. Nachher wurde auch von andern Astronomen durch viele angestellte Untersuchungen außer Zweifel gesetzt: daß alle Hauptplaneten wirkliche Ellipsen im Weltraum beschreiben, deren einer und gemeinsamer Brennpunkt die Sonne ist. Diese elliptischen Laufbahnen sind nicht allein aus Beobachtungen zu erkennen, sondern auch aus den Gesetzen der allgemeinen Anziehungskräfte im Sonnensystem zu beweisen. (S. nachher)

420. Es ist bereits im §. 301. die Excentricität

der

der Planetenbahnen in Theilen, deren der mittlere Abstand der Erde von der Sonne 10000 hat, und hiernach die kleinste, mittlere und größte Entfernung der Planeten von der Sonne angegeben. Wie solche gefunden sind, wird im folgenden §. gezeigt. Nimmt man aber die mittlere Entfernung eines jeden Planeten von der Sonne, oder die halbe große Axe seiner elliptischen Bahn, zu 10000 Theilen an, so zeigt die folgende Tafel alle Planeten in abnehmender Excentricität ihrer Bahnen; ferner die Excentricität selbst, und dann die Länge der kleinen Axe einer jeden Bahn (die große = 20000).

Juno	2555, 00	19336, 2
Pallas	2450, 20	19390, 4
Merkur	2056, 21	19572, 6
Mars	932, 21	19912, 9
Vesta	855, 05	19926, 8
Ceres	783, 49	19952, 8
Saturn	562, 22	19968, 4
Jupiter	480, 76	19976, 9
Uranus	466, 84	19978, 2
Erde	168, 14	19997, 2
Venus	68, 85	19999, 5

Hieraus folgt, daß auch die Bahnen derjenigen Planeten, deren Excentricität am beträchtlichsten ist, nicht viel vom Kreise abweichen. Aus der bekannten Excentricität n c und der mittlern Entfernung oder halben großen Axe n d läßt sich die halbe kleine Axe c d finden, nemlich $(cd)^2 = (nd)^2 - (nc)^2$.

421. Das zweite Gesetz ist nicht weniger wichtig. Es ist nemlich das Verhältniß, welches sich zwischen dem Umfange der Planetenbahnen und der Zeit in welcher sie solche vollführen, findet. Z. B. Jupiter ist nur fünfmal weiter von der Sonne als die Erde, und dessen Bahn hat folglich einen fünfmal größern Umfang als die Erdbahn; gleichwohl braucht er eine 12mal längere Zeit, um solche zu vollenden, und Saturn legt seine 10mal größere Bahn erst in einer 30mal längern Zeit zurück. Kepler stellte manche Vergleichungen über die periodischen Um-

läufe und Abstände der Planeten an. Endlich entdeckte er glücklich *), daß die Quadrate der periodischen Umlaufszeiten zweier Planeten sich gegen einander verhalten, wie die Würfel oder Cubikzahlen ihrer mittlern Entfernungen von der Sonne; und eben dies Gesetz findet auch bei den Nebenplaneten in Ansehung ihrer Hauptplaneten statt.

422. Erstes Beispiel: An der Erde und Jupiter.

Umlauf der ♁ 365 Tage □ 133225
= des ♃ 4332 = □ 18766224
Entf. der ♁ von der ☉ = 1000 Cub. 100 . 0000000
= des ♃ = = ☉ = 5203 = 14085 . 1500427
Nun 133225 : 18766224 = 100 : 14085 beinahe.

Zweites Beispiel: An dem 1sten und 4ten Jupiterstrabanten.

Umlauf des 1sten Trab. 42 St. 28′ = 2548′ □ 649 . 2304
= = 4ten = 400 St. 32′ = 24032′ □ 57753 . 7024
Entf. des 1sten Trab. v. ♃ 5,96 Halbm. ♃ Cub. 211 . 708756
= = 4ten = = 26,63 = = = 18884 . 848247
Es ist aber 649 : 57754 = 212 : 18885 beinahe **).

Hieraus ergiebt sich, wie die Astronomen nach §. 302. die mittlere Entfernung aller Planeten von der Sonne verhältnißmäßig gefunden, da die Entfernung der Erde zu 10000 angenommen worden. Z. B. für Jupiter: Die Quadratzahl der Umlaufszeit der Erde verhält sich zur Quadratzahl der Umlaufszeit des Jupiters ***), wie der Cubus von 10000 zur 4ten Proportionalzahl, aus welcher die Cubikwurzel gezogen, die mittlere Entfernung des Jupiters von der Sonne giebt. Uebrigens kannte

*) Es war am 15ten May 1618.

**) Man läßt zur Erleichterung der Rechnung rechter Hand einige Zahlen weg: Die Verhältnisse in dergleichen Beispielen würden auch noch genauer zutreffen, wenn nicht die zum Grunde liegenden Umlaufszeiten und Abstände, zur bequemern Berechnung abgekürzt worden und letztere so genau als erstere bekannt wären.

***) Hier werden die Syderalumläufe genommen.

Kepler und vor ihm andere Astronomen, schon die verhältnißmäßigen Entfernungen der Planeten von der Sonne beiläufig unter andern aus Beobachtungsmethoden, die im §. 316. im Allgemeinen vorgestellt worden.

423. Das dritte von Kepler entdeckte allgemeine Gesetz der Bewegung der Planeten ist: Die Zeiten, die ein Planet anwendet, einen Theil seiner elliptischen Bahn zu durchlaufen, verhalten sich gegen einander, wie die Sectores oder Räume der elliptischen Ebene zwischen den zurückgelegten Bögen und dem Brennpunkte (welchen die Sonne einnimmt). Oder die jedesmal vom Planeten zur Sonne gehende Linie, der Radius vector, schneidet in gleichen Zeiten gleich große Raumebenen von seiner elliptischen Bahn ab. Kepler bewies diesen Satz nur sehr unvollkommen; allein nach ihm lehrte Newton zuerst, daß derselbe eine nothwendige Folge der allgemeinen Gesetze der Bewegung der Planeten sey. Kepler mußte schon aus der Wahrnehmung, daß die entferntern Planeten langsamer als die nähern laufen, der Sonne eine ungleiche Wirkung auf ihre Bewegung zuschreiben; und da er ferner fand, daß die Geschwindigkeit oder der zurückgelegte Weg eines Planeten im Aphelio oder Perihelio gerade in dem Verhältniß seiner dortigen Entfernung von der Sonne zu- oder abnimmt, so führte ihn dies auf die Wahrheit, daß die zurückgelegten Raumebenen der Planetenbahnen, und nicht die Bögen derselben, den Zeiten proportional sind.

424. In fig. 38. sind **E** und **S** die beiden Brennpunkte der Ellipse **AKPH**; in **S** steht die Sonne. Demnach ist der Planet in **P** im Perihelio, und in **A** im Aphelio. Um den andern Brennpunkt **E** wird bei dieser Hypothese die Bewegung gleichförmig gesetzt; oder daß der Planet, aus **E** betrachtet, in gleichen Zeiten gleiche Winkel beschreibt. Zieht man **LER** und **MED**, so sind die Winkel an **E**, nemlich **LEM** und **DER**, gleich; und daher werden **LM** und **DR** von den Planeten in gleichen Zeiten zurückgelegt. Werden noch **SL**, **SM**, **SD** und

SR gezogen, so läßt sich leicht zeigen, daß die elliptischen Ausschnitte SDR und SLM einander dem Raume nach gleich sind. Setzt man z. B. an E die Winkel IEK und GEH mit LEM und DER gleich groß, und zieht Linien von S nach I und K, G und H, so sind die Sectores ISK und GSH unter sich und mit LSM, SDR gleich groß. Bögen wie DR, HG, ML und IK, werden daher von einem Planeten in einer gleichen Zeit zurückgelegt, und diese nehmen mit der Annäherung gegen das Perihelium zu: also bewegt sich der Planet immer schneller, je näher er der Sonne kömmt.

425. Ein sehr deutlicher Beweis der Richtigkeit dieses Satzes sind die jährlich veränderlich scheinbaren Durchmesser und stündlichen Bewegungen der Sonne. Jener ist in der Erdferne am 1sten Jul. 31′ 31″, und in der Erdnähe am 1sten Jan. 32′ 36″; daher verhält sich die Entfernung der Sonne von der Erde im Winter zur Entfernung im Sommer, wie 31′ 31″ : 32′ 36″; oder wie 1891 : 1956. Nun ist die stündliche Bewegung der Sonne am 1sten Januar 2′ 33″. Setzt man daher 1956 : 1891 = 2′ 33″, so müßte hieraus die stündliche Bewegung am 1sten Jul. sich ergeben, wenn die wahre Bewegung der Erde im Bogen ihrer Bahn durchaus gleichförmig bliebe, und letztere nur in dem Verhältnisse der verschiedenen Entfernungen der Sonne sich veränderlich zeigte; allein jener Satz giebt 2′ 28″; die beobachtete stündliche Bewegung der Sonne am 1sten Jul. aber ist 2′ 23″, woraus augenscheinlich sich ergiebt, daß die Erde alsdann, da sie ihre größte Entfernung von der Sonne erreicht, langsamer geht, oder einen kleinern Bogen ihrer Bahn, als im Winter, bei ihrer größten Sonnennähe in einer gleichen Zeit (eine Stunde) zurücklegt. Sieht man die Entfernung der Erde im Perihelio P und Aphelio A fig 38. als Kreishalbmesser SP und SA an, so sind die Bögen der beobachteten stündlichen Bewegung 2′ 33″ und 2′ 23″ = DR und LM von ihrem Umfange der 8470 und 9063ste Theil. Aus dem Halbmesser 1891 ergiebt sich dieser Umfang 11881 und aus 1956 folgt derselbe 12290 solcher Theile; von jenen ist

der 8470ste Theil = 1,403 = DR, und von diesen der 9063ste = 1,356 = LM, und nun wird bis auf eine Kleinigkeit 1,403 . 1891 = 1,356 . 1956, oder DR . SP = ML . SA.

426. Daß die zurückgelegten elliptischen Sectores den Zeiten proportional sind, ist außer dem vorigen noch durch viele Beobachtungen bestätigt worden. Kepler wendete anfangs diesen Satz nur bei den excentrischen Kreisen, in welchen die Planeten nach der Meinung einiger alten Astronomen laufen, an; in der Folge aber trug er denselben auf die von ihm entdeckten elliptischen Laufbahnen über, und stellte jeden elliptischen Sector durch die mittlere Anomalie vor, weil diese gleichfalls den Zeiten proportional gesetzt wird. Allein es konnte hievon nicht eher ein förmlicher Beweis geführt werden, als bis man annahm, daß die Planeten ihre Bahnen vermittelst zweier zusammengesetzter und nach zwei verschiedenen Richtungen wirkender Kräfte beschreiben. Nach der erstern und ursprünglichen geht die Bewegung geradlinigt und gleichförmig vor sich; nach der zweiten aber muß der Planet beständig von dieser Richtung durch eine der Sonne eigenthümliche Anziehungskraft abgelenkt, und gegen sie, als den Brennpunkt seiner Bahn, geführt werden. Diese letztere Anziehungskraft der Sonne ist von Newton bewiesen.

427. Nach mechanischen Grundsätzen wird 1) ein jeder in Bewegung gesetzter Körper sich beständig in einer geraden Linie nach der Richtung des anfangs erhaltenen Stoßes mit gleichförmiger Geschwindigkeit fortbewegen, wenn ihn nichts daran hindert *). Wenn ferner 2) ein Körper von zweien Kräften, die nach verschiedenen Richtungen unter einem gewissen Winkel auf ihn wirken, zugleich getrieben wird, so befolgt er die Diagonallinie eines

---

*) Ohne eine äußere Ursache kömmt kein Körper in Bewegung; ist aber diese einmal erfolgt, so findet sich in dem Körper selbst nichts, was dieselbe stören und aufheben sollte. Kömmt er also zum Stillstande, so ist abermal eine äußere Ursache vorhanden, sonst würde er die angefangene Bewegung unaufhörlich fortsetzen.

Parallelogramms in eben der Zeit, in welcher er die Länge einer der Seiten desselben von der einen Kraft längs einer Seite desselben und von der andern längs der an jener liegenden geführt worden wäre. Es sey nun fig. 39. ein Planet, der beim Beginnen in P war und auf eine uns freilich unerklärbare Weise ein Bestreben oder einen Stoß erhalten, nach PQR fortzulaufen, so wird er, dieser Bewegung gemäß, seinen Weg geradlinigt und mit gleichförmiger Geschwindigkeit fortsetzen. Legt er nun z. B. PQ in einer Minute zurück, so muß er in der folgenden Minute von Q nach R kommen ꝛc. Nun wirke aber die anziehende Kraft der Sonne S auf ihn nach der Richtung QS und mit einer Kraft, welche die Linie QT ausdrückt, so wird der Planet von seiner eigenen Bewegung und dieser Wirkung der Sonne unaufhörlich zugleich getrieben, QV, nemlich die Diagonallinie in dem Parallelogramm QRVT, beschreiben, dessen Seiten QR und QT die Größe jener beiden Kräfte andeuten, und folglich nach einer Minute in V anlangen *). Dies dient zum Beweise, daß die Radii vectores aller Planeten in gleichen Zeiten gleich große Raumebenen ihrer Bahnen beschreiben.

428. Denn gesetzt, SPQ wäre der von dem Radius vector SP bei der Fortrückung des Planeten von P nach Q zurückgelegte Raum in der ersten Minute, so würde, wenn er, der ursprünglichen Bewegung allein überlassen, von Q bis R in der folgenden Minute liefe, auch SRQ der zurückgelegte Raum für eben diesem Zeittheil seyn. Es sind aber die Dreiecke SPQ und SQR einander dem Inhalte nach gleich, denn sie haben gleiche Grundlinien PQ und QR, und gleiche Höhe = Sr; demnach müßte auch schon hiebei der Radius vector des Planeten in gleichen Zeiten gleich große Räume beschreiben, allein er würde sich dabei ins Unendliche von der Sonne entfernen. Da

*) Es wird hier nur ein kleiner Zeittheil angenommen, um den demselben zukommenden sehr kleinen Theil der Bahn eines Planeten als geradlinigt ansehen zu können.

er unterdessen zugleich von derselben angezogen, statt von Q nach R, nach V geführt wird, so ist SQV statt SQR der zurückgelegte Raum. Nun haben aber auch die Dreiecke SQV und SQR einen gleichen Flächeninhalt; beide stehen auf einer Grundlinie QS und zwischen gleichen Parallelen QS und Rm. Daher ist der Beweis richtig, daß der sehr kleine Flächenraum, welchen der Radius vector eines Planeten in der ersten Minute beschreibt, dem in der folgenden gleich sey; und da diese Gleichheit während der ganzen Umlaufszeit fortdauert, so ist dies Gesetz der Bewegung aus zweien auf den Planeten wirkenden Kräften für alle Punkte seiner Bahn und alle folgende Zeiten mit eben der Leichtigkeit bewiesen. Es kann sich hierin nichts ändern, so lange nicht eine fremde Kraft jene anfängliche Gleichförmigkeit des Planetenlaufs in einem und dem zunächst folgenden Augenblick nach der geraden Richtung PQR stört. Die bisher vorgetragenen drei Hauptgesetze der Bewegung der Planeten, haben dem berühmten Kepler erst dann einen bleibenden Ruhm erworben, als nach ihm der große Newton durch dieselben auf ein noch allgemeineres Gesetz bei seiner wichtigen Entdeckung einer im Weltraum vorhandenen Schwerkraft oder gegenseitigen Anziehung der Himmelskörper geführt wurde.

429. Die Schwere ist eine allgemeine Eigenschaft aller Körper die wir kennen, und besteht in einer uns unerklärbaren Neigung derselben, sich dem Mittelpunkt der Erde zu nähern, oder allemal senkrecht gegen ihre Oberfläche mit einer unsichtbaren Kraft zu fallen, wenn sie sich frei überlassen sind. Galliläus hat um das Jahr 1620 zuerst das Gesetz der Geschwindigkeit ihres Falles entdeckt.

Ein Körper fällt nemlich nahe an der Oberfläche der Erde:

In der 1sten	Sec.	15 Fuß,	durchgef. Räume	1
= = 2ten	=	45 =	= =	3
= = 3ten	=	75 =	= =	5
= = 4ten	=	105 =	= =	7
Größe d. Falls n. d. 4ten	Sec.	240 Fuß	= =	16

Demnach verhalten sich die Räume vom Anfange des Falles, wie die Quadrate der Zeiten, denn in der 2ten Sec. ist er 2. 2. 15 = 60 in der 4. 4. 4. 15 = 240 Fuß gefallen, und die in gleichen Zeiten, also von Sec. zu Sec. zurückgelegten Räume zeigen, die ungeraden Zahlen 1. 3. 5. rc. an, folglich, daß die Geschwindigkeit des Falles immer zunimmt, wie dies auch die Natur der Sache mit sich bringt, denn die Schwere wirkt ununterbrochen auf den Fall des Körpers und beschleunigt denselben nach dem Produkt der zurück gelegten Räume und der indeß verflossenen Zeit.

430. Die genaue Größe des Falles der Körper in der ersten Secunde hat man nicht allein durch wirkliche Versuche zu bestimmen gesucht, sondern sie läßt sich auch durch folgenden von Huygen erfundenen und bewiesenen Lehrsatz aus der genau beobachteten Länge eines Secunden-Penduls berechnen. Das Quadrat vom Durchmesser eines Kreises verhält sich zum Quadrat der Peripherie desselben, wie die halbe Länge eines Penduls das Secunden schlägt, zur Länge, durch die ein Körper in der ersten Secunde herunterfällt *). Nun ist z. B. die halbe Länge des Secundenpenduls zu Paris 18 Z. 4, 28 Linien, und folglich daselbst der Fall eines Körpers in einer Secunde 15 Fuß 1 Zoll 2 Linien. Wegen der ungleichen Länge der Secundenpenduln auf der Erdoberfläche ist die Größe des Falls nicht überall gleich. Sie findet sich unter dem Pol 15 Fuß 1 Zoll 8 Linien, und unter dem Aequator 15 F. 0 Z. 7 L.

431. Die Körper fallen demnach unter dem Aequator mit einer geringern Kraft der Schwere nieder, als unter den Polen, wovon die Ursache von der durch den größten Umschwung der Erde daselbst bewirkten Fliehkraft,

*) Oder der Umfang verhält sich zum Durchmesser, wie die Zeit eines sehr kleinen Pendulschwungs oder 1 Sec. zur Zeit, die ein Körper braucht, die halbe Länge des Secundenpenduls senkrecht herunter zu fallen. Demnach 355 : 113 = 1 Sec. : 19''', 1. Nun sind aber die zurückgelegten Räume den Quadraten der Zeiten proportional, folglich $(19''', 1)^2 : (60''', 0)^2$ = 18 Z. 4, 28 Lin : 15 Fuß 1 Z. 2 Lin. = dem Fall des Körpers in einer Secunde.

welche der Schwere entgegen wirkt, herzuleiten ist. Die Größe der Schwerkraft, womit ein Körper nach vorigen Verhältnissen fällt, oder die Oberfläche der Erde druckt, ist allemal seinem Gewichte gleich; demnach müssen die Körper unter dem Aequator etwas leichter werden. Es sind demnach Gründe vorhanden, zu glauben, daß die Schwere sich verringere, je weiter man sich von der Erde entfernt; und Newton hat die wichtige Entdeckung gemacht, daß die Schwere der Körper mit dem Quadrat der zunehmenden Entfernung vom Mittelpunkt der Erde abnimmt. Allein diese Abnahme trägt auch auf dem Gipfel des höchsten Berges der Erde nur erst den 500sten Theil aus.

432. Die Schwere treibt um die ganze Erde herum alle fallende Körper senkrecht gegen die Oberfläche der Erde, so daß, wenn sie daselbst nicht aufgehalten würden und die Erdkugel durchbohrt wäre, im Mittelpunkt derselben schwebend bleiben müßten, weil nach demselben die Richtung ihres Falles geht (den Erdkörper kugelrund betrachtet). Hier wird folglich ihre Schwere völlig aufhören, und daher muß ihr Gewicht abnehmen, je näher sie innerhalb der Erdkugel dem Mittelpunkt kommen. Aus dieser der Natur der Sache gemäßen Voraussetzung, nebst dem, was oben von den Beobachtungen und Berechnungen der Naturforscher über die Verminderung der Schwere in der Höhe gesagt worden, folgt, daß die Schwerkraft aller Körper auf der Erdoberfläche am stärksten wirkt.

433. Bisher ist bloß von dem Falle der irdischen Körper, bei welchen lediglich die Kraft der Schwere auf dieselben wirkt, und sie auf dem kürzesten Wege, das ist senkrecht, gegen die Oberfläche der Erde treibt, geredet worden. Wenn aber ein Körper noch durch eine andere seitwärts gehende Kraft in Bewegung gesetzt wird, so beschreibt er während seines Fallens, von beiden zugleich getrieben, eine bogenförmige Linie, z. B. ein schräge in die Höhe geworfener Stein. Diese Wurfbewegung bringt die vom Mittelpunkt fliehende Kraft (Centrifugalkraft) hervor, und der Stein würde, von derselben allein getrie-

ben, sich in der geraden Linie, nach deren Richtung er geworfen wurde, beständig fortbewegen und von der Erde entfernen, wenn nicht zugleich die **Schwerkraft** (Centripetalkraft) ihn von dieser geraden Richtung zur Erde zurücktriebe; indem er also beiden Kräften folgt, nimmt er einen bogenähnlichen Flug von einem desto weitern Umfang, je stärker die ihn mitgetheilte Wurfbewegung ist.

434. Die allgemeine Schwerkraft aller Theile der Erdoberfläche, nach welcher dieselben dem gemeinschaftlichen Mittelpunkt gleich nahe zu kommen eine Neigung haben, hat unsern Erdkörper rund gebildet. Seine Länder und Meere erhielten eine gemeinschaftliche gleich starke Rundung, und kamen gegen einander in das vollkommenste Gleichgewicht. Nur bei der täglichen Umwälzung der Erde äußerten vornemlich die Theile um den Aequator, durch eine hieraus entstehende Schwungkraft ein Bestreben, sich vom Mittelpunkt etwas mehr wie die übrigen zu erheben, und die Erde wurde eine gegen ihre Pole abgeplattete Kugel. Diese Fliehkraft vermag aber nichts mehr, als daß sie die Schwere der Körper unter dem Aequator um etwa den 289sten Theil verringert, wie die Astronomen aus dem Abstand und der Umlaufszeit des Mondes, verglichen mit dem Halbmesser und der Umdrehungszeit der Erde, und mit Zuziehung des zweiten Keplerschen Lehrsatzes (§. 421.), berechnet haben.

435. Die Wirkungen der Schwerkraft auf der Erdoberfläche und die Bemerkung, daß sie sich auf den Gipfel der höchsten Berge nicht sehr merklich vermindern, hat die Naturforscher zuerst auf die Vorstellung gebracht, daß ein solches Bestreben der Körper, sich dem Mittelpunkt der Erde zu nähern, wohl noch in größern Entfernungen außerhalb der Erde statt finden müsse, und sich vielleicht bis zum Monde oder noch weiter erstrecken könne; daß auch noch dieser Trabant gegen die Erde eine Schwere habe und herabfallen würde, wenn er nicht von einer anfangs ihm mitgetheilten Wurfbewegung, die ihn seitwärts forttreibt, in seiner Bahn (wie eine Bombe nahe bei der Erdoberfläche in der Luft eine Zeitlang) erhalten würde; daß

auf allen Himmelskörpern eine ähnliche Schwerkraft die Materie zum Mittelpunkt drängt, und ihre kugelähnliche Gestalt bildet; daß Jupiter, Saturn, Uran ꝛc. ihre Monde gleichfalls wie die Erde den ihrigen, vermittelst der in ihrer Nachbarschaft noch wirksamen Schwere, um sich herumführen; daß die große Sonne ihre Planeten und Kometen durch eine mächtige Anziehungskraft in kreisähnlichen Bahnen fortführe; und endlich die Planeten gegen einander eine wechselseitige Anziehung äußern ꝛc.

436. Anaxagoras, Democritus, Plutarch, und andere, haben schon dies allgemeine Streben der Materie gegen einen gemeinsamen Mittelpunkt angenommen. Copernicus schrieb die runde Gestalt der Planeten dieser Schwerkraft zu. Tycho selbst mußte der Sonne eine Centralkraft beilegen, welche die Planeten in ihren Bahnen erhielte und um sich herum lenkte. Der scharfsinnige Kepler bewies, daß die Sonne alle Planeten anziehe; daß vornemlich der Mond, vermöge der Anziehung der Erde und der ihm mitgetheilten Wurfbewegung, seinen Kreislauf vollführe; daß die indeß veränderliche Anziehungskraft der Sonne auf den Mond dessen Bewegung ungleich mache, und die Ebbe und Fluth von der Schwere des Mondes herrühre ꝛc. Galliläus, Hevel, und mehrere Astronomen, hatten ähnliche Gedanken. Allein Newton war es vorbehalten (§. 431.), das Gesetz zu entdecken, nach welchem die Schwere in der Entfernung abnimmt, und damit die Regeln zur Berechnung derselben zu lehren.

437. Die Wirkungen dieser allgemeinen Schwere der himmlischen Körper sind durch mancherlei Erfahrungen bewiesen, und die darauf gegründeten Berechnungen treffen auch mit allen Erscheinungen so genau zu, daß man anjetzt dieselben unmöglich noch in Zweifel ziehen kann. Unterdessen, obschon die größten Geister allen Scharfsinn angewendet haben, über die erste Ursache dieser geheimnißvollen Schwerkraft einiges Licht zu verbreiten, so hat man doch hierüber nichts ergrübeln können. Der Sternkundige kann übrigens die speculativen Nachforschungen derselben dem Metaphysiker überlassen. Glücklich

genug, daß er die unveränderlichen Gesetze kennt, nach welchen dieselbe auf der Erdoberfläche und in den unermeßlichen Räumen der Himmel wirkt.

438. Die Planeten beschreiben eigentlich elliptische Bahnen um die Sonne; allein bei allgemeiner Betrachtung der Wirkung der Anziehungs- und Fliehkraft kann man solche als kreisförmig behandeln, weil ihre Gesetze auf eine gleiche Art dabei statt haben, indem auch Circulskreise als Ellipsen betrachtet werden können, deren Excentricität unendlich klein ist, und weil überhaupt hierbei nur sehr kleine Zeittheile zum Grunde gelegt werden, in welchen der Planet sich durch einen unmerklich gekrümmten Bogen bewegt, welchen man, die Bahn sey eine Ellipse oder ein Kreis rc., für geradlinigt ansehen kann.

439. Es sey nun, um Newtons Satz (427) anzuwenden, fig. 40. S die Sonne, und P ein Planet. Dieser würde nun gegen A sich beständig in einer geraden Linie mit gleichförmiger Geschwindigkeit fortbewegen, wenn ihn nicht zugleich die Anziehung der Sonne in S beständig von derselben ablenkte, und ihn nöthigte, den Bogen PB zu beschreiben, an welchem PA eine Tangente ist. Während nun, daß der Planet PB zurücklegt, hat er sich folglich um AB von seinem geraden Wege entfernt: und daher drückt AB die Größe der anziehenden Kraft oder die Schwere gegen die Sonne für PB aus. Gesetzt, die Bewegung gegen A hörte auf, so würde er bloß, der zum Mittelpunkt drückenden Kraft überlassen, von P nach C mit gleicher Geschwindigkeit gegen S fallen. Es ist aber $PC = GB$, und GB kann mit AB als gleich groß angesehen werden, wenn der Bogen PB sehr klein ist, wo alsdann derselbe eine Diagonallinie des Parallelogramms CBAP oder CBGP wird. $BA = BG = CP$ ist die Größe der Schwerkraft, wenn sie allein wirkte; GP aber ist der Sinus versus von PeB: und nun steht der Sinus versus von sehr kleinen Bögen mit dem Quadrat des Bogens im Verhältniß. Es sey bei einem andern Planeten MN der Sinus versus des sehr kleinen zurückgelegten Bogens NL, so verhält sich TM : ML

$= ML : MN$, oder $MN = \frac{ML^2}{TM}$. Da aber NM gegen TN fast für nichts, und ML mit NL als gleich groß zu rechnen ist, so kann man statt TM..TN oder 2.NS und statt ML..NL setzen, folglich wird NM $= \frac{NL^2}{2.NS}$ oder für den vorigen Planeten $PC = \frac{PB^2}{2.PS}$. Daher wirkt die Centripetalkraft nach dem Quadrat der Geschwindigkeit; oder, um einen Planeten bei einer doppelten Geschwindigkeit in seiner Bahn zu erhalten, wird eine vierfache Kraft der Anziehung der Sonne erfordert.

440. $BA = BG$ drückt nun auch die Wirkung der vom Mittelpunkt fliehenden Kraft aus, weil sich der Planet um so weit von S würde entfernt haben, indem er PB durchlief, wenn er von der Centripetalkraft frei gewesen wäre. Nun ist hier $BG = PC = BA$, und $AB = PC = \frac{PB^2}{2.PS}$. Daher bringt die kreisförmige Bewegung eine Centrifugalkraft hervor, welche dem Quadrat, dividirt durch den doppelten Halbmesser des Kreises, gleich ist (die Fliehkraft = 1). Folglich steht auch die Centrifugalkraft mit dem Quadrate der Geschwindigkeit im Verhältnisse, oder bei einer doppelten Geschwindigkeit wendet der Planet ein vierfach größeres Bestreben an, sich vom Mittelpunkt seiner Laufbahn zu entfernen.

441. Die ursprüngliche Geschwindigkeit zweier Planeten, mit welcher sie in einer geraden Linie sich unaufhörlich bewegen würden, sey noch so ungleich, so verhält sich allemal die Schwerkraft, welche sie in ihren elliptischen Bahnen gegen die Sonne lenkt, im umgekehrten Verhältnisse des Quadrats ihres Abstandes von der Sonne, wie Newton zuerst aus dem Keplerschen Gesetz bewiesen. Nach fig. 40. sey NLD die Erd- und PB die Jupitersbahn; ferner stellen NL und PB sehr kleine aber ähnliche Bögen derselben vor. Wären nun die Umlaufszeiten der Erde und

des Jupiters gleich lang, so müßten auch NL und PB in einer gleichen Zeit zurückgelegt werden, und Jupiter würde um so viel geschwinder laufen, als der Umfang seiner Bahn den Umfang der Erdbahn übertrifft. So aber hält sich Jupiter 12mal länger in seiner nur 5,2mal grössern Bahn auf, er rückt also langsamer wie die Erde fort; und gesetzt, er sey in eben der Zeit, etwa in einer Minute, nur von P bis e gerückt, während daß die Erde NL beschreibt: so ist Pd für Jupiter und NM für die Erde die Größe der Anziehungskraft der Sonne in einer Minute. Da nun Jupiter 5,2mal weiter wie die Erde von der Sonne steht, so hat Newton gefunden, daß sich $NM : Pd$ umgekehrt wie $SN^2 : SP^2$ verhalte, oder daß $Pd\ 5,2 . 5,2 = 27$mal geringer als NM sey. Die Entfernung des Jupiter von der Sonne ist $52 = SP$, der Erde $10 = SN$; die Bewegung des Jupiter in einer Minute Pe $12\frac{1}{2}'''$, und die Fortrückung der Erde in einer Minute NL $150'''$ (Tertien). Da nun $NM = \frac{NL^2}{2 . NS}$ und $Pd = \frac{Pe^2}{2 . PS}$, so ergiebt sich das Verhältniß von $NM : Pd$, weil die Schwerkraft in der weitern Entfernung abnimmt, aus beiden Quotienten vom Quadrat der Bögen durch die umgekehrten doppelten Abstände dividirt. Demnach $\frac{150^2}{104} : \frac{12\frac{1}{2}^2}{20} = 216 : 8 = 27 : 1$, welches die Quadratzahlen der Entfernung des Jupiter und der Erde von der Sonne sind; und damit ist das wichtige Newtonsche Gesetz bewiesen.

442. Da die Centripetal- oder Schwerkraft wie das Quadrat der zunehmenden Entfernung von der Sonne abnimmt, so muß die Geschwindigkeit zweier Planeten in gleichen Zeitmomenten mit der Quadratwurzel ihrer Abstände von der Sonne im umgekehrten Verhältnisse stehen, und also abnehmen. Z. B. die Erde steht 10, und Saturn 95 Theile von der Sonne; die Quadratwurzel aus 10 ist 3,16 und aus 95 9,74; demnach verhält sich die Geschwindigkeit dieser beiden Planeten wie 9,74 : 3,16; da nun die

Erde 4,1 deutsche Meilen in einer Secunde zurücklegt, so macht Saturn indeß 1,3 Meilen.

443. Da die Planeten Ellipsen um die Sonne beschreiben, so kann nach fig. 38. die Centrifugal- und Centripetalkraft nicht in allen Punkten derselben gleich groß seyn. In der Sonnennähe und Sonnenferne um P und A sind die Bahnen am stärksten gebogen, weil in der erstern die Centripetalkraft und Geschwindigkeit am stärksten, und in der andern beide am schwächsten sind. Die Geschwindigkeit in P verhält sich zu der in A wie AS zu SP, umgekehrt wie die Abstände nach dem Keplerschen Gesetz; die Centripetalkraft in beiden Punkten wie AS^2 zu SP^2. Dann hat Newton gezeigt, daß die Centrifugalkraft in P zu der in A sich verhalte, wie AS^3 zu SP^3. Aus dem Keplerschen Satz, daß die zurückgelegten Räume den Zeiten proportional sind, folgt, daß die Centrifugalkraft bei der Annäherung der Planeten zur Sonne in einem größern Verhältniß zunimmt, als die Centripetalkraft: denn sie wächst mit dem Quadrate der größern Geschwindigkeit und der Verringerung des Abstandes zugleich. Die Abweichung der Tangenten Aa und Pp von der Ellipse zeigt hier die Centrifugalkraft an, oder um wie viel der Planet durch seine Annäherung und größte Geschwindigkeit sich von der Sonne zu entfernen sucht.

444. Nun kann hiebei vorausgesetzt werden, daß die ursprüngliche Kraft der Wurfbewegung eines Planeten im Aphelio A geringer ist, als erfordert wird, um ihn mit der Centripetalkraft in einem Kreise OAB fortzuführen, dessen Halbmesser = SA ist: und daher muß er nothwendiß in dieser Gegend einen stärker gekrümmten Bogen AI beschreiben, und sich folglich der Sonne von da an nähern. Bei dieser Annäherung nimmt seine Geschwindigkeit zu, damit die von den Radiis vectoribus zurückgelegten Räume den Zeiten proportional bleiben; und gesetzt, er komme im Perihelio P der Sonne 4mal näher als im Aphelio, so wird seine Geschwindigkeit 4mal größer. Allein es braucht hier im Perihelio die Geschwindigkeit nur doppelt so groß zu seyn als im Aphelio, um einen Circul QPT zu be-

schreiben, dessen Halbmesser SP ist, und folglich wird der Planet jenseits P nach und nach Bögen beschreiben, wie PR, die größern Kreisen zugehören; er wird sich also wieder von der Sonne entfernen, und zu seinen Aphelio A hinaufsteigen.

445. In fig. 40. sey S der Mittelpunkt der Erde, NLDT die Mondbahn; der Mond sey in N, und würde, vermöge seiner einstens erhaltenen Wurfbewegung in der geraden Linie Nn fortgeführt, wenn ihn nicht seine Schwere oder die Anziehung der Erde von derselben ab, in seine Bahn zurücklenkte; NL durchlaufe der Mond in einer Secunde, so ist NM die Größe, wie viel der Mond inzwischen gegen die Erde gefallen ist. Nach Newton nimmt die Schwere ab, wie das Quadrat der Entfernung vom Mittelpunkt der Erde zunimmt. Nun sey SN = 60 . Sa oder der Mond 60 Erdhalbmesser von uns, so ist die Kraft, mit welcher derselbe gegen die Erde schwer ist, 60 . 60 = 3600mal geringer als bei den Körpern auf der Erdoberfläche. Nun fällt ein Körper bei uns in der ersten Secunde $15\frac{1}{12}$ Fuß gegen die Erde, und daher der Mond in dieser Zeit um $\frac{15\frac{1}{12}}{3600} = \frac{1}{239}$ Fuß, welches die Größe von NL ist. Hörte nun die Kraft der Wurfbewegung des Mondes von M gegen n auf, so würde er, der Kraft der Schwere allein überlassen, auf die Erde mit einer zunehmenden, den Quadraten der Zeiten proportionirten Geschwindigkeit herabfallen.

446. Nun ist NM der Sinus versus des Bogens NL von 33 Tertien, den der Mond in einer Sec. zurücklegt. Ist ferner der Halbmesser der Erde Ca in Füßen bekannt, und wird der Mond 60mal so weit = CL gesetzt, so läßt sich schon aus dem Verhältniß des Sinus versus eines Bogens von 33''' gegen den Radius finden, daß NM $\frac{1}{235}$ Fuß austrage. Man kann unterdessen aus dieser bekannten Größe von NM die Größe des Bogens NL in Fußen, und hiernach auf seine ganze Umlaufszeit schließen. Nemlich: ML ist die mittlere Proportionallinie zwischen MN und TM. Da aber NL nur eine Secunde

cunde hat, so kommt er mit LM überein; und da auch NM = $\frac{1}{239}$ Fuß gegen NT fast für nichts zu rechnen ist, so kann man statt ML, NL und statt TM, TN setzen: demnach TN : NL = NL : NM, oder NL^2 = TN . NM. Wird nun Sa zu 859½ Meilen, jede zu 23661 Rheinl. Fuß = 20336629 Fuß angenommen, so ist TN = 120 . 20336629 = 2440395480, und daher TN . NM = 2440395480 . $\frac{1}{239}$ = 10210860 Fuß = NL^2, folglich NL = 3195 Fuß der Weg des Mondes in einer Sec. *), und damit 11502000 in einer Stunde. Aus TN findet sich der Umkreis der Mondbahn 7558764560 Fuß, und dieser mit 11502000 dividirt, daß der Mond solche in 657 St. = 27 Tage 9 Stunden zurücklegen muß. (§. 341.) Dieses Beispiel setzt es nun außer allem Zweifel, daß die Kraft, die den Mond in seiner Bahn erhält und leitet, mit der Wirkung der Schwere auf der Erdoberfläche im genauesten Zusammenhange steht.

447. Zur richtigen Beurtheilung der Kraft, mit welcher ein größerer Himmelskörper einen kleinern anzieht, ist es nothwendig, sowohl auf die verhältnißmäßige Größe beider Körper, als auf ihre Entfernung von einander, Achtung zu geben. Es sey demnach A der anziehende und B der angezogene, so ist zu merken, 1) um so viel größer A ist als B, um desto größer ist auch die Kraft, mit der B angezogen wird. Die Größe ist hier nicht die bloße Ausdehnung, sondern die Masse oder Menge Materie in einem oder dem andern Körper **). 2) Wenn die Entfernung BA bleibt, so wird der Körper B mit einer desto stärkern Kraft angezogen, je größer er selbst ist. Bleiben 3) die Massen beider Körper in ihrem Verhältniß unter sich immer gleich groß, die Entfernung AB aber wird verändert, so nimmt die Anziehung mit dem Quadrat

*) Eine Kanonenkugel geht bei uns in einer Secunde nur 600 Fuß weit.

**) Denn bekanntlich haben z. B. zwei Kugeln, eine hölzerne und eine bleierne beide von gleicher Größe eine sehr ungleiche Masse oder Schwere.

der zunehmenden Entfernung ab, und mit der abnehmenden zu; die Kraft der Anziehung steht daher im ordentlichen Verhältniß mit der Masse des anziehenden und angezogenen Körpers, und im umgekehrten mit dem Quadrate der Entfernung.

448. Nun hat die Sonnenkugel noch einige hundert mal mehr Masse, als die sieben ältern Hauptplaneten zusammen genommen; ihre Kraft der Anziehung muß daher auf diese Körper noch immer, auch bei den entferntesten, diejenige vielfach überwiegen, womit die Planeten sich unter einander anziehen. Gegen die Fixsterne werden freilich Sonne und Planeten auch noch einige Schwere haben; allein die Wirkung derselben in der Bewegung des Planeten wird bei der viele tausendmal größern Entfernung der Fixsterne, sie mögen auch noch so viel Masse haben, ganz unmerklich, so daß außer der Kraft, mit welcher die Sonne alle Planeten an sich zieht, nur noch diejenigen Kräfte, womit sich diese Körper unter einander anziehen, in Betrachtung kommen. Diese können, wenn sich zwei Planeten einander nähern, nach dem Verhältniß ihrer Massen und der Größe der Annäherung so wirksam werden, daß sie den gewöhnlichen elliptischen Gang desjenigen etwas aufhalten oder beschleunigen, der von beiden die wenigste Masse hat, welches die Astronomen wirklich beobachten. Unser Mond ist der kleinste unter allen planetarischen Körpern, die wir kennen; er wird aber wegen seiner Nähe bei der Erde von derselben am stärksten angezogen; und da er außerdem, vornemlich gegen die Sonne, eine wiewohl viel geringere Schwere hat, so wird dadurch sein Lauf sehr ungleich.

449. Allgemein ist zu merken: Wenn zwei Planeten mit einer gleichen Kraft und nach parallelen Richtungen von einem dritten angezogen werden, so wird ihre Stellung und Entfernung gegen und von einander dadurch nicht verändert, welches nur statt findet, wenn der letztere einen von den beiden erstern stärker als den andern anzieht. Der Mond leidet bei seiner Bewegung um die Erde

keine Veränderung seiner Geschwindigkeit oder Entfernung, als wenn er inzwischen von der Sonne bald etwas mehr, bald etwas weniger als die Erde angezogen wird. Um die Wirkung zu berechnen, mit welcher ein größerer Planet die Bewegung der Erde stört, muß man die Anziehungskraft des Planeten auf die Sonne und Erde wissen, und der Unterschied von beiden ist eigentlich die Perturbation; ist solche $= 0$, so erleidet der Ort der Erde von dem Planeten keine Verrückung. Die Anziehungskraft der Sonne auf einen jeden der eilf Hauptplaneten ist gleich ihrer Masse $= S$, dividirt durch das Quadrat des Abstandes derselben $= r$. Allein ein jeder Planet zieht hinwieder die Sonne mit einer Kraft an, die seiner Masse $= T$ dividirt durch das Quadrat seines Abstandes von der Sonne gleich, und daher ungemein viel schwächer ist; hiernach ist also die perturbirende Kraft der Sonne auf die Planeten $\frac{S+T}{r^2}$.

450. Die vorhin gegebene Regel: daß die Masse des anziehenden größern Planeten, dividirt durch das Quadrat seines Abstandes von dem angezogenen kleinern, die Wirkung seiner Anziehung in der Ortsveränderung des letztern herausbringt, gilt nur, wenn der Zug in der zur Sonne gehenden Linie vor sich geht. Die Planeten ziehen sich aber die mehreste Zeit unter verschiedenen und veränderlichen Winkeln an, wobei die erfolgte Wirkung aus den beiderseitigen zusammengesetzten Anziehungskräften (deren jede für sich ihrer Masse, durch das Quadrat des Abstandes dividirt, gleich ist) nach dem vorkommenden Winkel beurtheilt werden muß. Es werde nach fig. 39. ein Planet D von zwei andern gegen B und C hinaus liegenden unter dem Winkel BDC zugleich angezogen; DB drücke die Kraft aus, mit welcher der gegen B liegende, und DC diejenige, mit welcher der gegen C liegende den Planet D anzieht: so wird der letztere in eben der Zeit, da er, von der einen oder andern Kraft besonders getrieben, nach B oder C würde hingekommen seyn, nun durch beide vereinigte

DA oder die Diagonallinie des Parallelogramms DBAC beschreiben. Eben so wenn der Zug gegen b und c unter dem Winkel bDc mit Kräften, die die Längen der Linien Db und Dc anzeigen, gienge, so würde D inzwischen nach der Diagonale DA des Parallelogramms DcAb, und also gleichfalls in A anlangen. Vermittelst des Verhältnisses dergleichen Anziehungskräfte der Planetenmassen gegen einander und der jedesmaligen Richtung, nach welcher sie wirken, berechnen die Astronomen, wie der Lauf der Erde und folglich der scheinbare Ort der Sonne und Planeten dadurch Veränderungen leidet.

451. Die Ungleichheiten des Mondlaufes, die bei der Nähe dieses Weltkörpers bei uns sehr merklich werden, rühren daher, weil er während seines periodischen Umlaufs besonders von der Sonne auf eine veränderliche Art, sowohl der Größe als Richtung nach, angezogen wird, wie sich nach fig. 36. beurtheilen läßt. Denn wenn er keine andere Centralkräfte hätte, als diejenigen, welche ihn um die Erde führen, so würde er bloß mit allen Planeten das gemeinschaftliche Gesetz befolgen, daß die zurückgelegten Räume der elliptischen Bahn im Verhältniß der Zeiten bleiben; so aber ist dies nicht hinreichend, seinen scheinbaren Stand, auch nur mit einiger Genauigkeit, den Beobachtungen gemäß darzustellen. Die Anzahl jener Ungleichheiten wird noch dadurch vermehrt, daß der Mond in einer elliptischen um $5\frac{1}{2}°$ gegen die Ebene der Erdbahn geneigten Bahn läuft; daß seine Apsiden- und Knotenlinien beständig und sehr merklich, oder während einem jeden periodischen Umlauf ungleichförmig ihre Lage verändern; nemlich jene um $3°$ östlich und diese $1\frac{1}{2}°$ westlich; endlich, daß er an der für sich schon ungleichen Bewegung der Erde Antheil nimmt, weswegen denn die Anziehungskraft der Sonne noch auf eine mannigfaltigere Art Abänderungen in ihren Wirkungen auf den Ort des Mondes im Weltraum erleidet. Die Größe aller dieser Ungleichheiten des Mondlaufs für eine jede Zeit zu bestimmen, ist äußerst verwickelt, mühsam und schwer. Die größten Geometer und Astronomen aber haben sich dieser Arbeit mit dem

glücklichsten Erfolg unterzogen, nachdem Newton sie zuerst auf die Spur brachte. Vornemlich sind Clairaut, Euler, d'Alembert, Mayer, de la Place, Bürg, Teinsnecker, durch ihre geometrische und analytische Berechnung der anziehenden Kräfte, die auf den Mond wirken, berühmt geworden. Ich habe aber hier von dieser Mondstheorie nur im Allgemeinen etwas erwähnen können.

552. Die Größe oder Ausdehnung eines Planeten ist mit seiner Masse nicht einerley; denn diese letztere ist eigentlich die Menge Materie in seiner Kugel, das Gewicht oder die eigenthümliche Schwere derselben, nach welcher die Anziehungskraft auf ihn wirkt. Diese Masse aber hängt von der Dichtigkeit der körperlichen Materie ab, aus welcher der Planet zusammengesetzt ist; und diese Dichtigkeit ist bei unveränderter Masse um so viel größer, als die Größe des Planeten geringer ist. Die verschiedenen Massen der Planeten lassen sich aus den Gesetzen der Anziehung und der Größe ihrer Wirkungen herleiten, und man kann hiernach auf ihre Dichtigkeit schließen. Die Astronomen legen gemeiniglich die Masse der Erde zum Grunde, weil deren Anziehung aus ihren Wirkungen, nemlich: aus dem Fall der Körper in einer Secunde, der Länge der Secundenpendul &c., bekannt ist.

453. Z. B. Der erste Jupiterstrabant umläuft seine Bahn um den Jupiter in einem Abstande, der beinahe dem Abstande des Mondes von der Erde gleich ist. Gesetzt nun, jener brauchte zu seinem Umlauf eben so viel Zeit, als unser Mond, so würde die Kraft, mit welcher Jupiter diesen Trabanten in seiner Bahn erhält, derjenigen gleich seyn, mit welcher die Erde auf den Mond wirkt, und folglich die Massen beider Planeten mit einander übereinkommen. Alsdann müßte aber die Dichtigkeit der Erde 1474mal größer seyn als die Dichtigkeit des Jupiters, weil dieser Planet um so viel größer als die Erde gefunden worden. Nun aber umläuft jener Trabant seinen mit unserer Mondbahn gleich großen Kreis in 42 St. fast 16mal geschwinder als unser Mond.

454. Die Kraft der Anziehung steht in gleichen Entfernungen mit dem Quadrate der Geschwindigkeiten im Verhältnisse, und Jupiter muß daher eine $16^2 = 256$mal größere Kraft anwenden, diesen Trabanten in seiner Bahn zu erhalten, und um so vielmal müßte die Masse des Jupiters die Masse der Erde übertreffen. Gleichwohl ist er 1474mal größer; seine Dichtigkeit muß daher $\frac{1474}{256} = 5,13$mal geringer als die Dichtigkeit der Erdkugel seyn.

455. Nach Newtons Regel verhalten sich die Massen in allen Kugeln unserer Sonnenwelt gegen einander wie die Cubi ihrer Entfernungen, in welchen sie um andere herumlaufen; und umgekehrt, wie die Quadrate ihrer Umlaufszeiten. Der Quotient von den Würfeln der Entfernungen der letztern, umgekehrt durch den Quotienten der Quadraten der Umlaufszeiten dividirt, giebt also das Verhältniß der Massen der beiden Weltkörper, um welche jene Kugeln laufen. Man sucht z. B. das Verhältniß der Massen der Sonne und Erde (die Masse der Sonne $= 1$ gesetzt), so wird dazu der periodische Umlauf des Mondes und sein Abstand von uns, dann die Entfernung der Erde von der Sonne und ihre Umlaufszeit als bekannt vorausgesetzt:

Dauer des Umlaufs des Mondes	=	656 St.
= = = der Erde	=	8766 St.
Entfernung des Mondes v. d. Erde	=	1
= der Erde v. d. Sonne	=	402

Demnach $\frac{402^3}{1^3} : \frac{656^2}{8766^2} = 363800 : 1$, woraus folgt, daß die Sonne ohngefähr 364000mal mehr Masse habe, oder um so viel schwerer als die Erde sey. Da nun durch eine ähnliche Rechnung etwa aus den Umlaufszeiten und Abständen der Venus und des vierten Jupiterstrabanten, die Schwere des Jupiters $= \frac{1}{1110}$ von der Schwere der Sonne herausgebracht wird, so ergiebt sich, daß die Schwere der Erde von der Schwere des Jupiters $\frac{363800}{1110}$ oder etwa 328mal übertroffen wird. Oben wurde 256mal durch einen beiläufigen Ueberschlag gefunden.

456. Wenn man die also gefundenen Massen der Sonne und Planeten durch ihre Größe dividirt, so ergiebt sich die verhältnißmäßige Dichtigkeit derselben; z. B. die *Sonne* hat 363800mal mehr Masse als die *Erde*, und ist 1448079mal größer, folglich ist die Dichtigkeit der Sonne $= \frac{363800}{1448079} = 0{,}25$ von der Dichtigkeit der Erde, oder die Erdkugel ist etwa 4mal dichter als die Sonne. Eben so die Masse des Saturns durch seine Größe im Verhältniß der Größe der *Erde* dividirt, giebt (die Masse und Dichtigkeit der Erde = 1), wie sich beider Planeten Dichtigkeiten gegen einander verhalten: $\frac{107}{1030} = 0{,}10$, oder die Erde ist 10mal dichter als Saturn.

457. Da *Merkur*, *Venus* und *Mars* keine Monde haben (wenigstens ist noch keiner bei denselben bekannt), so kann ihre Schwere und Dichtigkeit nicht auf ähnliche Art gefunden werden. Unterdessen glaubten die Astronomen bemerkt zu haben, daß die Dichtigkeit der Erde, des Jupiters und Saturns, beinahe mit der Quadratwurzel aus ihren mittlern Bewegungen im Verhältnisse stehe; allein diese Regel ist nach der Entdeckung des Uranus als unrichtig befunden worden, *De la Grange* fand, daß die bekannten Dichtigkeiten der drei Planeten, Erde, Jupiter und Saturn, noch eher mit den umgekehrten Entfernungen im Verhältniß stehen. Die für Merkur, Venus und Mars, in der folgenden Tafel angesetzten Massen, Dichtigkeiten rc., sind auf andern Wegen beiläufig gefunden. Die Dichtigkeit und Masse des Mondes hat man aus der Größe der Wirkung seiner Anziehungskraft bei der Ebbe und Fluth, imgleichen aus der durch ihn verursachten *Nutation* der Erdaxe (S. nachher) herzuleiten gesucht.

458. Wenn die Masse und der Durchmesser eines Planeten bekannt ist, so ist es leicht, die Geschwindigkeit, mit welcher die Körper auf seine Oberfläche fallen, zu finden: denn diese *steht im ordentlichen Verhältniß mit der Masse, und im verkehrten mit dem Quadrat vom Halbmesser*. Die Geschwindigkeit des Falles der Körper in einer Secunde unter dem Aequator der

Erde = 15, 1 Fuß mit der Masse eines jeden Planeten multiplicirt, und das Product durch das Quadrat vom Halbmesser dividirt, giebt, wie weit ein Körper in 1 Sec. bei ihm herunterfällt (Halbmesser und Masse der Erde = 1). Folgende Tafel zeigt die Resultate der neuesten Berechnungen.

459.

	Dichtigkeit der Planeten.	Massen der Planeten.	Fall der Körper auf ihre Oberfläche in 1 Sec. Fuß.
Merkur	2, 56	0, 16	15, 1
Venus	1, 03	0, 95	15, 2
Erde	1, 00	1, 00	15, 1
Mond	0, 75	0, 015	3, 1
Mars	0, 64	0, 10	5, 2
Sonne	0, 23	329800	389
Jupiter	0, 21	309	35, 9
Uranus	0, 20	16, 9	13, 2
Saturn	0, 09	98, 2	14, 5

460. Außer den bereits vorhin allgemein erläuterten Erscheinungen, welche die im Weltraum und auf einzelnen Weltkörpern vorhandene Kraft der Anziehung beweisen, sind noch vornemlich folgende zu merken: Das jährliche Zurückgehen der Aequinoctionalpunkte von 50″,25, nach Westen (welches die Vorrückung der Nachtgleichen zur Folge hat), oder die Bewegung der Pole des Aequators (Weltpole) um die Pole der Ecliptik. Der Vorgang dieser Sache ist eigentlich dieser: Zufolge der 19ten Figur behält die Axe der Erde SN, beim Umlauf der Erde um die Sonne, beständig unter sich eine parallele Lage und ihre Neigung gegen die Ebene der Erdbahn ist $66\frac{1}{2}°$ Die Nordseite derselben ist gegen 0° ♋ und $66\frac{1}{2}°$ Nordlicher und die Südseite zu 0° ♑ und $66\frac{1}{2}$ Südlicher Breite gerichtet. Die auf letzterer Ebene senkrecht stehende, durch den Mittelpunkt der Erde gehende Linie dh, führt allemal, wegen der unermeßlichen Entfernung des Firmaments, zu den Polen der Ecliptik oder dem 90sten Grad der Breite. Mit dieser macht die Erdaxe SN beständig einen Winkel von $23\frac{1}{2}°$. Denkt man sich ferner eine durch den Durch-

schnittspunkt von SN und hd, oder den Mittelpunkt der Erde gehende, und auf beiden unter einem rechten Winkel stehende Linie, so liegt diese in der Ebene der Ecliptik, geht nach 0° ♈ und 0° ♎ am Firmament hinaus, und ist die Aequinoctiallinie. Diese behält aber nicht ganz genau eine parallele Lage: denn nachdem die Erdkugel ihre Laufbahn vollendet, sehen wir sie um 50″,25 zurück, also westwärts gewichen; oder die Erdaxe SN hat sich um hd unter ihrer unveränderlichen Neigung von $23\frac{1}{2}$° gegen hd um 50″,4 im Bogen des Kreises, den sN um hd am Firmament beschreibt, gegen Westen verrückt. Wenn also die Erdaxe um hd in 25716 Jahren (§. 148.) eine ganze Umdrehung macht, so haben die auf jener Linie liegenden Punkte 0° ♈ und 0° ♎ mit derselben von Osten gegen Westen den ganzen Kreis der Eclipeik scheinbar vollendet.

461. Jetzt ist man überzeugt, daß dies eine Wirkung der anziehenden Kraft ist, welche die Sonne und besonders der Mond, auf die sphäroidische Gestalt der Erdkugel äußert. Gedenkt man sich die um den Aequator der Erde bei ihrer Abplattung mehr angehäuften Theile als einen Ring oder viele kleine Monde, die mit der Erdoberfläche sich in 24 Stunden um ihren Mittelpunkt bewegen, so müssen diese, wegen ihrer Nähe, eine weit größere Schwere gegen diesen Mittelpunkt haben, als gegen den wahren Mond und gegen die 400mal entferntere Sonne. Beide Himmelskörper werden unterdessen gegen diese größere Menge Materie um den Aequator, die mit der Ebene der Erdbahn einen Winkel von $23\frac{1}{2}$ Grad macht, erstlich eine stärkere Anziehungskraft äußern, als gegen die übrigen Theile des Erdkörpers, weil hier mehr Masse ist; und zweitens muß die Wirkung dieser Kraft veränderlich seyn, weil der größte Durchschnitt der mehrern Erdmasse (des Aequators) beim Lauf der Erde um die Sonne, oder beim Lauf des Mondes um die Erde, eine verschiedentliche Lage gegen diese Himmelskörper erhält.

462. Die Wirkung der Sonne bei dieser Zurückweichung muß beständig gleichförmig seyn, weil die Erde um

die Sonne jährlich die nemliche Bahn beschreibt; sie beträgt nach der Berechnung 14″; allein die beträchtlichere Wirkung des Mondes, 36, zeigt sich ungleich, weil die Bahn des Mondes schräge gegen die Erdbahn liegt; weil sich deren Lage beständig ändert, und erst nach 19 Jahren wieder eine gleiche Stellung gegen den Aequator erhält. Durch die gemeinschaftliche Wirkung der Sonne und des Mondes ist also schon die jährliche Zurückweichung nicht mehr gleich groß. Da nun die neuern Astronomen auch noch die Anziehungskräfte der Planeten hierbei mit in Rechnung bringen, so zeigt sich eine abermalige Ungleichheit.

463. Da es also nach obigen Erklärungen außer allem Zweifel gesetzt ist, daß die vereinigte Wirkung der Anziehung der Sonne und des Mondes auf die sphäroidische Erdkugel die jährliche Zurückweichung der Aequinoctiallinie und der Erdaxe zuwege bringt, so wird man annehmen können, daß auch der beständige Parallelismus der Erdaxe seinen zureichenden Grund haben muß und dieser gleichfalls in der mächtigen Wirkung jener vereinigten Kräfte zu suchen sey. Da nemlich, aus der Sonne gesehen, die Axe der Erde sich jährlich einmal von der linken gegen die rechte Hand um die Axe der Erdbahn, unter dem Winkel von $23\frac{1}{2}°$ dreht, wie Fig. 19. deutlich zu erkennen giebt, wodurch die Jahreszeiten entstehen, so ergiebt sich sehr natürlich, daß die Sonne selbst diese jährliche Drehung der Erdaxe bewirken müsse. Und nun beträgt hiernach diese jährliche Drehung von 360°, um so viel mehr, als die nach der nemlichen Richtung gehende jährliche Zurückweichung der Aequinoctialpunkte beobachtet wird, also 360° 0′ 50″.

464. Die von Bradley 1727 entdeckte Nutation der Erdaxe ist gleichfalls eine Wirkung der anziehenden Kraft des Mondes auf die sphäroidische Gestalt der Erde. Sie hat mit der Wiederkehr der Mondbahn zu der nemlichen Lage gegen den Aequator, eine gleiche Periode von 18 Jahren 7 Mon.; denn liegt z. B. der ☊ des Mondes in 0° ♈, so hat der Mond in 0° ♋ seine größte nördliche Breite, und zugleich eine größere Abweichung als

dort die Sonne von 5½°; kömmt hingegen nach 9¼ Jahren der ☊ in 0° ♈ so wird die größte Breite in 0° ♋ 5½° südlich, und seine Abweichung ist um so viel geringer, als dort die Abweichung der Sonne. Demnach nähert sich der Mond um 5½° mehr oder weniger als die Sonne den Polen der Erde. Hieraus entsteht nicht allein die vorhin bemerkte Ungleichheit in der jährlichen Wirkung des Mondes bei dem Zurückweichen der Aequinoctialpunkte in verschiedenen Jahren, sondern zugleich ein Wanken der Erdaxe oder eine periodische Verrückung des Aequators gegen die Ecliptik. Die Abweichung der Sterne muß sich folglich hiernach ändern, indem der Aequator eine nordlichere oder südlichere Lage erhält *). Die Pole oder wahre Axe der Erde beschreiben hierbei um den mittlern Weltpol am Firmament in rückwärts gehender Bewegung, während der 18jährigen Periode der Mondknoten, einen kleinen Kreis von 18 Secunden im Durchmesser.

465. *Die Abnahme der Schiefe der Ecliptik* ist nach der Erklärung der größten Astronomen gleichfalls eine Folge der anziehenden Kraft der Planeten auf den Lauf der Erde. Wenn zwei Planeten um einen gleichen Mittelpunkt nach einer gleichen Gegend, aber in verschiedenen Ebenen, sich bewegen, so entsteht daraus, zufolge der Theorie der anziehenden Kräfte, ein Zurückweichen der Knotenlinie längs der Bahn eines jeden. Jene Abnahme geht aber äußerst langsam von statten. Z. B. *Hypparch* fand vor 2000 Jahren die Schiefe der Ecliptik 23° 51′ 20″; *Tycho* vor 200 Jahren 23° 29′ 47″; und *Maskelyne* im Jahr 1769, 23° 28′ 9″,7. *Mayer* berechnet die Abnahme der wahren Schiefe in 100 Jahren auf 46 Sec., und *la Lande* auf 50 Secunden.

466. Sie scheint gleichförmig zu seyn, wird aber durch die *Nutation*, weswegen sich der Aequator 9 Jahr und 4 Monat hindurch der Ecliptik, und aufs höchste um 9″ nordwärts nähert, und dann sich wieder um eben so viel

*) Dies zieht gleichfalls eine geringe Veränderung der Länge und geraden Aufsteigung nach sich.

von derselben entfernt, hierauf in eben so langer Zeit weiter von der Ecliptik und höchstens 9″ nach Süden geht und wieder zurückkömmt, ungleich, und geht nicht selten in eine Zunahme über. Man nennt deswegen diese für eine jede Zeit am Himmel statt findende Schiefe der Ecliptik die *scheinbare*. Ist der ☊☾ in 0° ♈, so wird letztere 9″ größer als die wahre; hingegen um so viel kleiner, wenn der ☊☾ in 0° ♎ liegt. Beim Ort des ☊☾ in 0° ♑ und ♋ findet sich kein Unterschied. Uebrigens ist nach den scharfsinnigsten Untersuchungen diese geringe Annäherung der Ecliptik zum Aequator gleichfalls nur ein Wanken; wenigstens kann die Ursache, wodurch jetzt die Schiefe abnimmt, niemals ein Zusammenfallen beider Kreise, oder ein beständiges Aequinoctium auf der Erde veranlassen.

467. *Die wechselseitigen Störungen des Laufs der Planeten unter sich*; die *Bewegung der Apsidenlinie der elliptischen Laufbahn aller Planeten und des Mondes*, oder die langsame Fortrückung der *Aphelien* bei den Planeten, und die schnelle Fortrückung des *Apogäums* beim Mond; endlich die langsame Fortrückung der *Knotenlinien aller Planetenbahnen von Westen gegen Osten*, und die *so merkliche Zurückweichung der Knoten des Mondes*, sind von den größten Geometern und Astronomen gleichfalls als Wirkungen der Anziehungskräfte im Weltraum erkannt, und deren Größe nach den bekannten Gesetzen der Peturbationen, mit Beihülfe der höhern Geometrie, den Beobachtungen zustimmend berechnet worden.

468. Die bisher vorgestellte Größe, vortreffliche Verfassung und unverrückte Ordnung des Planetengebiets der Sonne, muß nothwendig den forschenden Geist des Erdbewohners auf mehr als eine immer festere Ueberzeugung vom Daseyn eines allgemeinen Welturhebers, nemlich auch auf vernünftige Vorstellung über die Absichten des Allerweisesten bei allen diesen großen Veranstaltungen, leiten. Hierzu wird vornemlich das, was die Sternkunde durch wirkliche Beobachtungen und gegründete Schlüsse von der

Aehnlichkeit der Planeten mit unserer Erde und von ihren Einrichtungen lehrt, dienen können; woraus sich folgern läßt: daß auch jene höchst wahrscheinlich zu Wohnplätzen lebendiger und vernünftiger Wesen bestimmt sind.

Neunter Abschnitt.

Von den Himmelsbegebenheiten, welche die Bewegungen des Mondes und der Planeten veranlassen *).

469.

Eine Mondfinsterniß wird bemerkt, wenn der Mond zur Zeit seines vollen Lichtes, da er der Sonne gerade gegenüber steht, in den dorthin liegenden Schatten der Erde kömmt, und folglich während seinem Durchgang durch denselben das von der Sonne erborgte Licht wirklich verliert. Nach fig. 42. sey S die Sonne, C die Erde, so ist EHF der wahre Erdschatten, welcher mit der größern Entfernung von der Erde immer kleiner im Durchschnitt, und von den Lichtstrahlen der Sonne AH und BH begränzt wird; ML sey ein Theil der Mondbahn, so kann der Mond in r in den Schatten treten, in m wird er ganz verdunkelt mitten in demselben und zugleich in ☍ mit der Sonne stehen, und in t wieder aus dem Schatten hervorkommen. Inzwischen ist ihm das Sonnenlicht von der Erde entzogen worden. Da wo der Mond durch den Schatten der Erde rückt, ist derselbe noch fast dreimal breiter als der Mond, so daß sich dieser höchstens $1\frac{3}{4}$ Stunden darin aufhalten kann.

*) Ich habe es schicklich erachtet, erst nach den Vorträgen über die Verfassung des Planetensystems, der Sonne und allen Erscheinungen derselben, diese sogenannten Himmelsbegebenheiten besonders zu erläutern, weil ich nun manche der hierzu erforderlichen Kenntnisse aus dem vorigen als bekannt voraussetzen darf.

470. Um diesen wahren Schatten befindet sich noch der Halbschatten EL, FM, der von den Lichtstrahlen AFNK und BELI begränzt wird, innerhalb welchen im Mond noch ein Theil von der Sonne zu sehen ist. Er ist bei den Mondfinsternissen nur daran zu bemerken, daß er die Mondflecken eine Weile vor und nach ihrem Ein- und Austritt in und aus dem wahren Schatten etwas unkenntlich macht. Der Halbmesser des wahren Schattens, der eigentlich unsere Mondfinsternisse verursacht, erscheint allemal unter einem Winkel, welcher der Summe der horizontalen Parallaxe des Mondes und der Sonne, weniger dem Halbmesser der Sonne gleich ist. Er wird wegen der Atmosphäre der Erde um etwa $\frac{1}{60}$ vergrößert.

471. Da die Erde eine Kugel ist, so muß ein jeder Durchschnitt ihres Schattenkegels, der mit der Axe desselben unter einem rechten Winkel geschieht, sich als eine Scheibe auf dem verfinsterten Monde darstellen. Und da dieser Himmelskörper von Westen gegen Osten fortrückt, so muß seine Verfinsterung von Osten gegen Westen vor sich gehen. Wenn der Mond sich gänz in den Erdschatten einsenkt, so ist die Finsterniß total, und wenn dabei sein Mittelpunkt genau durch den Mittelpunkt des Schattens rückt, central; im Gegentheil aber heißt die Verfinsterung partial, wenn nur ein größerer oder kleinerer Theil der Mondscheibe eine Verdunkelung leidet. Die Größe derselben wird nach Zollen, deren der scheinbare Durchmesser des Mondes 12 hat, bestimmt.

472. Der Schattenkegel der Erde erstreckt sich beständig längs der Ebene der Ecliptik, weil der Mittelpunkt der Erde und Sonne in dieser Ebene liegt, daher denn der Mittelpunkt eines jeden Durchschnitts allemal der genau 180 Grad vom Ort der Sonne entfernte Punkt der Ecliptik ist. Fielen die Ebenen der Mond- und Erdbahn zusammen, so müßte der Mond beständig in der Ecliptik fortlaufen, und jedesmal im vollen Lichte eine totale und centrale Verfinsterung leiden. Da aber die Mondbahn sich mit der Ecliptik unter einen Winkel von etwa $5\frac{1}{2}°$

neigt, so können nur diejenigen Vollmonde, welche sich in oder nahe bei dem auf- oder niedersteigenden Knoten ereignen, vom Erdschatten getroffen werden, weil alsdann die Breite des Mondes im erstern Fall 0, im zweiten geringe ist. Der Vollmond muß nicht so weit vom Knoten stehen, daß seine Breite die Summe seines und des Erdschattens Halbmessers übersteigt. Wird er gerade im ☊ voll, so entsteht eine totale und centrale Finsterniß, die folglich von der größten Dauer ist. Etwa 6° vor und nach ☊ oder ☋ geht die Breite des Mondes im Perigäo auf 30 Min., und dann ist keine totale Finsterniß mehr möglich. Ist die Breite größer als 30 Min., so wird der Mond nur partial verfinstert; übersteigt aber die Breite 64 Minuten, welches in einem Abstande von 12 bis 13° vor und nach ☊ oder ☋ sich zuträgt, so ist keine Mondfinsterniß zu erwarten.

473. Außer dieser Ursache ist noch eine andere vorhanden, warum nicht alle Vollmonde verfinstert werden: Nemlich obgleich der Mond in $27\frac{1}{3}$ Tagen den ganzen Thierkreis umläuft, und folglich inzwischen durch ☊ und ☋ geht, so kömmt er doch allemal erst nach 29 Tagen 12 Stunden wieder in ☌ oder ☍ mit der Sonne, und hat indeß gegen 390° zurückgelegt. Gesetzt also: Er sey heute im ☍ und nahe bei einem Knoten, so daß er eine Verfinsterung leidet, so muß er in dem zunächst folgenden Gegenschein um fast 30° von diesem Knoten gegen Osten entfernt seyn, und kann, wegen der schon zu großen Breite, vom Erdschatten nicht getroffen werden. Bei dem zweiten und den folgenden Gegenscheinen (Vollmonden) nimmt diese Entfernung jedesmal um etwa 30° zu, bis solche nach 6 Monaten in der Nachbarschaft des gegenüberstehenden Knoten einfallen, und wieder eine Mondfinsterniß möglich wird. Die Knoten verändern überdem ihren Ort monatlich über $1\frac{1}{2}$° gegen Westen, so daß daher die Finsternisse nach und nach in andern Gegenden des Thierkreises vorfallen, und jene monatliche Entfernung noch größer wird.

474. Die Erscheinungen einer Mondfinsterniß

sind aus den dazu nöthigen Stücken, die sich aus Sonnen- und Mondtafeln ergeben, durch eine Zeichnung oder Rechnung zu finden. Zuerst muß die Zeit, da eine Mondfinsterniß einfallen wird, vorläufig bekannt seyn, wozu es leichte Regeln giebt *). Man sucht hierauf aus den Tafeln nach dem Meridian des Orts der Beobachtung: die Zeit des Vollmondes oder der wahren ☍ der Sonne und des Mondes; die Breite, stündliche Veränderung der Länge und Breite, stündliche Bewegung, horizontale Halbmesser und Parallaxe des Mondes; ferner die stündliche Bewegung, den Halbmesser und horizontale Parallaxe der Sonne ꝛc. Was außerdem zu einem mechanischen Entwurf oder zu einer trigonometrischen Berechnung der Finsterniß noch erfordert wird, läßt sich aus dem angezeigten herleiten.

475. Es sey AB fig. 43. ein Maaßstab von 60′ oder einem Grade am Himmel *); C der Mittelpunkt der Schattenscheibe in der Gegend, wo der Mond hindurchgeht, oder der der Sonne entgegenstehende Punkt der Ecliptik DCF. Bei D ist Westen und bei E Osten. Man beschreibe aus C mit dem gefundenen Halbmesser des Erdschattens den hierbei hinlänglichen halben Kreis desselben FmD; richte in C ein Perpendicul Cn senkrecht auf ED auf, welches demnach ein Theil eines Breitenkreises ist. Die Breite des ☾ in ☍ wird von C, da sie hier nordlich angenommen wird, bis in n getragen, so ist n der Ort, wo

---

*) Man darf nur im astron. Jahrb. nachsehen, wo der ☊ oder ☋ des Mondes liegt, und in welchen Monaten die Sonne und der Neu- oder Vollmond diese Oerter erreichen; so ergeben sich die Zeiten der vorfallenden Sonnen- und Mondfinsternissen, z. B. im gegenwärtigen Jahr (1824) sind diese Knoten in ♑ und ♋ wo die Sonne in Jan. Juni und Decemb. erscheint, daher können nur in diesen Monaten Finsternisse sich einstellen.

*) Der Maaßstab der zum Entwurf dient muß aber wenigstens 8 Zoll lang seyn, wenn man die Zeit des Anfangs, Mittels und Endes einer Mondfinsterniß bis auf eine Minute genau herausbringen will.

wo der Mond zur Zeit des ☍ steht. Die nördliche Breite sey zunehmend und in einer Stunde = n h, so wird n h nordwärts getragen; und an h, die Linie h r senkrecht auf C h, gezogen; alsdann von n bis h r der Unterschied der stündlichen Bewegung des Mondes und der Sonne, (damit die Sonne oder ihr entgegengesetzter Punkt C in Ruhe gesetzt werden kann) gebracht. Dies trifft in r, wo der Mond eine Stunde nach dem ☍ steht. Man zieht hierauf durch diesen Punkt und n die Mondbahn F G, auf welcher C L gefällt, L bestimmt, wo der Mond zur Zeit des Mittels der Finsterniß am tiefsten im Schatten steht. Theilt man n r in 60 Min., so giebt L n an, wie viele Minuten vor dem Zeitpunkt in n das Mittel der Finsterniß einfällt. Beschreibt man aus L mit dem Halbmesser des Mondes die Mondscheibe, so ist m N die Größe der Verfinsterung. Hierauf wird der Unterschied der stündlichen Bewegung des Mondes und der Sonne = n r auch von n gegen F hin, und von r gegen G hin getragen und in Min. eingetheilt. Sucht man nun mit einer Oeffnung des Zirkels, die der Summe von den Halbmessern des Erdschattens und des Mondes gleich ist, von C aus Punkte auf der in Zeit eingetheilten Mondbahn, so werden solche F und G, wo der Anfang und das Ende der Finsterniß einfällt, angeben. Wird aus F und G der Mond beschrieben, so berührt er zuerst den Schatten in O und zuletzt in P.

476. Die Regeln zur Berechnung einer Mondfinsterniß aus den gefundenen Angaben der Tafeln ergeben sich nach der 43. Figur. In dem bei h rechtwinklichten Dreieck n h r ist Tang. h r n $= \frac{nh}{hr}$. Es ist aber h r n = n C L, wie sich leicht erkennen läßt. Dieser Winkel fällt hier an der Westseite des Breitencirculs, weil die nordliche Breite des Mondes zunimmt. Ferner ist in dem bei L rechtwinklichten Dreieck n C L bekannt, C n die Breite des Mondes in ☍, woraus sich durch n C . Cos. n C L, C L, die kürzeste Entfernung des Mondes vom Mittelpunkt des Erdschattens im Mittel der Finsterniß, und dann aus n C . Sin. n C L, L n = dem Unterschied

der ☍ und des Mittels der Finsterniß im Bogen findet. Diese letztere, nach dem Unterschied der stündlichen Bewegung des Mondes und der Sonne in Zeit verwandelt und von der Zeit der ☍ in n abgezogen, giebt die Zeit der größten Verdunkelung. Cm — CL = mL, und mL + LN giebt mN die Größe der Verfinsterung. Um den Anfang in F und das Ende in G zu finden, dienen die beiden an L rechtwinklichten und gleichen Dreiecke LCF und LCG, in welchen die gemeinschaftliche CL und die Hypothenuse CF oder CG bekannt sind. Aus $CF^2 - LC^2$ wird FL^2 also FL gefunden, und diese, zufolge des Unterschiedes der stündlichen Bewegung des Mondes und der Sonne in Zeit verwandelt, giebt die halbe Dauer, diese von der Zeit des Mittels in L abgezogen, den Anfang, und dazu addirt, das Ende der Finsterniß.

477. Eine Mondfinsterniß ist allen Ländern, denen der Mond indeß über dem Horizont steht, in gleicher Größe und in gleichen Augenblicken sichtbar, außer daß sie verschiedene Nachtstunden zählen. Der Mond verliert wirklich sein Licht im Erdschatten, und so muß er allen, die ihn alsdann sehen, verfinstert sich zeigen, ob sie ihn gleich wegen seiner Parallaxe in verschiedenen Punkten des Firmaments bemerken, folglich dienen die Mondfinsternisse zur Erfindung des Meridianunterschiedes zweier Oerter. Es sey z. B. fig. 42. der Mond mitten im Erdschatten in m, so wird er in eben dem Augenblick von einem Zuschauer in F, der ihn nach w sieht, des Abends bei Sonnenuntergang (die Erde dreht sich nach FoE um ihre Axe) central verfinstert aufgehen. Ein anderer in o hat alsdann den Mond im Meridian, folglich ist bei ihm Mitternacht. Endlich sieht man in E zu gleicher Zeit den Mond, der in u erscheint, des Morgens bei Sonnenaufgang central verfinstert untergehen. Nun ist der Mond auf einmal etwa der halben Erde sichtbar: bei der Umwälzung der Erdkugel aber gehen während seiner Verdunkelung noch mehrere Länder in die Nachtseite der Erde und daher ist eine Mondfinsterniß in ihrer ganzen Dauer mehr als der halben Erde sichtbar.

478. Man erhebe den Pol eines Erdglobus um die Abweichung des verfinsterten Mondes über den Horizont; stelle z. B. Berlin unter den Meridian und den Zeiger auf die Zeit des Anfanges der Finsterniß, drehe nun die Kugel um, bis der Zeiger auf Mitternacht steht, so liegt die Nachthalbkugel der Erde über dem Horizont, und sie zeigt alle Länder, welche den Anfang der Finsterniß sehen können; unter dem Meridian culminirt alsdann der Mond. Wird Berlin abermal unter den Meridian und der Zeiger auf die Zeit des Mittels gestellt, dann der Globus umgedreht, bis der Zeiger Mitternacht angiebt, so bemerkt man alle Gegenden, wo das Mittel sichtbar ist. Stellt man endlich Berlin unter den Meridian und den Zeiger auf die Zeit des Endes, dreht dann den Globus wieder um, bis der Zeiger 12 Uhr Nachts weiset, so zeigen sich alle Länder, wo das Ende zu Gesicht kömmt.

479. Der Rand des Erdschattens erscheint bei den Mondfinsternissen oft äußerst ungleich und durchsichtig, welches von der Erdatmosphäre und dem dichtesten Theil des Halbschattens herrührt, wobei besonders die Zeit des Anfangs und des Endes der Finsterniß, imgleichen der Ein- und Austritt der Mondflecken sich nicht bis auf Secunden genau beobachten läßt. Manche Flecke bleiben am Rande, auch wohl noch eine Strecke innerhalb des Erdschattens selbst, durch die sich in der Erdatmosphäre brechenden und den Schatten noch etwas erleuchtenden Sonnenstrahlen, eine Weile sichtbar. Die beobachteten veränderlichen Farben des Mondes bei seinen Verfinsterungen, hängen größtentheils von seinem verschiedenen Abstande von der Erde, und auch von der Beschaffenheit der Erdatmosphäre, die jedesmal den Rand des Erdschattens bildet, zu der Zeit ab. Im Apogäo erscheint daher der verfinsterte Mond gemeiniglich röthlich und überhaupt lichter als im Perigäo; und er pflegt sich selbst total verdunkelt in rother Farbe zu zeigen. Die Länge des Erdschattens übertrifft fast viermal den Abstand des Mondes von uns, denn der Unterschied der beiden Halbmesser der Sonne und Erde verhält sich zur Entfernung

der Erde von der Sonne, wie der halbe Erddurchmesser zur Länge des Erdschattens, welche hiernach etwa auf 186000 Meilen geht.

480. Eine Sonnenfinsterniß entsteht, wenn der Mond zur Zeit seines neuen Lichtes zuweilen gerade zwischen der Erde und Sonne in seiner Bahn hindurchgeht, und letztere entweder völlig, oder zum Theil zu bedecken scheint. Es fällt alsdann der Schatten des Mondes auf die Erde, und entzieht denjenigen Ländern, welche er trifft, das Sonnenlicht; und daher ist eine dergleichen Himmelsbegebenheit eigentlich eine Erdfinsterniß. Es sey fig. 44. T die Erde; L der Mond und S die Sonne; F der westliche und E der östliche Rand derselben. Der Neumond stehe in L mit S und T beinahe oder genau in einer und derselben Ebene, so kann sein Schatten, welcher gegen die Erde hin spitz zuläuft, weil die Sonne größer als der Mond ist, auf den Ort r fallen, und hier wird die Sonne vom Mond gänzlich bedeckt erscheinen. In d hingegen zeigt sich zu eben der Zeit die Sonne ohne alle Bedeckung, und der Mond nach u westwärts bei der Sonne. Hieraus ist zu erkennen, daß eine Sonnenfinsterniß 1) wegen der Parallaxe des Mondes, welche die Neigung der am Mond von verschiedenen Punkten der Erdoberfläche gezogenen Linien zu erkennen giebt, und 2) weil dieser Himmelskörper kleiner als die Erde ist, folglich sein ohnehin spitz zulaufender Schatten nicht auf einmal ihre ganze der Sonne zugewendete Halbkugel bedecken kann; nicht überall auf der Erde sichtbar ist, auch nicht zu gleicher Zeit und in gleicher Größe gesehen wird.

481. Fig 44. zeigt eigentlich nur den wahren Mondschatten, unter welchem die Sonne völlig bedeckt erscheint. Um diesen befindet sich aber noch der Halbschatten, um welchem dieses nur zum Theil geschieht; jene Erscheinung heißt daher eine totale, und diese eine partiale Sonnenfinsterniß. Der Halbschatten breitet sich um den wahren Schatten in einem großen kreisförmigen Raum iar auf der Erdoberfläche aus. An der äußersten Gränze desselben scheinen sich die Ränder der Sonne und

des Mondes nur zu berühren, wie in a, wo der Mittelpunkt des Mondes in h erscheint, und die Bedeckung zeigt sich immer grösser, je näher man dem Mittelpunkt r kömmt. Die Grösse einer Sonnenfinsterniß wird gleichfalls in Zollen ausgedrückt, deren der Durchmesser der Sonne 12 hat.

482. Wenn die Sonne bei einer Finsterniß von der Erde am entferntesten und der Mond in seiner Erdnähe ist, so übertrifft der scheinbare Durchmesser des Mondes den von der Sonne 2 Min. 7 Sec., und es zeigt sich unter r eine totale und centrale Sonnenfinsterniß, deren Dauer aber nur ohngefähr auf 4 Minuten gehen kann. Erscheinen beide Durchmesser gleich groß, so berührt genau die Spitze des wahren Mondschattens die Erde, und es zeigt sich unter r eine totale und centrale Sonnenfinsterniß von augenblicklicher Dauer. Endlich, wenn der scheinbare Durchmesser des Mondes kleiner als der von der Sonne ist, wie dies die mehrste Zeit statt findet, so kömmt die Spitze des wahren Mondschattens nicht bis zur Oberfläche der Erde herab, und in r erscheint der Mond mitten vor der Sonne, so daß er von derselben einen Ring, höchstens $1\frac{1}{2}$ Min. breit, um sich unbedeckt läßt. Dies giebt ringförmige Sonnenfinsternisse.

483. Der Mond bewegt sich von Westen gegen Osten, oder fig. 44. von m nach n; und die Erde dreht sich nach eben dieser Richtung, nemlich gegen DrB, um ihre Axe. Ist nun der Mond in m, so kann der östliche Rand seines Halbschattens die Erde zuerst berühren, und der Ort, welcher gerade zu der Zeit daselbst in die erleuchtete Halbkugel der Erde kömmt, sieht die Sonne beim Aufgang unter allen zuerst verfinstert, oder den östlichen Mondrand vor den westlichen Sonnenrand treten. Von da breitet sich der Halb= und ganze Schatten des Mondes auf der Erde aus. Kommt der Mond in L, so scheint er die Sonne für r gerade um die Mittagszeit zu bedecken; und wenn er in n anlangt, so verläßt der westliche Rand seines Halbschattens in B die Erde, und der Ort, welcher alsdann daselbst in die Nachtseite der Erde geht, sieht bei Sonnenuntergang den westlichen Mondrand den östlichen Sonnen=

rand zuletzt berühren. Der Mondschatten läuft demnach von Westen gegen Osten über die Erdoberfläche, und die westlichen Länder müssen daher die Sonne früher als die östlichen verfinstert sehen.

484. Die Theorie und die Berechnung der Erscheinung einer Sonnenfinsterniß, sowohl **allgemein für die ganze Erde** als **für einzelne Oerter**, ist wegen der sich beständig dabei einmischenden Parallaxe des Mondes viel schwerer und weitläuftiger als bei den Mondfinsternissen einzusehen, und ins Werk zu richten; beides wird aber sehr erleichtert, wenn man solche als wirkliche Erdfinsternisse vorstellt, und den Zuschauer sich auf dem Neumond gedenkt. Denn **der scheinbare Halbmesser der Erde, aus dem Mond gesehen, ist jedesmal genau der horizontalen Mondparallaxe, weniger der horizontalen Sonnenparallaxe, gleich; der Halbmesser des wahren Mondschattens findet sich aus dem Unterschiede, und der Halbmesser des Mondhalbschattens aus der Summe der Halbmesser der Sonne und des Mondes.** Hiernach läßt sich, zufolge der Angaben der Sonnen- und Mondtafeln, für die Zeit der Finsterniß ihre verhältnißmäßige Größe und ihr Weg über die Oberfläche der Erde finden.

485. Da die Ebenen der Bahn des Mondes und der Ecliptik sich um mehr als 5 Grad gegen einander neigen, so können nur diejenigen Neumonde, welche gerade im ☊ oder ☋ einfallen, oder bei welchen der Theil der Mondbahn in mn genau durch die Zusammenkunftslinie TS in L geht, eine centrale Sonnenfinsterniß von der größesten Dauer in r verursachen; denn alsdann läuft der Halbschatten mitten über die Oberfläche der Erde. Je größer aber der Abstand des Neumondes von jener Linie nach Norden und Süden, oder die Breite desselben ist, desto geringer ist der Theil vom Halbschatten, der an der Nord- oder Südseite auf die Erde fällt. Wenn die Mondsbreite in der ☌ dem Unterschied der horizont. Parallaxe des Mondes und der Sonne gleich ist, so berührt der Mittel-

punkt vom Halbschatten nur den Rand der Erde, und dann hört die Möglichkeit auf, daß eine centrale Finsterniß irgendwo auf der Erde sich zeigen kann; wenn aber diese Breite jenen Unterschied + Halbmesser ☾ + Halbmesser ☉ übersteigt, so fällt der Halbschatten gänzlich außerhalb der Erde, und es ist gar keine Finsterniß möglich. Bei dem ungleichen Lauf des Mondes lassen sich die Gränzen, innerhalb welchen eine Erdfinsterniß entweder wahrscheinlich oder gewiß geschieht, auf 21 und 15 Grad Abstand des Neumondes vom Knoten festsetzen, woraus abzunehmen ist, daß Erdfinsternisse häufiger vorfallen als Mondfinsternisse.

486. Eine zweite Ursache, warum nicht alle Neumonde Sonnenfinsternisse mit sich bringen, ist, weil der Mond nicht immer in dem nemlichen Punkte des Thierkreises mit der Sonne zusammen kömmt oder neu wird. Er kann z. B. in einer ☌ 30° östlich, und also zu weit vom Knoten entfernt seyn, mit dem er bei der zunächst vorhergehenden genau zusammentraf, und eine centrale Sonnenfinsterniß verursachte. Wiewohl auch oft zwei Neumonde nach einander partiale Erdfinsternisse mitbringen, weil nemlich der erste so viel westlich, und der andere östlich vom Knoten fallen kann, daß die Summe jene Gränzen nicht überschreitet, welches bei Vollmonden nicht statt findet. Da ferner die Knoten gegen Westen zurückweichen, so fallen auch die Sonnenfinsternisse daher nach und nach in mehr westlichen Punkten des Thierkreises.

487. Die zur Berechnung einer Erdfinsterniß, sowohl nach ihrer allgemeinen Erscheinung für die ganze Erde als für einen einzelnen Ort, nöthigen Stücke, werden aus den Sonnen- und Mondtafeln genommen. Man kann, wie oben bei den Mondfinsternissen, vorläufig nach leichten Regeln wissen, in welchem Monat ein Neumond, bei dem nach den vorigen Angaben eine Erdfinsterniß möglich ist, einfällt. Alsdann sucht man aus jenen Tafeln: Die genaue Zeit der wahren ☌ nach der Uhr des Orts der Beobachtung, da nemlich die Länge des Mondes auf die Ecliptik reducirt mit der

Länge der Sonne genau übereinstimmt; und ferner für diesen Zeitpunkt: Die Breite des Mondes und deren stündliche Veränderung, stündliche Bewegung, Halbmesser und Parallaxe des Mondes und der Sonne rc. Aus diesen und andern erforderlichen Angaben läßt sich alsdann der Anfang, das Mittel und Ende, die Größe rc. einer Sonnenfinsterniß für einen gegebenen Ort trigonometrisch berechnen; allein dieses Unternehmen wird, wegen der Parallaxe des Mondes, weitläuftig. Man kann aber auch, vermittelst eines Entwurfs der Erdfläche zur Zeit des Neumondes, zufolge der vorhin beigebrachten Gründen, die Wirkung der Parallaxe, und damit die ganze Erscheinung einer Sonnenfinsterniß für einen jeden gegebenen Ort mechanisch bestimmen. Zugleich ergiebt sich nach einer solchen Zeichnung und mit Beihülfe einer Erdkugel, was der wahre oder Halbschatten des Mondes über die Erdoberfläche für einen Weg nimmt, in welchen Ländern folglich die Sonnenfinsterniß sichtbar fällt rc. Ich habe das ganze Verfahren in meiner Erläuterung rc. Zweiten Bandes Seite 146 — 163 auseinander gesetzt.

488. Es sey fig. 45. DE die Ecliptik in ihrer Lage am westlichen Himmel zur Zeit einer Sonnenfinsterniß für einen gewissen Ort; in C die Sonne; Cn ein Breitenkreis, und PS der durch die Sonne gehende Meridian. Der Neumond erscheint in n um IV U. 30′, und seine Breite sey nördlich und = Cn; die stündliche Bewegung des Mondes von der Sonne, und die stündliche Zunahme der Breite sey bekannt: so läßt sich die wahre, oder aus dem Mittelpunkt der Erde gesehene, in Ansehung der Sonne relative Mondbahn AB ziehen, und wo der Mond z. B. von Stunde zu Stunde auf derselben steht, bemerken. HL ist ein um IV Uhr 30′ durch den Mittelpunkt der ☉ gehender Verticalkreis. Hätte nun der Mond keine Parallaxe, so würde hier sein Mittelpunkt dem nordlichen Sonnenrande vorbeigehen, und er einen nordlichen Theil der Sonne bedecken. So aber wird er um die Größe seiner Höhenparallaxe in einem jeden Verticalkreis niedriger ge-

sehen. Man ziehe daher von dem Punkt der Mondbahn IV Uhr, 30′, eine Verticallinie parallel mit HL herunter, und von V. 30 eine andere; so wie von VI Uhr 30′ eine dritte senkrechte Linie mit HL parallel herunter.

489. Die Höhenparallaxe des Mondes für eine jede dieser drei Zeitmomente kann aus dem allgemeinen Entwurf, oder einer Rechnung bekannt seyn. Man trägt also solche von der wahren Mondbahn in den gezogenen Verticallinien unterwärts, so ergeben sich drei scheinbare Oerter des Mondes, und durch diese läßt sich diejenige Bahn, in welcher der Mond für den Ort der Beobachtung der Sonne vorbei zu gehen scheint, nemlich LM, ziehen. Ist nun der scheinbare Mittelpunkt des Mondes in a, so fängt sein östlicher Rand an die Sonne bei r zu berühren, und macht den Anfang der Sonnenfinsterniß. In m ist die nächste scheinbare ☌ und zugleich die größte Verfinsterung. Kömmt endlich der Mittelpunkt nach b, so verläßt der westliche Rand des Mondes den östlichen Sonnenrand bei t, womit sich die Finsterniß endigt. Nun ist z. B. alsdann b der scheinbare Ort des Mondes; in d steht er zu gleicher Zeit in seiner wahren Bahn, aus dem Mittelpunkt der Erde beobachtet; cE ist seine wahre Entfernung von der Sonne in der Länge, Ed seine wahre Breite nördlich; ce aber ist sein scheinbarer Abstand von der Sonne, und eb seine scheinbare Breite südlich. Folglich verursacht hier die Höhenparallaxe db eine Parallaxe in der Länge = eE, und in der Breite = Ed + eb.

490. Die Sonnenfinsternisse können weit sicherer, wie die Mondfinsternisse, zur Erfindung der geographischen Länge oder des Meridians zweier Oerter dienen. Sie erfordern aber eine weitläuftige Berechnung wegen der Wirkung der Mondparallaxe, um nemlich z. B. die an beiden Oertern beobachtete scheinbare Berührung der Sonnen- und Mondränder beim Anfang und Ende der Finsterniß auf eine aus dem Mittelpunkt der Erde gesehene, folglich wahre, zu reduciren: denn nachdem dies geschehen, läßt sich erst auf den Unterschied der Meridiane schließen. S. den Abschnitt von der Schiffahrt.

491. Sonnenfinsternisse fallen häufiger als Mondfinsternisse vor, sind aber für einzelne Oerter seltener als die letztern, weil der Mondschatten, auch wenn er mitten über die Erdoberfläche fortläuft, doch nur einen Theil derselben bedecken kann. Der wahre Schatten des Mondes kömmt bei den wenigsten Sonnenfinsternissen zur Erde herab, und seine Breite kann auch aufs höchste nur einige 30 Meilen austragen: daher sind totale und centrale Sonnenfinsternisse für einen bestimmten Beobachtungsort äußerst seltene Himmelsbegebenheiten, so wie genaue ringförmige, folglich auch zugleich centrale, in dem bei letztern gerade der Mittelpunkt des Mondhalbschattens denselben treffen muß.

492. Die Anzahl der Sonnen- und Mondfinsternisse in einem Jahr kann auf 7 gehen, und dann treffen sie im Januar, Juli und December ein. Es müssen jährlich wenigstens zwei Sonnenfinsternisse einfallen, weil die Sonne nach 6 Monaten in die Nachbarschaft der ☊ oder ☋ des Mondes kömmt. Je größer die Sonnenfinsternisse in einem Jahre sind (aus dem Mittelpunkt der Erde betrachtet), desto kleiner werden die Mondfinsternisse. Neumonde, welche vor und nach einer totalen Mondfinsterniß vorfallen, bringen gemeiniglich Sonnenfinsternisse mit. Wenn aber ein Neumond gerade im ☊ oder ☋ eintritt, so ist der zunächst vorhergehende Vollmond noch zu weit vor dem Knoten, und der nachher folgende demselben schon zu weit vorbei, um verfinstert zu werden: und daher kann in einem solchen Jahre, worin zwei centrale Sonnenfinsternisse eintreffen, keine Mondfinsterniß entstehen *). Da 12 Neu- und Vollmonde in 354 Tagen eintreffen, so zeigen sich Finsternisse, welche in diesem Jahre ansehnlich gewesen sind, im künftigen um 11 Tage früher, wiewohl mit einer veränderlichen Größe, indem die Mondknoten jährlich um 19° zurückgehen. Nach 18 Jahren und 11 Tagen sind 223 Neumonde; und da indeß die Mondknoten beinahe den ganzen Himmel herumkommen, so kehren die Finsternisse

*) Alles dies zeigt Lamberts ecliptische Tafel durch den Augenschein.

im 19ten Jahre wieder. Eben dieses geschieht auch mit immer mehr Genauigkeit nach Verlauf von 358, 3445 ꝛc. Neumonden *).

493. Da der Mond der Erde am nächsten ist, so kann er auch, außer der Sonne, alle Planeten und diejenigen Fixsterne, bei welchen er monatlich im Thierkreise vorbeigeht, bedecken oder sich zwischen denselben und unsern Augen stellen. Diese Himmelsbegebenheiten sind wegen der Parallaxe des Mondes gleichfalls nicht überall, sondern nur da auf der Erde sichtbar, wo Linien aus dem Stern und mit derselben parallel durch den Mond gezogen, ihre Oberfläche treffen, und die Bedeckung zeigt sich zur Zeit der ☌ des ☾ und Sterns auf einmal in einem Kreise, der dem Durchmesser des Mondes gleich ist.

494. Die Erde dreht sich gegen Osten, und der Mond kömmt von Westen her, demnach sind Bedeckungen der Sterne vom Mond gleichfalls den westlichen Ländern früher als den östlichen sichtbar, und Oerter, die beim Aufgang oder Untergang des Mondes den Stern ein- oder austreten sehen, bemerken die Erscheinung zuerst und zuletzt. Wenn der Mond einen Fixstern oder Planeten, mit dem er in ☌ eine gleiche Länge erhält, irgend auf der Erde bedecken soll, so muß der Unterschied seiner Breite, und der Breite des Sterns die Summe der jedesmaligen Horizontalparallaxe und Halbmesser des Mondes nicht übersteigen. Nun kann z. B. im Perigäo erstere auf 61½ Min., und letzterer auf 16¾ Min., also die Summe von beiden auf 1° 18¼′, gehen.

495. Die größte Breite des Mondes beträgt 5° 18′, hiezu obige 1° 18¼′ addirt, geben 6° 36¼′ als die größte Breite, die ein Stern haben kann, um bei jener Mondsbreite da, wo der Mond im Horizont gesehen wird, noch vom Mondrand getroffen zu werden; demnach liegen alle Sterne, die der Mond bedecken kann, zu beiden Seiten

---

*) In meinen astron. Jahrbüchern werden die Finsternisse eines jeden Jahres, sowohl im allgemeinen für die ganze Erde als besonders für Berlin vollständig beschrieben.

der Ecliptik bis auf 6° $36\frac{1}{4}'$, folglich in einer 13° $12\frac{1}{2}'$ breiten Zone. Wenn man nur die Sterne bis zur fünften Größe rechnet, so kommen in den Sternenverzeichnissen etwa 180 Sterne vor, deren Breite 6° $36\frac{1}{4}'$ nicht übersteigt. Rechnet man beiläufig, so können von dieser Summe monatlich etwa 36 bedeckt werden, weil der Mond jedesmal, von der ganzen Erdfläche betrachtet, einen Streifen von 2° 36′, = 2. horizontalen Parallaxe und Halbmesser ☾ oder den 5ten Theil der Breite jener Zone einzunehmen scheint. Für einen einzelnen Ort aber muß statt 2° 36′ nur der Durchmesser des Mondes selbst = höchstens $33\frac{1}{2}$ Minuten genommen werden, und so finden sich durch $\frac{36 \cdot 33\frac{1}{2}'}{156'}$ nur 7 bis 8 Sterne, die in Zeit von einem Monat bedeckt erscheinen können. Nimmt man noch hinzu, daß die Bedeckungen der Sterne vierter und fünfter Größe vom Mond nicht anders sichtbar sind, als wenn der Mond zur Zeit der ☌ mit denselben wenig Licht hat, so ergiebt sich, daß diese Himmelsbegebenheiten wirklich nicht so häufig vorfallen, als man Anfangs glauben möchte.

496. Behielte die Mondbahn eine unveränderliche Lage im Thierkreise, so würden nur alle weniger als 1° 18′ nord- und südwärts von ihr entfernte Sterne bei einem jeden Umlauf vom Mond bedeckt erscheinen. In der Gegend der Mondknoten wäre dann 1° 18′ die größte Breite, aber 90° vom ☊ oder ☋, da wo die Mondbahn selbst 5° 18′ von der Ecliptik liegt, ginge diese Breite auf 5° 18′ + 1° 18′ = 6° 36, und so würden sich die Bedeckungen der Fixsterne vom Mond noch seltener, als obiger beiläufiger Ueberschlag angiebt, einstellen. Da aber die Mondknoten, und folglich auch die Punkte der größten Mondsbreiten in etwa 19 Jahren rückwärts, oder von Osten gegen Westen, jene in dem Kreise der Ecliptik, und diese in dem 6° 36′ nord- und südwärts davon gelegenen Parallelkreise herumkommen, so ist die Lage der Mondbahn in dieser Zwischenzeit periodisch veränderlich, und es können mittlerweile alle Sterne des Thierkreises bis zu 6° 36′ Breite nach und nach vom Monde getroffen werden.

497. Die allgemeinen Umstände der Bedeckung eines Fixsterns oder Planeten vom Mond, lassen sich auf eine ähnliche Art, zufolge der aus astronomischen Tafeln bekannten Stücke, wie bei den Erdfinsternissen durch eine Zeichnung oder Berechnung finden. Sie kann eben sowohl wie jene, zur Erfindung und Berichtigung des Meridianunterschiedes der Oerter, wo sie bemerkt werden, dienen, wenn man dabei die Berechnungen unternimmt, welche die Mondparallaxe nothwendig macht, um den scheinbaren Ein- und Austritt auf den wahren zu reduciren, und haben noch den Vorzug, daß sie weit öfterer vorfallen *). Der Ein- und Austritt der Planeten, wie auch der Sterne erster und zweiter Größe ist, wenn der Mond wenig Licht hat, mit bloßen Augen zu erkennen. Unterdessen werden dergleichen Beobachtungen überall mit Fernröhren angestellt. Wenn der Mond über halb erleuchtet ist, so macht er durch seinen Schein einen nahe bei ihm stehenden kleinen Fixstern unkenntlich, und es hält schwer, dessen Ein- und Austritt, auch mit bewaffneten Augen, genau zu bemerken. Die Planeten gebrauchen verschiedene Secunden Zeit, um hinter den Mond zu kommen oder hervorzutreten; allein selbst Fixsterne erster Größe, wegen ihres ganz unmerklichen Durchmessers, nicht eine einzige Sec.

498. **Centrale Bedeckungen der Fixsterne und Planeten vom Monde** sind nur da sichtbar, wo bei der ☌ die auf der Oberfläche entworfene Mondbahn geht. Zu beiden Seiten derselben, in einer Entfernung, die etwa dem Halbmesser des Mondes gleich ist, wird die Bedeckung, obgleich von verschiedener Dauer, bemerkt. Außerhalb dieser Gränze aber geht der Mond dem Stern in einer größern oder geringern Weite nord- und südwärts vorbei: und daher geschehen nahe Zusammenkünfte des Mondes mit Fixsternen oder Planeten für einen bestimmten Ort häufiger, als wirkliche Bedeckungen. Ihre Er-

*) In meinen astron. Jahrbüchern werden verschiedene, in unsern Gegenden von Europa vorfallende Bedeckung der Fixsterne und Planeten im Mond jährlich im voraus angekündigt.

scheinungen (wenn die Möglichkeit derselben aus dem Unterschiede der Breite des Mondes und des Sterns nach den obigen Regeln sich ergiebt), die scheinbare Bahn, in welcher der Mond dem Stern vorbeigeht und andere Umstände, werden, wenn die dazu nöthigen Stücke aus den astronomischen Tafeln genommen worden, wie bei den Sonnenfinsternissen gefunden. Die Astronomen können auch diese Himmelsbegebenheiten, besonders zur Erfindung der Meereslänge, mit Nutzen beobachten, wenn sie, während dem Vorübergang des Mondes bei einem Stern, von Zeit zu Zeit den Abstand des letztern vom nächsten Mondrand oder den kenntlichsten Mondflecken messen.

499. Die Zusammenkunft zweier Planeten an einem Ort des Himmels, von der Erde aus betrachtet, setzt nur voraus, daß beide eine gleiche geocentrische Länge haben, und dieses wird alle Jahr verschiedemal zu beobachten seyn. Merkur und Venus laufen über 4 und 1½mal ihre Bahnen durch, ehe die Erde einmal herum kommt, und legen oft mehr als den ganzen Thierkreis in einem Jahr zurück. Sie können daher für uns einigemal unter sich zusammenkommen, und auch den obern Planeten inzwischen zu begegnen scheinen. Aus der Sonne betrachtet, sind sie allemal nach etwa 145 Tagen beisammen. Von einer Zusammenkunft des Saturns und des Uranus zur nächstfolgenden, verfließen hingegen 45 Jahr 200 Tage; des Jupiters und Saturns 19 Jahr 311 Tage; des Mars und Saturns 2 Jahr 3 Tage; des Mars und Jupiters 2 Jahr 86 Tage *). Diese Zusammenkünfte werden nun auch in einer etwas kürzern oder längern Zeit von der Erde aus bemerkt. Nur in solchen Jahren, in welchen zwei obere Planeten in der Gegend ihres Gegenscheins mit der Sonne an einem Ort des Thierkreises erscheinen, können selbige, während einigen Monaten, mehrmal zusammenkommen.

500. Wie nahe aber bei einer Zusammenkunft zweier

---

*) Dies ergiebt sich aus dem Produkt der Umlaufszeiten von beiden, durch ihre Differenz dividirt.

Planeten der eine dem andern vorbeigeht, dies hängt von dem größern oder geringern Unterschiede ihrer geocentrischen Breite ab. Aus der Sonne betrachtet, fällt der ☊ aller Bahnen der sieben ältern Planeten zwischen dem 16°. ♉ und 22° ♋, also auf einen Bogen der Ecliptik von 66 Grad, und folglich der ☋ zwischen 16° ♏ und 22° ♑, so daß die Knoten des ☿ und ♄ diese Gränzen einnehmen. Demnach haben zwei Planeten, wenn sie, von der Erde aus betrachtet, an einem Ort zu stehen scheinen, die mehreste Zeit beide eine nordliche oder südliche Breite, wodurch nahe Zusammenkünfte befördert werden. Dies trifft beim Mars, Jupiter, Saturn und Uran fast allemal zu; allein Merkur und Venus müssen bei ihren geocentrischen Zusammenkünften beide zugleich entweder diesseits oder jenseits der Sonne stehen. Für eine wirkliche Bedeckung zweier Planeten ist die Möglichkeit äußerst eingeschränkt.

501. Zusammenkünfte der Planeten mit Fixsternen geschehen sehr häufig. Uranus und Jupiter haben allemal in den Zeichen ♋ ♌ ♍ ♎ ♏ ♐ eine nordliche, hingegen in ♑ ♒ ♓ ♈ ♉ und ♊ eine südliche geocentrische Breite. Saturn hat in ♌ ♍ ♎ ♏ ♐ ♑ eine nordliche, und in ♒ ♓ ♈ ♉ ♊ ♋ eine südliche Breite. Mars läuft in ♊ ♋ ♌ ♍ ♎ ♏ nordlich, und im ♐ ♑ ♒ ♓ ♈ ♉ südlich von der Ecliptik; so wie Venus, wenn sie einige Monate vor und nach ihrer obern ☌ mit der Sonne in jenen Zeichen gesehen wird. Einige Zeit vor und nach ihrer untern ☌ mit der Sonne aber hat Venus in den erstern Zeichen gemeiniglich eine südliche, und in den letztern eine nordliche Breite. Merkur kommt wenig zu Gesicht. Aus Himmelscharten oder einem Globus ergiebt sich hieraus, und mit Bemerkung der im §. 313. angegebenen größten geocentrischen Breite, welchen Sternen diese Planeten nahe vorbeigehen können. Wirkliche Bedeckungen der Fixsterne von den Planeten sind seltene Erscheinungen, weil diese wegen der äußerst geringen scheinbaren Durchmesser beider Arten Himmelskörper erfordern, daß der Unterschied ihrer geocentri-

schen Breite entweder völlig 0 sey, oder nur einige Secunden betrage.

502. Wenn **Merkur** und **Venus** zur Zeit ihrer untern ☌ mit der Sonne zugleich in die Nachbarschaft ihrer Knoten kommen, und ihre geocentrische Breite den Halbmesser der Sonne nicht übersteigt, so zeigen sie sich als dunkle runde Flecken auf der Sonne, und rücken in einigen Stunden von Osten gegen Westen über die Sonnenscheibe. Merkur bedeckt alsdann etwa den 150sten, und Venus den 30sten Theil vom Durchmesser der Sonne. Vor Erfindung der Fernröhre, und ehe die Astronomen an die Möglichkeit dieser Erscheinungen dachten, ist Merkur so wenig als Venus vor der Sonne beobachtet worden. Diese Durchgänge, besonders die von der Venus, geschehen äußerst selten, und sind zugleich wichtig und merkwürdig, weil sie die beste Gelegenheit darbieten, die Theorie der Laufbahnen dieser beiden untern Planeten zu berichtigen, und vornemlich, weil ein beobachteter Durchgang der Venus auf die genaueste Erfindung der Sonnenparallaxe führt (§. 406).

503. Der ☊ des Merkurs fällt, aus der Sonne betrachtet, im 16° ♉, und folglich der ☋ in 16° ♏. Da wir nun die Sonne in der Nachbarschaft dieser Punkte den 6ten May und 8ten November sehen, so ist nur um diese Zeit ein Durchgang des Merkurs möglich, und er geschieht wirklich, wenn Merkur alsdann zugleich in seiner untern ☌ mit der Sonne, und heliocentrisch nicht über $3\frac{1}{2}$ Grad von einem seiner Knoten entfernt ist. Diese zwei Bedingungen treffen aber nur bei wenigen untern Zusammenkünften zu. Merkur steht zwar alle 116 Tage mit der Sonne in der untern ☌ (§. 298.); allein dies geschieht die mehreste Zeit in ganz andern Punkten des Thierkreises, und er ist daher nicht allemal zugleich in der erforderlichen Nähe bei seinem Knoten. Die periodische Wiederkehr solcher Zusammenkünfte, die Durchgänge mitbringen, trifft sich gemeiniglich erst nach 6 Jahr 9 Tage beim ☊ oder 13 Jahr 3 Tage beim ☋. Daher hat Merkur vom Jahr 1631 bis zum Jahr 1789 nur 22mal, nach der Berech-

nung,

nung, vor der Sonne erscheinen können, und zwar 16mal im November beim ☊, und 6mal im May beim ☋ *).

504. Der ☊ der Venus fällt, von der Sonne aus betrachtet, im 14° ♊, und der ☋ im 14° ♐. In dem erstern sehen wir die Sonne am 4ten Jun. und im letztern am 5ten December. Demnach können sich nur um diese Zeit Durchgänge der Venus einstellen, und zu ihrer Möglichkeit werden die Bedingungen erfordert, daß Venus in dieser Gegend in der untern Zusammenkunft mit der Sonne, und auch zugleich heliocentrisch nicht über 1° 49′ von ihrem nächsten Knoten entfernt sey. Beides trifft aber ungemein selten zu. Die Venus kommt zwar alle 584 Tage in die untere ☌ mit der Sonne (§. 298), und vollendet in 8 Jahren weniger 2 Tagen genau 5mal diesen synodischen Umlauf; allein sie ist nicht allemal zugleich in der Nachbarschaft ihrer Knoten. Gesetzt, Venus komme in diesem Jahre mit der Sonne im Anfang des Juni gleich nach dem ☋ zusammen, und gehe folglich am südlichen Theil der Sonnenscheibe vorüber, so wird sie diesemnach über 8 Jahr im Jun. zwei Tage früher in der untern ☌ mit der Sonne vor dem ☋ seyn, und alsdann nach der Rechnung 19½ Min. nordlicher erscheinen, folglich sind hier zwei Durchgänge in 8 Jahren möglich (weil der Durchmesser der Sonne über 31 Min. austrägt). Wenn dann nach 8 Jahren weniger 2 Tagen die Venus abermal in der Gegend des ☋ bei der Sonne erscheint, so wird sie noch 19½ Min. mehr nordlich stehen, und also nordwärts außerhalb der Sonnenscheibe vorbeigehen. Eben dies wird mit einer zunehmenden Entfernung alle 8 Jahr geschehen, und gemeiniglich erst nach 235 Jahren wird wieder ein Vorübergang bei diesem Knoten möglich, obgleich inzwischen einer oder zwei bei dem gegenüberstehenden oder aufsteigenden Knoten im December vorgefallen seyn können,

*) Im gegenwärtigen 19ten Jahrhundert wird Merkur 13 mal vor der Sonne erscheinen, nemlich 4 mal im May und 9 mal im Nov. der nächste Durchgang erfolgt 1832 den 5ten May.

weil auch hiebey die vorigen Perioden mit einiger Veränderung statt finden.

505. **Kepler** kündigte zuerst Anno 1627 nach seinen Tafeln zwei Durchgänge der Venus in den Jahren 1631 und 1761 an; ersterer erfolgte aber nicht. Hingegen erschien Venus den 4 Dec. 1639 wirklich vor der Sonnenscheibe, und dieser Durchgang wurde bloß von **Horoccius** in England erwartet und beobachtet. Der zweite Durchgang ist 1761 den 6ten Jun. erfolgt, und die Astronomen waren lange im voraus durch **Halley** auf die wichtigen Vortheile welche die genauen Beobachtungen dieser seltenen Erscheinung der Sternkunde leistet, aufmerksam gemacht. Der dritte Durchgang traf 1769 am 3ten Juni ein, und wurde nicht weniger, wie jener, der Sternkunde vortheilhaft wahrgenommen. Die beiden nächsten Durchgänge werden sich erst ereignen im Jahr 1874 den 9ten December, und 1882 den 6ten December.

506. Die **Berechnung** eines Durchganges der **Venus** oder des **Merkurs** wird aus den Sonnen- und Planetentafeln vorgenommen. Man sucht **die Zeit der wahren ☌ des Planeten mit der Sonne in der Ecliptik und seine geocentrische Breite; die Zeit des Mittels und die nächste ☌ der Mittelpunkte; den Ein- und Austritt, alles für den Mittelpunkt der Erde:** woraus sich nachher das, was die Parallaxe der Sonne und der Venus an der Erscheinung, aus irgend einem Punkt der Erdoberfläche betrachtet, verändert, finden läßt.

507. Nun sey fig. 45. S der Mittelpunkt der Sonne, C der Erde, fe ein Theil der Venusbahn in der Nähe ihres ☊ oder ☋ bei den Durchgängen; so muß Venus, aus C betrachtet, vor der Sonnenscheibe vorübergehn, mittlerweile dieselbe sr zurücklegt. Kommt sie in S, so berührt sie den östlichen Rand der Sonne bei K, bei v ist sie mitten auf ihrem Wege und zeigt sich bei S, und langt sie in r an: so verläßt sie bei L den westlichen Rand der Sonne. Nun bewegt sich alsdann Erde und Venus nach einer gleichen Richtung (wie die Pfeile zeigen).

Der Unterschied beider Bewegungen giebt also die relative Geschwindigkeit, mit welcher die Venus den Bogen s r zurücklegt, folglich die Zeit, welche sie dazu anwendet, aus dem Mittelpunkt der Erde gesehen.

508. Nun dreht sich die Erde nach der Richtung d b a c um ihre Axe; b c und a d sind zwei Meridiane, welche da, wo sie sich durchschneiden, den Nordpol bezeichnen, der im Jun. gegen die Sonne gekehrt ist. Für einen Beobachter in u tritt Venus erst, wenn sie in g steht bei K in die Sonne; und wenn dieser durch die Umwälzung der Erde mit einer dem Lauf der ♀ entgegenstehenden Richtung bis in o geführt wird, schon in i bei L wieder aus derselben. Die Dauer des Durchganges ist also für ihn kürzer, als aus dem Mittelpunkt der Erde gesehen. Ein anderer Ort m liege nun an der in Ansehung der Sonne gegenüberstehenden Seite des Pols, und dieser wird, durch die Umdrehung der Erde, mit dem Lauf der Venus in gleicher Richtung von m nach n geführt. Dieser sieht kurz vor ☉Untergang in m schon die ♀, wenn sie in f ist, bei K vor die Sonne treten, und bald nach ☉Aufgang in n erst, da ♀ in e steht, wieder bei L austreten, so daß für ihn die Dauer des Durchganges länger ist, als aus dem Mittelpunkt der Erde. Die genaue Beobachtung der verschiedenen Dauer des Vorüberganges der Venus an solchen Oertern, wie u und m, verglichen mit dem was die astronomischen Tafeln oder wirkliche Berechnungen für den Mittelpunkt der Erde geben, führen zur Bestimmung des Unterschiedes der horizontalen Parallaxe der Venus und Sonne, woraus sich, zufolge beider verhältnißmäßigen Entfernungen, die Parallaxe der Sonne selbst finden läßt *).

---

*) S. Röhls Merkwürdigkeiten von den Durchgängen der Venus (Greifsw. 1768), und meine Abhandlung vom Durchgang der Venus 1769, (Hamburg 1769).

Zehnter Abschnitt.

Von den Kometen, ihrer Gestalt, Anzahl, scheinbaren und wahren Bewegungen, Lauf der bisher bekannten; Austheilung und Bestimmung.

509.

Diese Himmelskörper erscheinen nur von Zeit zu Zeit und unerwartet. Sie haben gemeiniglich ein blasses Licht, eine runde planetenähnliche Gestalt, sind aber in einem neblichten Lichtschimmer eingehüllt, viele haben einen blassen, andere einen glänzenden Schweif, der sich oft durch eine große Weite des Himmels erstreckt. Sie durchlaufen während ihrer Sichtbarkeit eine größere oder geringere Strecke am Firmament nach allen möglichen Richtungen mit sehr verschiedentlicher Geschwindigkeit. Man sieht sie oft schon durch Fernröhre, ehe sie den bloßen Augen sichtbar werden, oder sie zeigen sich noch dadurch eine Zeitlang, wenn unbewaffnete Augen keine Spur mehr von ihnen bemerken.

510. Die Kometen laufen um die Sonne in nunmehr bekannten regelmäßigen aber sehr langen elliptischen Bahnen. Sie haben ihr Licht, wenigstens zum Theil, von der Sonne, denn sie erscheinen, durch Fernröhre betrachtet, gewöhnlich nach der Seite der Sonne hin etwas heller. Einige sollen sich auch zufolge ihrer Stellung gegen Erde und Sonne nur zum Theil erleuchtet gezeigt haben. Sie sind beständige Weltkörper, dies schließt man aus ihrem den Planeten ähnlichen Lauf, ferner, weil wirklich unter ihrer großen Menge schon einige wenige wiedergekehrt sind.

511. Lubiniezki, Hevel und andere, haben Verzeichnisse von mehr als 400 in den Geschichtsbüchern angemerkten Kometen, welche vom 23sten Jahrhundert vor, bis zur Mitte des 16ten Jahrhunderts nach Christi Geburt erschienen seyn sollen, mit allen diesen Weltkörpern ehemals angedichteten Unglückshistorien geliefert, worunter man aber nur den der Sonne und Erde zunächst liegenden

Theil der Bahnen von 10 Kometen berechnen können *). Da man jetzt den gestirnten Himmel mit besonders dazu eingerichteten Fernröhren **) oft durchzumustern Veranlassung findet, so werden zufälligerweise auch die beständig mit bewaffneten Augen oft nur als schwache Nebelflecke kenntlichen Kometen entdeckt und beobachtet, und daher hat sich die Anzahl der erschienenen Kometen in den letztern Jahren ungemein vermehrt ***).

512. Die Philosophen der pythagorischen Schule haben sich bereits sehr richtige Vorstellungen von den Kometen gemacht, und schon Seneca hat uns merkwürdige Gedanken über diese Himmelskörper hinterlassen. Desto sonderbarer aber ist es, daß sich noch bis zu Anfang des vorigen Jahrhunderts, die ungegründetsten Erklärungen über die Natur derselben bei den berühmtesten Astronomen und Naturforschern erhalten haben. Aristoteles, Ptolemeus, Tycho, Kepler, Galiläus, Hevel und andere, sahen die Kometen für Ausdünstungen unserer Atmosphäre oder der andern Planeten, für neu entstandene Weltkörper ꝛc. an. Tycho bemerkte nachher, daß sie eigene Bahnen im Sonnensystem beschreiben, weiter wie der Mond von uns stehen müssen, und folglich keine Lufterscheinungen seyn können, wiewohl er über die eigentliche Gestalt dieser Bahnen, so wie Kepler, Galiläus, der ältere Cassini und andere, eine unrichtige Meinung hegte. Hevel nahm schon an, daß die Kometen, welche er für irdische Theile aus andern Planeten hielte, aus denselben nach einem gegen die Sonne sich krümmenden parabolischen Bogen im Weltraum fortgeworfen würden. Dörfel, ein Landgeistlicher in Sachsen, fand zuerst im Jahre 1681, daß man

*) S. dies Kometenverzeichniß im 1sten Bande der Berliner Sammlung astronomischen Tafeln, Seite 23 bis 34. Die Alten haben aber auch oft Luftmeteore, Nordlichter, Feuerkugeln ꝛc. für Kometen angesehen.

**) Die man auch deshalb Kometensucher nennt.

***) Meßier und Mechain in Paris haben besonders das Glück gehabt, in 33 Jahren durch fleißiges Nachsuchen allein gegen zwanzig Kometen durch Fernröhre zu entdecken.

voraussetzen könne, die Kometen beschreiben, so lange sie uns sichtbar sind, parabolische Bahnen, in deren Brennpunkt die Sonne liegt. Diese Theorie wurde nachher von Newton bewiesen und allgemein als richtig erkannt.

513. Die scheinbare Bahn eines Kometen ist diejenige, welche derselbe während seiner Sichtbarkeit am Firmament zurücklegt, sie ist die mehreste Zeit, zumal wenn sie sich durch viele Gestirne fortzieht und der Komet sich lange zeigt, gekrümmt, oder weicht von der Lage eines größten Kreises der Himmelskugel merklich ab. Die Kometen laufen unter jeder Richtung durch alle Gestirne. Dieser geocentrische Lauf wird oft sehr ungleich; auch kann ein Komet bei seiner Wiederkehr ganz anders wie das vorige mal am Himmel fortrücken, und in andern Sternbildern erscheinen. Die Kometen sind gewöhnlich nur einige Monate sichtbar.

514. Die wahre Bahn eines Kometen hingegen ist diejenige, in welcher er seinen Umlauf um die Sonne in rück= und vorwärts gehender Richtung vollführt. Sie wird aus der beobachteten scheinbaren berechnet, und dabei die Bewegung der Erde um die Sonne vorausgesetzt, denn erst hierbei ergiebt sich ihre regelmäßige Gestalt. Sie ist eine sehr excentrische Ellipse, die sich gewöhnlich von der Sonne bis weit über alle uns bekannten Planetenbahnen hinaus erstreckt, und in deren einem an der gegen uns gekehrten Seite befindlichen Brennpunkt die Sonne liegt. Je näher die Kometen in ihrem Periphelio der Sonne kommen, desto schmäler oder länglichter sind ihre elliptische Laufbahnen. Sie neigen sich unter allen möglichen Winkeln gegen die Ebene der Erdbahn. Die Dauer des periodischen Umlaufs der Kometen um die Sonne muß bei den mehresten auf Jahrhunderte gehen.

515. In solchen elliptischen Bahnen, wie fig. 47. zwei derselben in Ansehung des der Sonne am nächsten liegenden Theils vorstellt, kommen die Kometen aus weiten Fernen gegen die Sonne und in die Nachbarschaft der Erdbahn herab, und können uns, wenn sie gegen die Nachtseite der Erde stehen, und Licht und Größe genug haben,

sichtbar werden. Ihre Bewegung nimmt mit ihrer Annäherung gegen die Sonne zu; daher legen sie diesen untern Theil der Bahn verhältnißmäßig gegen den übrigen weit größern sehr geschwind zurück, und ihre Erscheinung am Himmel kann nicht lange dauern. Eben so nimmt bei den geschweiften Kometen die Länge ihrer Schweife, welche sich allemal der Sonne gerade gegenüber zu erstrecken pflegen, bei vielen zu, je näher sie der Sonne kommen. Es hängt aber von ihrer Stellung gegen Erde und Sonne ab, um den Schweif der ganzen Länge nach, oder nur zum Theil, oder gar nicht zu sehen.

516. In fig. 47. gehört die länglichste Bahn von beiden dem Komet, welcher im Herbst des Jahres 1769 sichtbar war. Er erreichte sein Perihelium innerhalb der Bahn des Merkurs, und kam der Sonne achtmal näher als die Erde. ☋ ☊ ist seine Knotenlinie, an welcher man sich die um 41 Grad neigende Bahn des Kometen auf die Ebene der Ecliptik (des Papiers) niedergelegt, vorstellen muß. Er wurde im Anfang des Augusts entdeckt, und ließ sich im August und September im ♉ ♊ ♋ sehen. Er lief mit einer südlichen zunehmenden Breite von Westen gegen Osten durch den Stier, Orion ꝛc., und war also rechtgängig. Der Schweif erstreckte sich westwärts. Die Erde rückte gerade gegen den vorüberziehenden Kometen, und beide kamen einander etwa um den 10ten September ziemlich nahe, daher der Komet sich um diese Zeit in seinem größten Ansehen zeigte. Seine scheinbare Bewegung war am schnellsten, und der Schweif erschien über 40° lang. Gegen Ende des Septembers wurde er in der Morgendämmerung unsichtbar und ging zur Sonne. Den 7ten October war er in seinem Perihelio. So wie sich der Komet nachher wieder an der Ostseite von der Sonne entfernte, zeigte er sich gegen Ende des Octobers des Abends am westlichen Himmel, wegen seiner großen Entfernung aber nur in einer geringen Größe, unter einer nordlichen Breite im Schlangenträger. Von seinem Schweif war, nunmehr linker Hand, wenig zu erkennen. Seine scheinbare Bewegung ging auch hier gegen Osten, aber äußerst

langsam. Er verlor sich endlich im November völlig aus dem Gesicht des Erdbewohners *). Die zweite Bahn gehört dem Kometen von 1773; er kam am 12ten September im Perihelio **).

517. Die Kometen bewegen sich in elliptischen Bahnen, und nicht in parabolischen, denn sonst würden sie niemals wieder zur Sonne zurückkehren, weil, die als Parabeln gezeichnete Kometenbahnen mit dem zunehmenden Abstand von der Sonne immer weiter aus einander gehen. Unterdessen, weil der zunächst um die Sonne herumliegende Theil der elliptischen Bahn nur klein im Verhältniß desjenigen ist, in welchem der Komet außerhalb dem Gesichtskreis der Erde fortläuft, und daher zugleich nicht merklich von der Gestalt einer Parabel abweicht, so nimmt man zur Erleichterung der Rechnung an, der Komet bewege sich wirklich, so weit wir dessen Lauf beobachten können, in einer parabolischen Krümmung um die Sonne, als ihren Brennpunkt, denn so läßt sich dieses Stück der Bahn aus der berechneten periheliſchen Entfernung des Kometen und einigen Abständen desselben von der Sonne finden. Wenn es aber, der Wahrheit gemäß, elliptisch verzeichnet werden sollte, so müßte man auch den Abstand des zweiten Brennpunkts in der Gegend der Sonnenferne wissen; allein hierzu muß die Wiederkehr des Kometen abgewartet werden, wozu sich aber bis jetzt wenig Gelegenheit gefunden ***).

518. Die Voraussetzung, daß alle Kometen in der Nähe der Sonne und Erdbahn, parabolische Bahnen beschreiben, die von sehr excentrischen Ellipsen wenig unter-

---

*) S. meine Abhandlung über diesen ersten von mir gesehenen Kometen, nebst dem Entwurf seiner wahren Laufbahn um die Sonne. 8. Hamb. 1769.

**) S. meine Erläuterung rc. 2ter Band Seite 234.

***) Eine Parabel ist ein Kegelschnitt, und entsteht, wenn ein geometrischer Kegel parallel mit einer Seite durchschnitten wird. Ihre Entwerfung und Eigenschaften lehrt die höhere Geometrie. Der Theil der Bahnen der beiden Kometen Fig. 47. ist parabolisch vorgestellt.

schieden sind, verschafft den besondern Vortheil beim Berechnen derselben, daß man, zufolge des Keplerschen Satzes, mit Beihülfe der höhern Geometrie, für eine gewisse angenommene Entfernung des Periheliums von der Sonne, die Geschwindigkeit bestimmen kann, mit welcher ein Komet, aus der Sonne betrachtet, vom Perihelio an einen Bogen von 90° zurücklegt, und alsdann hiernach, durch eine leichte Reduction, die Geschwindigkeit aller übrigen Kometen, deren Perihelien der Sonne näher oder davon entfernter liegen, findet.

519. Man hat nemlich aus den Gesetzen der Schwere und den Eigenschaften des Kreises und der Parabel gefunden, daß die Geschwindigkeit der Erde in einer vorausgesetzten Kreisbahn sich zur Geschwindigkeit eines Kometen in seinem angenommenen parabolischen Bogen bei einem der Erde gleichen Abstand von der Sonne verhalte wie 1 zur Quadratwurzel aus $2 = 1 : 1,414 = \frac{7}{5}$ beinahe. Oder die Geschwindigkeit des Kometen im Perihelio ist $\frac{7}{5}$ von der Geschwindigkeit der Erde. Da nun die Flächenräume oder Sectores der Bahnen in gleichen Zeiten beständig einander gleich bleiben, so muß sich das vorige Verhältniß derselben bei diesem Kometen und der Erde, in allen Entfernungen des erstern von der Sonne, erhalten. Man hat hiernach gefunden, daß ein Komet, dessen Abstand im Perihelio dem Halbmesser der Erdbahn gleich ist, 109,6 Tage braucht, um 90° Anomalie (die man bei den Kometen allemal vom Perihelio an rechnet) zurück zu legen.

520. Zur Berechnung des Orts eines Kometen für eine jede gegebene Zeit wird aber auch erfordert, daß man die Anzahl der seit dem Perihelio verflossenen Tage, die einem gewissen parabolischen Bogen, oder dessen Anomalie zukommen, wisse, wobei allemal vorausgesetzt wird, daß die Flächenräume den Zeiten proportional bleiben. Man findet mit Beihülfe des letztern Satzes, aus den Eigenschaften der Parabel und der vorhin bemerkten 109,6 Tage die Zeit, welche ein solcher Komet seit dem Perihelio bis zu einer gewissen gegebenen Anomalie anwendet. Oder

man hat im Gegentheil die Anomalie dieses vorausgesetzten Kometen an einem jeden Tage vor oder nach dem Perihelio berechnet, und in einer Tafel angesetzt.

521. Dieser Komet ist von den Astronomen zum Maaßstab der Geschwindigkeit aller übrigen angenommen worden, die in größern oder geringern Entfernungen ihr Perihelium erreichen. Die Kometen befolgen in ihrer Bewegung ein bei dem Planetenlauf vorkommendes ähnliches Gesetz, nemlich: Die Quadrate der Zeiten, welche in verschiedenen Parabeln einer gleichen Anomalie zugehören, verhalten sich gegen einander, wie die Würfel der Entfernung der Sonnennähen. Setzt man nun den Abstand der Erde von der Sonne, und das Perihelium eines Kometen, der nach dem vorigen, in 109,6 Tagen 90° der Anomalie zurücklegt, = 10, so wird ein Komet, dessen Perihelium = 4 ist, bereits in 27,7 Tagen 90° seiner Anomalie vollenden, denn $10^3 : 4^3 = 109,6^2 : 27,7^2$, und eben so findet sich, daß beide Kometen gleiche Anomalien haben, oder ähnliche Bögen in 35,9 und 9,1 Tagen beschreiben.

522. Zur Berechnung der wahren Bahn eines Kometen werden drei genaue Beobachtungen seines scheinbaren Orts nach Länge und Breite vorausgesetzt; sie ist aber äußerst mühsam und ihre Vorstellung für meine gegenwärtige Absicht zu weitläuftig *). Lambert hat im dritten Theil seiner Beiträge zum Gebrauch der Mathematik die Bahn eines Kometen durch eine Zeichnung mechanisch zu finden gelehrt, auch folgende Regel gegeben: Man ziehe einen größten Circul durch zwei beliebige Punkte der scheinbaren Bahn, wenn nun solche von demselben gegen den gleichzeitigen Ort der Sonne abweicht, so ist der Komet weiter als die Erde von der Sonne; im Gegentheil aber ist er der Sonne näher als die Erde, wenn jene Abweichung

*) In meiner Erläuterung der Sternkunde rc. 3te Ausgabe habe ich mich über diese Materie 2ter Band Seite 236 — 257 weiter ausbreiten können.

gegen die von der Sonne weggekehrte Seite fällt *).

523. Halley berechnete zuerst aus gesammelten Beobachtungen die parabolischen Bahnen von 24 zwischen den Jahren 1337 bis 1698 erschienener Kometen. Pingre, de la Caille, Struick, Maraldi, la Lande, Mechain, Gruß, Olbers, Encke, und Andere, haben noch einige ältere und alle neuere Kometen hinzugefügt, so, daß nunmehr unter allen seit dem J. 837 sichtbar gewesenen Kometen in der folgenden Tafel 112 vorkommen, deren Bahnen berechnet worden. Die Hauptangaben (Elemente) einer Kometenbahn, welche die Lage, Gestalt und Größe derselben im Sonnensystem bestimmen, sind: Die heliocentrische Länge der Sonnennähe und des ☊, und ob der Komet rück- oder vorwärts geht; die Entfernung des Sonnennähepunkts von der Sonne; die Neigung der Bahn gegen die Ebene der Ecliptik; und die Zeit, da der Komet in seiner Sonnennähe war. Nun fand bereits Halley, daß bei drey unter seinen 24 Kometen, nemlich den von 1531, 1607 und 1682, diese Elemente nahe mit einander zusammentrafen, und daß die Dauer der Zwischenzeit ihrer Erscheinung 75 bis 76 Jahre sey, woraus er schloß, daß dies ein und derselbe Komet gewesen seyn könne. Auch in noch ältern Zeiten hatten sich zwischen 75 oder 76 Jahren, nemlich Anno 1456, 1380 und 1305 Kometen gezeigt, welches stark vermuthen ließ, daß dies eben der Komet von 1682 gewesen sey. Halley verkündigte demnach hieraus die Wiederkunft dieses Kometen auf das Jahr 1759, welche glücklich erfolgte, und über die Kometenlehre ein allgemeines Licht verbreitete **). Wir können, hiernach zu

*) S. Lamberts Insigniores Orbitae Cometarum Proprietates. De la Lande, 3ten Bande seiner Astronomie, und *Pingré Cometographie.*

**) Der Komet erschien freilich später, als er erwartet wurde; allein Clairaut und Andere haben sehr deutlich bewiesen, daß seine Verspätigung bloß einer auf seinen Lauf gewirkten anziehenden Kraft des Jupiters und Saturns zuzuschreiben sey.

rechnen, diesen Kometen wieder um das Jahr 1834 erwarten. Noch scheinen die Kometen von 1532 und 1661 einen ähnlichen Lauf gehabt zu haben; einige Astronomen folgerten daraus, es sey ein und derselbe gewesen, und erwarteten die Wiederkehr desselben im Jahr 1789 oder 1790, allein sie ist nicht erfolgt *). Aus ähnlichen Gründen vermuthet man die Einerleyheit des Kometen von 1264 und 1556, welcher also etwa um das J. 1848 wiederkommen müßte. Newton und Halley bestimmen die Wiederkunft des größten von allen jemals gesehenen Kometen, der Anno 1680 sichtbar war, auf das Jahr 2254. Dem Kometen von 1769 giebt Lexell eine Periode von 519 Jahr, denn von 1770 aber nur von $5\frac{1}{2}$ J. **). Prosperin hat die Rückkehr des Kometen von 1779 auf 1150 Jahr herausgebracht; bei dergleichen Bestimmungen bleibt aber vieles unzuverlässig ***).

524. Der Komet von 1759, (um noch von diesem etwas zu bemerken) welcher seit dem Jahre 1305 sechsmal seinen 75- bis 76jährigen Umlauf vollendet, hat durch den Augenschein gelehrt, daß die Kometen sich nach eben den Gesetzen, wie die Planeten, in sehr langen elliptischen Bahnen um die Sonne bewegen. La Lande setzt die periodische Umlaufszeit dieses Kometen auf 28070 Tage; wird hiermit die Umlaufszeit der Erde verglichen (deren

*) Ob auch dieser Komet sich etwa um einige Jahre verspätigt, muß die Zeit lehren.

**) Warum dieser Komet bei einem solchen kurzen Umlauf nicht öfterer erscheint, ist schwer zu beantworten; doch hat Lexel darüber Muthmaßungen gewagt, und die Ursache in der Störung seines Laufs durch den Jupiter zu finden geglaubt. S. astron. Jahrb. 1781. Seite 21.

***) Was über die periodische Wiederkehr zweier vor wenigen Jahren beobachteten Kometen von Olbers und Encke berechnet und bestimmt worden, und wovon Encke's Vorausankündigung bei den einen (No. 104 des folgenden Verzeichnisses) nach $3\frac{1}{3}$ Jahre wirklich in Erfüllung gegangen, enthalten meine Astronomischen Jahrbücher von 1819, 1822 und 1826.

mittlerer Abstand von der Sonne = 1), so läßt sich nach §. 416. seine mittlere Entfernung von der Sonne, oder die halbe große Axe seiner Ellipse finden, nemlich $365,25^2 : 28070^2 = 1^3 : 18,07^3$; hiervon den Abstand seiner Sonnennähe 0,58 subtrahirt, giebt die Excentricität 17,49, woraus die halbe kleine Axe 4,54 folgt. Die Bahn dieses Kometen ist also viermal so lang als breit; er kommt der Sonne im Perihelio $\frac{17,49 + 18,07}{0,58} = 61$mal näher, als im Aphelio, und entfernt sich im letztern Punkt fast zweimal weiter, als Uranus von der Sonne. Kometen, die der Sonne noch näher kommen als dieser, haben noch weit schmälere Bahnen, und laufen in der Gegend ihrer Sonnenferne noch viel weiter über die Uranusbahn hinaus. Da ferner die Ausschnitte der elliptischen Raumebenen der Bahn den Zeiten proportional bleiben (§. 423), so läßt sich einsehen, wie sehr bei der großen Excentricität der Kometenbahnen die Geschwindigkeit dieser Weltkörper mit ihrer Annäherung zur Sonne zunimmt.

In der folgenden Tafel habe ich alles nur in ganzen Graden und in der 3. und 5. Columne, statt der bildlichen Darstellung der Zeichen des Thierkreises ♈ ♉ ♊ u. s. f. ihre Zahlen angesetzt:

Zeichen	0.	1.	2.	3.	4.	5.
	♈	♉	♊	♋	♌	♍
Zeichen	6.	7.	8.	9.	10.	11.
	♎	♏	♐	♑	♒	♓

525.

Verzeichniß der Bestimmungsstücke von 112 Kometen, deren Bahnen bisher berechnet worden.

	Zeit der Sonnennähe			Länge des ☊		Neigung der Bahn	Sonnennähe in der Bahn		Abstand d. ☉Nähe ☉ von der Erde	Bewegung*).
	Jahr	Mon.	Tag	Zeich.	Gr.	Gr.	Zeich.	Gr.	= 1000	
	Alten Calender.									
1	837	März	1	6	27	11	9	19	580	r.
2	1231	Jan.	30	0	13	6	4	15	948	v.
3	1264	Jul.	17	5	29	30	9	6	411	v.
4	1299	März	31	3	17	69	0	3	318	r.
5	1301	Oct.	22	0	15	72	9	15	450	r.
6	1337	Jun.	2	2	24	32	1	8	407	r.
7	1456	Jun.	8	1	18	18	10	1	585	r.
8	1472	März	1	9	12	5	1	16	543	r.
7	1531	Aug.	25	1	19	18	10	2	567	r.
9	1532	Oct.	20	2	20	33	3	21	509	v.
10	1533	Jun.	17	4	6	36	4	27	203	r.
3	1556	April	22	5	26	32	9	9	464	v.
11	1577	Oct.	27	0	26	75	4	9	183	r.
12	1580	Nov.	28	0	19	65	3	19	596	v.
13	1582	May	7	7	21	61	8	5	226	r.
	Neuen Calender.									
14	1585	Oct.	8	1	8	6	0	9	1093	v.
15	1590	Febr.	8	5	15	30	7	7	577	r.
16	1593	Jul.	19	5	14	88	5	26	89	v.
17	1596	Aug.	9	10	16	52	7	28	549	r.
7	1607	Oct.	26	1	20	17	10	2	588	r.
18	1618	Aug.	17	9	23	21	10	18	513	v.
19	1618	Nov.	8	2	16	38	0	2	380	v.
20	1652	Nov.	13	2	28	79	0	28	847	v.
9	1661	Jan.	27	2	22	33	3	26	448	v.
21	1664	Dec.	4	2	21	21	4	11	1026	r.
22	1665	April	24	7	18	76	2	12	106	r.
23	1672	März	1	9	27	83	1	17	697	v.
24	1677	May	6	7	27	79	4	18	280	r.
25	1678	Aug.	27	5	12	3	10	28	1238	v.
26	1680	Dec.	18	9	2	61	8	23	6	v.

*) v. bedeutet vorwärts, gegen Osten, r. rückwärts, gegen Westen.

	Zeit der Sonnennähe			Länge des ☊		Neigung der Bahn	Sonnennähe in der Bahn		Abstand d. ☉Nähe ☉ von der Erde = 1000	Bewegung.
	Jahr	Mon.	Tag	Zeich.	Gr.	Gr	Zeich.	Gr.		
7	1682	Sept.	14	1	21	18	10	3	583	r.
27	1683	Jul.	13	5	23	83	2	25	560	r.
28	1684	Jun.	8	8	28	66	7	29	960	v.
29	1686	Sept.	17	11	21	31	2	17	325	v.
30	1689	Dec.	1	10	24	69	8	24	17	r.
31	1698	Oct.	19	8	28	12	9	1	691	r.
32	1699	Jan.	13	10	22	69	7	3	744	r.
33	1702	März	14	6	9	4	4	19	646	v.
34	1706	Jan.	30	0	13	55	2	12	426	v.
35	1707	Dec.	12	1	23	89	2	20	860	v.
36	1718	Jan.	15	4	9	30	4	1	1026	r.
37	1723	Sept.	28	0	14	50	1	13	999	r.
38	1729	Jun.	23	10	11	77	10	22	4070	v.
39	1737	Jan.	30	7	16	18	10	26	223	v.
40	1739	Jun.	17	6	27	56	3	13	673	r.
41	1742	Febr.	4	6	5	67	7	8	765	r.
42	1743	Jan.	11	2	8	2	3	3	838	v.
43	1743	Sept.	21	0	5	46	8	7	520	r.
44	1744	März	1	1	16	47	6	17	222	v.
45	1747	März	3	4	27	79	9	7	2198	r.
46	1748	April	29	7	23	85	7	5	841	r.
47	1748	Jun.	18	1	5	57	9	6	655	v.
48	1757	Oct.	21	7	4	13	4	2	339	v.
49	1758	Jun.	11	7	21	68	8	28	215	v.
7	1759	März	13	1	24	18	10	3	583	r.
50	1759	Nov.	27	4	20	79	1	23	798	v.
51	1759	Dec.	17	2	20	5	4	18	966	r.
52	1762	May	28	11	19	85	3	14	1010	v.
53	1763	Nov.	2	11	26	74	2	25	498	v.
54	1764	Febr.	12	3	19	54	0	16	564	r.
55	1766	Febr.	17	8	4	41	4	23	505	r.
56	1766	April	17	1	17	8	6	25	639	v.
57	1769	Oct.	7	5	25	41	4	24	123	v.
58	1770	Aug.	9	4	19	2	11	26	637	v.
59	1770	Nov.	23	3	19	31	6	28	528	r.
60	1771	April	19	0	28	11	3	13	902	v.
61	1772	Febr.	19	8	13	19	3	18	1018	v.
62	1773	Sept.	12	4	1	61	2	16	1134	v.
63	1774	Aug.	15	6	1	83	10	17	1429	v.

	Zeit der Sonnennähe			Länge des ☊		Neigung der Bahn	Sonnennähe in der Bahn		Abstand d. ☉Nähe ☉ von der Erde = 1000	Bewegung.
	Jahr	Mon.	Tag	Zeich.	Gr.	Gr.	Zeich.	Gr.		
64	1779	Jan.	4	0	25	32	2	27	713	v.
65	1780	Oct.	1	4	4	54	8	6	99	r.
66	1781	Jul.	7	2	23	82	7	29	776	v.
67	1781	Nov.	29	2	17	27	0	16	961	r.
68	1783	Nov.	15	1	24	53	1	15	1565	v.
69	1784	Jan.	21	1	27	51	2	21	708	r.
70	1784	April	9	2	27	48	10	29	650	r.
71	1785	Jan.	27	8	24	70	3	20	1144	v.
72	1785	April	8	2	5	87	9	28	427	r.
73	1786	Jul.	8	6	14	51	5	9	410	v.
74	1787	May	11	3	17	48	0	8	349	r.
75	1788	Nov.	10	5	7	12	3	9	1063	r.
76	1788	Nov.	20	11	22	65	0	23	767	v.
77	1790	Jan.	17	5	22	29	1	28	750	r.
78	1790	Jan.	28	8	27	57	3	22	1063	v.
79	1790	May	21	1	3	64	9	4	798	r.
80	1792	Jan.	13	6	11	40	1	6	1293	r.
81	1792	Dec.	27	9	13	49	4	16	966	r.
82	1793	Nov.	4	3	18	60	7	19	403	r.
83	1793	Nov.	18	0	2	52	2	11	1504	v.
84	1795	Dec.	15	11	23	22	5	10	243	v.
85	1796	April	2	0	17	65	6	15	1578	r.
86	1797	Jul.	9	10	29	51	1	19	527	r.
87	1798	April	4	4	2	44	3	15	485	v.
88	1798	Dec.	31	8	9	42	1	4	775	r.
89	1799	Sept.	7	3	9	51	0	4	846	r.
90	1799	Dec.	25	4	27	77	6	10	626	r.
91	1801	Aug.	8	1	14	21	6	4	262	r.
92	1802	Sept.	9	10	10	77	11	2	1094	v.
93	1804	Febr.	13	5	27	56	4	29	1071	v.
94	1805	Nov.	18	11	15	16	4	28	379	v.
95	1805	Dec.	31	8	11	16	3	19	892	v.
96	1806	Dec.	29	10	22	35	3	4	1082	r.
97	1807	Sept.	19	8	27	63	9	1	648	v.
98	1810	Oct.	5	10	9	63	2	3	969	v.
99	1811	Sept.	12	4	20	73	2	15	1040	r.
100	1812	Sept.	15	2	14	74	3	3	782	v.
101	1813	May	20	1	13	81	6	17	84	r.
102	1815	April	25	2	23	45	4	26	1236	v.

	Zeit der Sonnennähe			Länge des ☊		Neigung der Bahn	Sonnennähe in der Bahn		Abstand d. ⊙Nähe ⊙ von der Erde = 1000	Bewegung.
	Jahr	Mon.	Tag	Zeich.	Gr.	Gr.	Zeich.	Gr.		
103	1818	Febr.	26	2	10	90	6	3	1198	v.
104	1819	Jan.	27	11	1	14	4	27	330	v.
105	1819	Jun.	28	9	4	81	9	17	343	v.
106	1819	Jul.	19	3	20	12	9	0	763	v.
107	1819	Nov.	20	2	17	9	2	7		v.
108	1821	März	21	1	19	73	8	0	92	r.
109	1822	May	5	5	27	54	6	13	503	r.
110	1822	Oct.	24	9	3	53	9	2	991	r.
111	1823	Dec.	9	10	3	76	9	4	227	r.
112	1824	Oct.	1	9	6	48	0	10	954	r.

526. Diese Tafel zeigt demnach im Allgemeinen die größte Annäherung eines jeden Kometen zur Sonne; die Stellung, Lage und andere Umstände des Stücks seiner wahren (vorausgesetzten) parabolischen Laufbahn, in welchem er etwa den Erdbewohnern sichtbar seyn kann *). Ferner, daß von diesen 112 Kometen 19 in einer größern Entfernung als die Erde, und nur 5 in einer größern als Mars, zunächst um die Sonne herumliefen, woraus sich folgern läßt: daß die Anzahl der Kometen im Sonnensystem sehr ansehnlich seyn muß, und wir größtentheils nur diejenigen beobachten können, die sich bis innerhalb der Erdbahn zur Sonne herablassen. Sollten aber nicht die mehresten Kometen in größern Weiten als Mars, Jupiter, Saturn, und vielleicht auch Uran, schon ihr Perihelium erreichen, und ihre Bahnen sich mit der zunehmenden Entfernung immer mehr erweitern? Dies lassen die dortigen größern Räume zur Bewegung, und besonders die ungeheuren Abstände der nächsten Fixsterne von unserm Sonnensystem, als sehr wahrscheinlich vermuthen. Diese

*) Meiner im Jahr 1791 herausgegebenen Abhandlung über die Lage und Austheilung aller Planeten- und Kometenbahnen im Weltraum, habe ich einen großen Entwurf der parabolischen Laufbahnen von 72 bis zum Jahre 1785 erschienenen Kometen beigefügt.

Kometen werden daher immer außer dem Gesichtskreise der Erde ihre Laufbahnen fortwandeln. Wie viele Erscheinungen dieser Weltkörper hat uns nicht schon die Geschichte aufbehalten, und unter dieser schon beträchtlichen Anzahl sind gewiß nicht verschiedene einigemal wiedergekehrt, weil die mehresten Jahrhunderte zu ihrem Umlaufe gebrauchen. Wie viele Kometen sind nicht, ihrer großen Entfernung wegen, nur durch Fernröhre sichtbar, welche demnach vor Erfindung dieser optischen Hülfsmittel unbemerkt blieben. Wie viele können bei Tage erscheinen, oder, bei anhaltenden trüben Nächten oder großen südlichen Abweichungen, den nachforschenden Blicken des europäischen Sternkundigen entgehen *).

527. Viele dieser Weltörper müssen dem einen oder dem andern Planeten in der Größe gleich kommen, wo nicht gar übertreffen. Dies haben schon Beobachtungen gelehrt, und läßt sich auch aus der Wirkung der anziehenden Kraft der Sonne, welche noch, in den erstaunlichen Entfernungen, zu welchen manche Kometen in ihrem Aphelio gelangen, vermögend ist, selbige in ihren Bahnen herumzulenken, erkennen. Ferner laufen die Planeten fast in einer und derselben Ebene; hiebei wirkt folglich die mächtige Anziehungskraft und der wohlthätige Einfluß der Sonne nur nach einer schmalen Zone; hingegen liegen die Laufbahnen der Kometen unter sehr verschiedenen und großen Winkeln: daher werden jene Wirkungen der Sonne von allen Seiten genützt. Damit ferner zugleich ihre Anzahl ansehnlich seyn könne, erhielten sie eine mehr oder minder gegen die Sonne senkrechte Fallkraft, wodurch sich einige in sehr schmalen Ellipsen tief zur Sonne herabsenken; die mehresten hingegen in verschiedene Planetenbahnen einschließenden elliptischen Gleisen um die Sonne laufen. Erstere müssen, wegen ihres stärkern Falls gegen die Sonne, sich in ihrem Aphelio viel weiter von derselben entfernen, als verhältnißmäßig letztere; auch müssen jene dort viel

*) Lambert bringt, nach einem mäßigen Ueberschlage, schon an 4000 Kometen heraus.

langsamer laufen, als diese. Daher ist die späte Wiederkehr der Kometen nicht sowohl ihren lang gestreckten Bahnen, sondern vielmehr ihrem ungemein langsamen Gange beim Aphelio herum zuzuschreiben.

528. Die neueste, sich auf richtige Beobachtungen und Vernunftschlüsse gründende Meinung über die Natur dieser Weltkörper ist folgende: Da man die verspätete Wiederkehr des Kometen von 1759 sehr deutlich aus der Wirkung der Anziehungskraft des Jupiters und Saturns auf seinen Lauf erklärt, und dergleichen Perturbationen von Planeten auch bei mehreren Kometen der neuern Zeit bemerkt worden; hingegen Kometen, die unserer Erde nahe vorbei gingen, keinen merklichen Einfluß auf ihre Bewegung geäußert haben, so scheint die Masse der Kometen gegen ihre Größe unbeträchtlich zu seyn *). Sie sind also aus einer feinern Materie als die Planetenkugeln gebildet, allem Anschein nach bestehen ihre Atmosphären und Schweifen aus einem lichtähnlichen, äußerst subtilen und durchsichtigen Stoffe, und vielleicht ist gar die lockere Masse der Kometen selbst mit diesem flüssigen, für sich leuchtenden Wesen vermischt. Man sieht sie daher auch durch Fernröhre nur äußerst undeutlich in dem Lichtstoff eingehüllt; der Schatten des Körpers wird im leuchtenden und durchsichtigen Schweif nicht sichtbar, sie glänzen auch auf der von der Sonne weggekehrten Seite, und entlehnen von ihr vielleicht nur den geringsten Theil ihrer Erleuchtung. Bei ihrer schnellen Annäherung zur Sonne wird durch eine verstärkte Wirkung derselben jene subtile Materie ausgedehnt, noch mehr verdünnt, und der anscheinende Nebel und Lichtschimmer erzeugt. Sie flieht vielleicht die nahe Sonne, sammlet sich größtentheils derselben gegenüber, und formirt den Schweif. Wahrscheinlich erst jenseits der mehresten

*) Manche Kometen erreichen ihre Sonnennähe zwischen der Sonne und der Merkursbahn, wo der Raum am engsten ist, aber noch hat man nicht beobachtet, daß durch ihre Wirkung der Lauf des kleinen Merkurs, den sie doch oft nahe vorbei gehen müssen, aufgehalten oder beschleunigt worden. Er zeigt noch die nemliche Dauer seiner periodischen Umläufe wie vor 2000 Jahren.

Planetenbahnen fällt diese bei der großen Entlegenheit von der Sonne unentbehrliche Materie wieder auf den Kometen zurück. Daß dieselbe mit der Materie des Zodiakallichts und der Nordscheine verwandt zu seyn scheint, hat Mairan bewiesen.

529. Bei unserer jetzigen Kenntniß von der Natur und dem Lauf der Kometen, wenn dabei auch noch manches unvollkommen seyn sollte, wäre es lächerlich, noch zu untersuchen, ob diese Himmelskörper den Erdbewohnern Glück oder Unglück bedeuten. Allein eine gegründetere Frage ist: ob nicht die Kometen, bei einer großen Annäherung gegen die Erde, einige physische Wirkungen auf derselben äußern könnten. Die Newtonsche Theorie von der anziehenden Kraft der Himmelskörper läßt dieses freilich zum Theil erwarten; und ein Komet, der uns etwa näher wie der Mond käme, könnte allenfalls durch die Wirkung seiner Schwere, aber bei seinem äußerst schnellen Vorüberflug, nur auf wenige Stunden eine stärkere Ebbe und Fluth verursachen, den gewöhnlichen Witterungslauf stöhren ꝛc. *). Einige Naturforscher haben hiernach Gelegenheit genommen, uns durch allerhand willkührliche Hypothesen zu erschrecken, wobei noch die Kometen und ihre Schweife von der fürchterlichsten Seite vorgestellt werden. Einfälle dieser Art werden aber bei einer gehörigen Prüfung als sehr ungegründet befunden.

530. Die Kometen sind ohne Zweifel zu höhern Absichten bestimmt, welches schon aus ihrer beträchtlichen Anzahl, wundervollen Einrichtung, und daß sie in regelmäßigen Kreisen nach gleichen Gesetzen, wie die Planeten, um die Sonne geführt werden, zu schließen ist. Sollten daher nicht auch auf den weiten Oberflächen dieser großen

*) Die größere oder geringere Annäherung eines Kometen gegen uns hängt von der Lage seines ☊ oder ☋ ab, und daß sich Erd' und Komet gerade da, wo ihre Bahnen am nächsten beisammen liegen, begegnen. Der große Komet von 1680 kann uns unter allen bekannten am nächsten kommen, und zwar bis auf den doppelten Abstand des Mondes; allein die Land- und Wasseroberfläche der Erde wird dabei keine Veränderung erleiden.

Körper vernünftige Wesen der Macht und Güte Gottes ihr Dasein zu verdanken haben? Diese Glücklichen wandeln mit ihren Wohnplätzen von der Sonne bis in die Nachbarschaft der Gränzen ihres Gebiets fort, und können folglich dasselbe von verschiedenen Seiten beobachten. Auf eins ihrer Jahre gehen nicht selten einige hundert der unsrigen, und ihre Jahreszeiten richten sich vermuthlich nach ihren jedesmaligen Abständen von der Sonne. Was für besondere Verfassungen lassen sich nicht, zufolge dieser Vorstellungen, auf einer Kometenkugel erwarten?

Eilfter Abschnitt.

Von den Fixsternen, scheinbaren Oertern einiger der vornehmsten, Lichtabirrung, wahren Entfernung, Größe, Beschaffenheit, Menge, Bestimmung und Austheilung derselben; Umfang und Vortrefflichkeit des Weltgebäudes.

531.

Obgleich die bisher vorgestellte und erklärte Einrichtung, Größe und Vortrefflichkeit des Sonnensystems schon im Stande ist, bei dem Bewohner des kleinen Erdballs, Bewunderung und Erstaunen zu erregen, so hat er, mit alledem, dennoch nur erst einen sehr geringen Theil des Weltgebäudes aufmerksame Blicke gegönnt. Jene Weltkörper, die uns nur als lichte Punkte zu Millionen am nächtlichen heitern Firmament, ins Auge fallen, die sogenannten Fixsterne leiten ihn zu noch größern Wundern, die der ehrfurchtsvollesten Untersuchung vollkommen würdig sind, und ihm, so viel sein denkendes Vermögen davon zu fassen vermag neue und erweiterte Aussichten in die unermeßliche Schöpfung Gottes eröffnen.

532. Bereits im ersten Abschnitt ist das Allgemeine von den Fixsternen bemerkt, nemlich: ihre Erschei-

nung, wie sie sich von den Planeten unterscheiden; von ihren Ordnungen oder Größen nach den verschiedenen Graden des Lichts. Im zweiten Abschnitt kam ihre Abtheilung nach Gestirnen oder bildlichen Vorstellungen; die Anzahl der in Verzeichnisse gebrachten, die Namen der vornehmsten, imgleichen die Lage und die Erscheinung der zu ihnen gehörigen Milchstraße, Nebelsterne, Doppelt- und veränderlichen Sterne vor. Im dritten ward von ihrer besondern gemeinschaftlichen Fortrückung in Ansehung der Aequinoctialpunkte; und im fünften von ihren scheinbaren Durchmessern und ihrem Funkeln gehandelt. Dann sind noch im sechsten Abschnitt die jährlichen und täglichen Erscheinungen der Fixsterne erläutert worden.

533.

Die mittlere gerade Aufsteigung und Abweichung von 42 der vornehmsten Fixsterne, für den 1sten Januar 1825 nebst jährlicher Veränderung.

		Gerade Aufsteigung			Veränderung	Abweichung				Veränderung
	Gr.	G.	M.	S.	Sec.	G.	M.	S.		Sec.
Algenib	2.3	1	3	28	46,1	14	12	37	N.	+ 20,1
β Wallfisch	2.3	8	41	57	45,0	18	56	54	S.	— 19,8
α Widder	2.3	29	19	46	50,1	22	49	35	N.	+ 17,5
α Wallfisch	2.3	43	17	5	46,8	3	23	55	N.	+ 14,7
α Perseus	2.3	47	58	0	63,2	49	13	52	N.	+ 13,5
Aldebaran	1	66	28	14	51,3	16	9	3	N.	+ 8,1
Capella	1	75	56	32	66,0	45	48	41	N.	+ 5,0
Rigel	1	76	32	36	43,1	8	24	37	S.	— 4,7
β Stier	2	78	48	29	56,7	28	27	4	N.	+ 4,0
γ Orion	2	78	56	11	48,2	6	11	0	N.	+ 3,9
ε Orion	2.3	81	50	0	45,6	1	15	6	S.	— 2,9
α Orion	1	86	25	27	48,6	7	21	59	N.	+ 1,3
Sirius	1	99	21	42	40,2	16	28	31	S.	+ 3,2
Castor	3	110	51	20	57,9	32	15	49	N.	— 7,0
Procyon	1	112	32	16	47,9	5	40	24	N.	— 7,6
Pollux	2	113	39	7	56,0	28	26	27	N.	— 7,9

	Gr.	Gerade Aufsteigung G.	M.	S.	Veränderung Sec	Abweichung G.	M.	S.		Veränderung Sec
Alphard	1.2	139	44	46	44,2	7	54	16	S.	+ 15,3
Regulus	1	149	45	41	48,4	12	49	10	N.	— 17,3
β Löwen	3	175	3	3	46,5	15	33	5	N.	— 20,0
β Jungfrau	3	175	23	24	46,1	2	45	9	N.	— 20,0
Spica	1	198	59	46	47,2	10	14	39	S.	+ 19,0
η gr. Bär	3	205	9	27	35,8	50	23	31	N.	— 18,2
Arctur	1	211	55	35	42,2	20	6	32	N.	— 17,1
Gemma	2.3	231	49	5	37,9	27	18	36	N.	— 12,5
α Schlange	3	233	54	44	44,0	6	58	57	N.	— 11,9
β Scorpion	2	238	49	7	52,0	19	19	4	S.	+ 10,4
Antares	1	244	40	24	54,9	26	2	7	S.	+ 8,7
α Herkules	3	256	40	1	40,9	14	35	50	N.	— 4,7
α Ophiuchus	2	261	42	8	41,6	12	41	47	N.	— 3,0
γ Drache	2	268	8	4	20,8	51	30	49	N.	— 0,7
Wega	1	277	45	3	30,2	38	37	28	N.	+ 2,6
γ Adler	3	294	28	53	42,8	10	11	38	N.	+ 8,2
Atair	1.2	295	33	27	43,4	8	24	41	N.	+ 8,5
β Adler	3.4	296	40	41	44,2	5	58	46	N.	+ 8,9
2 α Steinbock	3	302	5	3	50,0	13	4	57	S.	— 10,6
Deneb	1.2	308	51	58	30,6	44	39	33	N.	+ 12,5
α Cepheus	3	318	35	44	21,3	61	50	43	N.	+ 15,0
α Wassermann	3	329	11	52	46,3	1	9	57	S.	— 17,2
Fomahand	1	341	59	17	49,8	30	32	47	S.	— 19,1
Scheat	2	343	49	25	43,1	27	8	9	N.	+ 19,2
Markab	2	344	0	41	44,6	14	15	58	N.	+ 19,3
α Andromede	2	359	50	16	46,0	28	7	28	N.	+ 20,0

534. Die **Aberration** oder **Abirrung des Lichts der Fixsterne**, ist eine scheinbare und jährlich wiederkehrende Ortsveränderung, nach welcher sie sich, bei zunehmender Breite, in immer mehr offenen Ellipsen um ihren wahren Ort bewegen, deren größere Axe allemal 40 Secunden im Bogen des größten Kreises der Länge parallel austrägt. In der Ecliptik rücken sie sechs Monat geradelinigt 20 Sec. von ihrem wahren Ort, der Länge nach, gegen Osten und sechs Monate gegen Westen; aber in den Polen der Ecliptik beschreiben sie Kreise von 20 Sec. im Halbmesser. Als **Bradley**, auf **Flamsteeds**, **Hooks** und **Molyneux** Veranlassung, um das Jahr

1725 über die jährliche Parallaxe der Fixsterne (davon nachher) äußerst genaue Beobachtungen unternahm, entdeckte er wider sein Vermuthen diese periodische und der Wirkung einer Parallaxe der Erdbahn gerade entgegengesetzte scheinbare Ortsveränderung der Fixsterne. Er stellte einen 24füßigen Grahenschen Scheitelmesser auf, und bemerkte zu Kew nahe bei London daß der Stern γ am Kopf des Drachen, der beinahe im Scheitelpunkt culminirte, in der Breite am weitesten gegen Norden erschien, wenn er um 6 Uhr des Abends, oder am weitesten gegen Süden, wenn er um 6 Uhr des Morgens culminirte, und zwar im Verhältnisse des Sinus seiner Breite, wenn die größte Aberration in der Breite 20 Sec. gesetzt wird. Die größte Aberration in der Länge traf ferner allemal ein, wenn der Stern mit der Sonne in ☌ oder ☍ war; bei jener schien er um 20″ west= und bei dieser 20″ ostwärts von seinem wahren Orte.

535. Die Ursache dieser regelmäßigen Erscheinung an diesem und mehrern Fixsternen leitete **Bradley** im December 1725 aus **einer zusammengesetzten Bewegung der Erde und der allmähligen Fortpflanzung des Lichts** her. Es sey fig. 48. RBHK die Erdbahn; nach E hinaus stehe ein Stern, dessen Lichtstrahl nach der Richtung EB in der Ebene der Ecliptik fortschießt; mB ein sehr kleiner Theil der Erdbahn; eB der Halbmesser derselben, welchen der Lichtstrahl zurücklegt, während die Erde von m bis B fortgeht. Kömmt sie also in B, so ist das Licht in demselben Augenblick in diesem Punkt angelangt: und daher bestimmen eB und mB die Geschwindigkeit des Lichts und der Erde in gleichen Zeitmomenten. Zieht man en parallel und gleich groß mit mB, so entsteht das Parallelogramm nemB, und die Geschwindigkeit des Lichts eB ist das Resultat von zwei Geschwindigkeiten nach den Richtungen en und em. Jene wird wegen ihrer gleichen Größe und parallelen Lage mit mB für unser Auge aufgehoben; diese aber bleibt noch für uns bemerkbar, und wir sehen den Stern nach der Richtung me, oder nach Bn. Nun ist eBn = Bem der Aberrationswinkel, um wie viel hier der Stern E von

seinem wahren Ort oder der Linie BeE auf der linken Seite entfernt sich zeigt. Die Beobachtungen geben bei dieser Stellung der Erde und des Sterns, wobei jener Winkel am merklichsten sein muß, gerade 20 Secunden. Dadurch wird die Richtigkeit dieser Erklärung bestätigt, und zugleich was Römer (§. 328.) aus den Verfinsterungen der Jupiterstrabanten gefunden, daß das Licht in 8 Min. 7 Sec. von der Sonne bis zu uns, oder durch den Halbmesser der Erdbahn = eB sich fortpflanze: denn in dieser Zeit legt die Erde gerade 20 Sec. im Bogen ihrer Bahn = mB zurück *). Der Stern erscheint allemal von seinem wahren Ort nach der Seite hin, gegen welchen die Erde sich bewegt.

536. Alle aus der Erdbahn mit BE parallel gezogene Gesichtslinien führen, wegen seiner unermeßlichen Entfernung, zu dem nemlichen Fixstern. In K erscheint derselbe mit der ☉ in ☌; in R ist er 90° von der ☉ westlich; in B steht er der ☉ entgegen, und in H ist er 90° von der ☉ ostwärts. Durchläuft nun die Erde die Hälfte ihrer Bahn RBH, so muß der Stern, zufolge seiner Aberration, sich von seinem wahren Ort E gegen Osten hin entfernen, wobei seine Länge größer wird. Rückt aber die Erde in der andern Hälfte HKR fort, so scheint der Stern gegen Westen von seinem wahren Ort: denn z. B. in der ☌K sey oK der Weg der Erde, und der Halbmesser der Erdbahn in dem gehörigen Verhältniß der Geschwindigkeit der Erde und des Lichts, so wird SKr die größte Aberration des Sterns E = 20 Sec. westlich, so wie in B östlich. Ist hingegen die Erde in R oder H, so zeigt sich der Stern der Länge nach an seinem wahren Ort.

---

*) Uebrigens bleibt dieser kleine jährliche Aberrationswinkel von 20 Sec. Bem unverändert, so lange die Seiten mB und eB unter einem rechten Winkel in dem gehörigen Verhältnisse der Geschwindigkeit der Erde und des Lichts (331.) stehen. Der Halbmesser der Erdbahn kömmt hierbei nur deswegen zur Vergleichung vor, weil man schon aus den Jupiterstrabanten-Verfinsterungen weiß, was demselben, als der Weg des Lichts betrachtet, für ein geringer Bogen der Erdbahn correspondirt.

537. Dieser in der Ebene der Ecliptik angenommene Stern muß jährlich in einer geraden Linie von 40 Sec. seine Länge verändern. Hingegen alle Sterne, die eine Breite haben, oder über der Ebene der Erdbahn stehen, müssen in Ellipsen, deren halbe größere Axen 20 Sec., und deren halbe kleinere 20 Sec. mit dem Sinus der Breite multipl. gleich sind, herumlaufen, und werden, nachdem sie eine nordliche oder südliche Breite haben, wenn die Erde in R ist, in dem südlichsten oder nordlichsten, und wenn sie in H kömmt, in dem nordlichsten oder südlichsten Punkt dieser Ellipse erscheinen, also die größte Aberration in der Breite und keine Aberration in der Länge haben. Hingegen wenn die Erde in K oder B ist, die größte Aberration in der Länge und keine in der Breite zeigen. Ein Stern im Pol der Ecliptik, also senkrecht über S, beschreibt einen Kreis dabc von 20 Sec. im Halbmesser, und wird, so wie die Erde in R, B, H, K kömmt, in a, b, c, d erscheinen.

538. Die Aberration in der Länge und Breite zieht eine in der geraden Aufsteigung und Abweichung nach sich, wie leicht einzusehen ist; und da man gewöhnlich letztere beobachtet und Länge und Breite daraus berechnet, so kömmt die Berechnung der Wirkung der Aberration bei jenen noch häufiger vor, als bei diesen, um die beobachtete scheinbare auf die wahre zu reduciren. Die Regeln hiezu sind etwas verwickelt; man hat aber Tafeln berechnet, aus welchen für eine jede Zeit die Aberration und auch zugleich die Nutation vieler Sterne in der geraden Aufsteigung und Abweichung sich finden läßt, wobei nur die Länge der Sonne für die Aberration, und die Länge des ☊ des ☾ für die Nutation bekannt seyn darf *).

539. Auch bei den Planeten und Kometen ist, wegen der Abirrung ihres Lichts, eine Reduction ihrer beobachteten scheinbaren Oerter auf die wahren nothwendig.

*) S. Mezgers Tabulae aberrationis &c. Manhemii 1778; die Connoissance des tems für 1189, 90 u. 91. v. Zach hat vollständige Aberrations- und Nutationstafeln herausgegeben.

Die Größe derselben ist allemal ihrer Bewegung, von der Erde aus betrachtet, in der Zeit gleich, in welcher das Licht von ihnen bis zu uns gelangt, und läßt sich folglich aus ihrem Abstande von der Erde = d (♁ von ☉ = 1) leicht berechnen, wobei man die vom Halbmesser der Erdbahn = 1 und der Geschwindigkeit der Erde entstehende Aberration von 20″, imgleichen die tägliche mittlere Bewegung der Erde in ihrer Bahn = 59′ 8″, und die scheinbare tägliche geocentr. Bewegung des Planeten in der Länge = a zum Grunde legt. Hiernach ist die Aberration eines Planeten = $\frac{a.\ d.\ 20''}{59'\ 8'' = 59',\ 13}$ 59′,13, um welche derselbe von seinem wahren Ort nach der Seite sich zeigt, wohin die Erde rückt, entgegengesetzt derjenigen, nach welcher der Planet zu gehen scheint.

540. Schon ein beiläufiger Ueberschlag zeigt, daß die Entfernung der Fixsterne erstaunlich seyn müsse. Nemlich: Die Erde umläuft jährlich eine Bahn um die Sonne ABCD fig. 49., deren Durchmesser BD über 40 Mill. Meilen austrägt. Wir sind also gewissen Fixsternen, z. B. g, h, i, k, in C um so viel näher als nach 6 Monaten in A. Dessen ohngeachtet erscheinen uns diese Himmelskörper zu allen Zeiten des Jahrs gleich groß, und verändern ihre Stellung nicht gegen einander. An den scheinbaren Bewegungen und Größen aller Planeten, wird der Einfluß der Fortrückung der Erdkugel im Sonnensystem sehr merklich; und selbst der 400 Mill. Meilen entlegene Uranus, angenommen, er stehe in T, kann sich, der Parallaxe der Erdbahn wegen, von B oder D aus betrachtet, um 3° ost- oder westwärts von seinem wahren Ort e nach p und r hinaus zeigen. Allein von allem diesen bemerkt man nichts bei den Fixsternen; sie müssen also so weit von uns seyn, daß der Durchmesser der Erdbahn gegen ihre Weite eine äußerst geringe Größe ist.

541. Huygen verglich, um einigermaßen zur Kenntniß der Entfernung der Fixsterne zu gelangen, die scheinbare Größe und den Glanz des Sirius, der als der

hellste unter allen Fixsternen, gemeiniglich für den nächsten gehalten wird, mit der scheinbaren Größe und Lichtstärke der Sonne, und fand nach einer sinnreichen optischen Methode, daß, bei der Voraussetzung: Sirius sey so groß als die Sonne, dieser Stern 27664mal weiter als die Sonne von der Erde entfernt seyn müsse. Diese Weite des uns am nächstenseyn sollenden Fixsterns setzt schon in Erstaunen; allein sie muß noch weit größer seyn: denn wenn der Abstand des Sterns SE nur 27664mal SB oder SD wäre, so müßte derselbe noch eine Parallaxe, aus B und D betrachtet, von 7 bis 8 Secunden haben, welches sich ergiebt, wenn man SB oder SD = 1 durch SE = 27664 theilt. Allein eine Parallaxe von dieser Größe die eine Ortsveränderung des Sterns von 14 bis 16 Sec. nach 6 Monate zuwege bringen müßte, haben die Astronomen auch bei den Sternen erster Größe, die uns wahrscheinlich am nächsten stehen, nicht bemerken können.

542. Was Tycho, Picard, Flamsteed, la Caille und Andere, über die periodischen Veränderungen der Oerter des Polarsterns, des Sirius ꝛc. bemerkten, und als eine jährliche Parallaxe dieser Sterne ansahen, ist theils der damals noch unbekannten Aberration des Lichts, theils dem zuzuschreiben, daß ihre Instrumente noch Fehler von 30 Secunden zurückließen. Auch fanden selbst jene Astronomen diese Erscheinungen nicht mit der Wirkung einer von der Erdbahn herrührenden jährlichen Parallaxe zustimmend. Bradley, der hierauf, besonders bei seinen mit der äußersten Sorgfalt angestellten Beobachtungen über die Aberration, Acht gab, versichert, daß die Parallaxe zweier von ihm genau untersuchten Fixsterne nicht völlig 2 Sec. seyn könne. Einen so äußerst geringen Winkel können unsere besten Werkzeuge schwerlich angeben.

543. Ferner wird bei den Untersuchungen der jährlichen Parallaxe der Fixsterne vorausgesetzt, daß man ihre übrigen scheinbaren oder wahren Fortrückungen aufs genaueste kenne: denn die geringste Unrichtigkeit in der hiebei zum Grunde liegenden Theorie der Aberration, Nutation, Vorrückung der Nachtgleichen, Refraction ꝛc., kann,

wenn sie gleich, in Absicht auf diese Theorie selbst, in gar keine Betrachtung kömmt, dennoch verursachen, daß die ganze Parallaxe wegen ihrer so äußerst geringen Größe verschwindet. Sie erfordert also Beobachtungen, wobei sie sich ganz allein und ohne Beimischung irgend einer Correction zeigt. Schon Tobias Mayer schlug deswegen vor, sich hiezu der Doppeltsterne zu bedienen, und Herschel hat diesen glücklichen Gedanken erneuert und ausgeführt. Besteht vornemlich der Doppeltstern aus einem großen und einem sehr kleinen Stern, so kann man annehmen, daß der letztere viel weiter weg steht als der erstere, und also gar keine Parallaxe hat; und die Parallaxe des nähern ergiebt sich geradehin aus dem veränderlich beobachteten Abstand.

544. Der scheinbare Abstand der beiden Sterne muß nur wenige Secunden seyn, damit die allergeringste Verrückung desto genauer beobachtet werden kann; und bei den sehr starken Vergrößerungen, die Herschelsche Teleskope bei den Fixsternen zulassen, müßte selbige nothwendig schon der Augenschein zeigen. Allein es ist erstaunlich, daß bis dahin Herschel, selbst bei den stärksten Vergrößerungen und bei äußerst feinen d. i. sehr nahe zusammenstehenden Doppeltsternen, dergleichen jährlich periodisch wiederkehrende Veränderungen in den Abständen ihrer Sterne nicht bemerken können.

545. In Erwartung also, daß vielleicht künftig Herschel oder andere Astronomen, die alle Hülfsmittel dazu in Händen haben, auf diesen der genauesten Untersuchung vollkommen würdigen Gegenstand fortgesetzte Aufmerksamkeit verwenden, müssen wir uns begnügen, zu wissen, daß die jährliche Parallaxe der Fixsterne, und vielleicht selbst die der ersten Größe, als die nächsten angenommen, nur eine oder zwei Secunden betragen könne. Wie geringe muß daher solche nicht bei den Sternen der niedrigern Ordnungen werden, und wie wenig läßt sich folglich über die wahre Entfernung dieser Himmelskörper Zuverlässiges herausbringen. Man nehme unterdessen an: die Parallaxe eines Sterns sey eine Secunde, so

hätte in dem bei S rechtwinklichten Dreieck BSE fig. 49. der Winkel SEB eine Secunde: folglich EBS 89° 59′ 59″; und hiernach ist SE die Entfernung des Fixsterns 206264mal größer als SB; die Entfernung der Sonne von uns (= 21000000 Meilen eine Erdweite), oder seine uns ganz unbegreifliche Entfernung ginge über 4 Trillionen Meilen. Und doch haben höchstwahrscheinlich die mehrsten Fixsterne eine noch geringere Parallaxe, also eine vielmal größere Entfernung von unserm Sonnensystem.

546. Aus dieser nach sichern Gründen erhaltenen Vorstellung von den ungeheuren Entfernungen der Fixsterne läßt sich erklären, warum uns auch die von der ersten Größe mit Fernröhren, welche die Planeten schon ansehnlich vergrößert darstellen, betrachtet, gleichwohl nur als lichte Punkte erscheinen; auch nach verschiedentlich darüber angestellten Beobachtungen keine Secunde im scheinbaren Durchmesser haben. Setzt man unsere Sonne, die etwa 1920 Secunden groß erscheint, um so vielmal weiter weg, so würde sie nur noch 1 Sec. im scheinbaren Durchmesser haben, und an dem Ort eines Fixsterns, 206264mal entfernter, kaum $\frac{1}{100}$ Sec. am Firmament einnehmen. Herschel sieht indessen bei den tausendmaligen Vergrößerungen seiner Teleskope *) die größern Fixsterne als kleine Scheiben (267). Hierdurch gelangen wir zugleich zu einer richtigen Ueberzeugung, daß die wahre Größe dieser Himmelskörper sehr ansehnlich seyn muß, ob wir gleich, da sowohl ihre genaue Parallaxe als scheinbarer Durchmesser unbekannt sind, nicht im Stande sind, hierüber etwas genaues zu bestimmen. Unterdessen läßt sich nach §. 411. beweisen, daß, wenn sowohl die jährliche Parallaxe als der scheinbare Durchmesser eines Fixsterns eine Secunde wäre, derselbe einen dem

---

*) Er hat dadurch bisher ganz unerhörte Vergrößerungen bei den Fixsternen angebracht. Dies ist bei diesen, wegen ihrer großen Spiegel, lichtvollen Instrumenten möglich; allein die Deutlichkeit geht doch dabei verloren, und auf den Mond und Planeten sind tausendmalige Vergrößerungen nicht anwendbar.

Halbmesser der Erdbahn gleichenden, oder 21 Millionen Meilen großen Durchmesser haben müsse. Da dies aber nicht glaublich ist, so wird ohne Zweifel die jährliche Parallaxe der Fixsterne, so geringe dieselbe auch immer seyn mag, den scheinbaren Durchmesser derselben übertreffen.

547. Mit dem allen kann man sich die Fixsterne als Weltkugeln denken, wovon die mehrsten unserer Sonne an Größe nichts nachgeben, wo nicht gar vielmal übertreffen. Dies letztere ist schon bei einem allgemeinen Ueberschlage sehr leicht erweislich. Ist z. B. der helle Stern Wega in der Leyer unserer Sonne an Größe gleich, und nehmen wir nach Herschel dessen scheinbarern Durchmesser $\frac{1}{3}$ Secunde an, so müßte sich der Stern schon in einer $\frac{1920''}{\frac{1}{3}}$ = 5760mal größern Entfernung als die Sonne, uns nur $\frac{1}{3}$ Sec. groß zeigen; allein dann wäre seine Parallaxe noch 37 Secunden, welches aber keinesweges statt finden kann. Nehme ich solche zu 2 Sec. an, so ist seine Entfernung schon $18\frac{1}{2}$mal größer = 106560 Erdweiten; sein wahrer Durchmesser übertrifft den Durchmesser unserer Sonne gleichfalls $18\frac{1}{2}$mal, und er wäre hiernach über 6000mal größer als die Sonne. Diese allgemeine Berechnung ist vollkommen hinreichend, sich richtige Begriffe von der Größe dieser Weltkörper zu verschaffen. Da ferner die Fixsterne bei ihren fast unmerklich geringen scheinbaren Durchmessern, uns aus ihrer ungeheuren Ferne gleichwohl noch ein so äußerst lebhaftes Licht zuwerfen, so ist es ausgemacht, daß sie ihren Glanz so wenig von unsrer Sonne als von irgend andern Himmelskörpern entlehnen, sondern sämmtlich mit ihrem eignen Lichte funkeln, oder unserer Sonne ganz ähnliche Körper sind.

548. Mit dieser Vorstellung, daß alle Fixsterne Sonnen sind, vergleiche man ihre zahllose Menge. Schon das bloße Auge bemerkt bald in einer heitern Nacht, daß die 20000 etwa welche bis jetzt die Astronomen in Verzeichnisse und Bilder gebracht, bei weitem nicht das ganze Heer derselben ausmachen. Allein wie vielmehr zeigen dies die Fernröhre? Viele neblichte Stellen, die sich überall am

heitern Firmament zeigen, erscheinen dadurch als zahlreiche Sammlungen kleiner nahe zusammenstehender Sterne. Wer zählt endlich die Tausende der Sonnen, welche jenen prachtvollen Sternengürtel, die sogenannte Milchstraße, anfüllen. Man leitet selbst ihren Lichtschimmer zum Theil von dem vereinigten Glanz dieser zahllosen Sternenmenge her, und Herschel versichert, daß sein lichtvolles 20füßiges Teleskop den gesammten weißlichen Schein der Milchstraße völlig in Sterne auflöst; er sahe oftmals in einem Streifen 15 Grad lang und 2 Grad breit, 50000 noch kenntliche Sterne durch das Feld seines Teleskops gehen.

549. Hieraus entsteht eine über alle unsere Begriffe gehende Vorstellung von der Größe der Schöpfung. Eine Erdweite, die gewöhnliche Meßruthe des Astronomen in jenen Regionen des Himmels, muß er wenigstens 206000 mal umschlagen, um nur die unserer Sonne am nächsten stehenden Fixsterne zu erreichen. Man unterscheidet aber bereits mit unbewaffneten Augen die Sterne bis zur siebenten Größe, und diese sind, allem Vermuthen nach, noch vielmal weiter entlegen *). Diejenigen Fixsterne, welche man durch sehr vollkommene Fernröhre noch mühsam in der Milchstraße, den Sterngruppen und Nebelflecken entdeckt, mögen, hiernach zu rechnen, von der 100sten Größe in absteigender Ordnung, und gleichwohl noch lange nicht die letzten Sonnen des Weltalls seyn. Für solche Weiten wird obiger Maaßstab wieder zu klein. Der Astronom nimmt endlich den schnellen Flug der Lichtstrahlen zum Maaße. Sie durchstreifen den Abstand der Sonne von uns in 8 Min., und gleichwohl müßten sie von den wenigstens 206000mal weiter entlegenen Fixsternen bis zur Erde drey Jahre gebrauchen; und es können Jahrhunderte hingehen, ehe sie von den Sternen der geringsten Größe auf der Erde anlangen.

550. Was konnte nun wohl der Zweck des Allerweisesten bei der Formirung dieses gesammten Sonnenheeres

*) Die eigene ungleiche Größe und Lichtstärke jener entlegenen Sonnenkugeln kann hierbei manche Ausnahmen machen.

res seyn? Etwa, daß sie die Nächte des Erdbewohners erleuchten, oder als glänzende Punkte der nächtlichen Bühne des Himmels zur Zierde dienen möchten? Keinesweges*)! Unsere Sonne verbreitet über ihre Planeten und Kometenkugeln Bewegungskraft, Licht, Wärme und wohlthätige Einflüsse. Die Fixsterne sind gleichfalls Sonnen, und ähnlicher Verrichtungen fähig. — Sollte ihnen die Allmacht dieses Vermögen umsonst ertheilt haben? Dann ist zwischen unserer Sonne und den nächsten Fixsternen eine wenigstens 10000mal größere Weite als zwischen der Sonne und dem Uranus, und wir können sicher zwischen zweien am Firmament oft äußerst nahe beisammen erscheinenden Fixsternen uns ähnliche Räume gedenken. Wozu aber jener große Raum um unser Sonnensystem? Damit nicht die dazu gehörigen Planeten und Kometen durch die Einwirkung der Anziehung der nächsten Sonne, in ihrem Laufe gestört werden möchten. Sollten daher nicht auch jene unermeßlichen Räume um die Fixsterne zu ähnlichen Absichten bestimmt seyn? Ein jeder Fixstern hat demnach höchstwahrscheinlich verschiedene dunkle Weltkörper um sich, und es giebt so viele Sonnensysteme als Fixsterne da sind. —

551. Welche erhabene Gegenstände stellt uns hiernach das Weltgebäude auf und wie geringe muß nicht der Mensch seinen Erdplaneten finden, wenn er ihn mit der gewaltigen Menge und Größe jener Weltkörper in Vergleich stellt? Gleichwohl hat der Allgütige unsern Erdball, so reichlich mit lebendigen Geschöpfen und vernünftigen Bewohnern besetzt. Sollte sich daher die Bevölkerung nicht auch auf das ganze Heer von Sonnen, Planeten, Monden 2c. in den übrigen gränzenlosen Gefilden der Schöpfung erstrecken, und lebendige, vernünftige Wesen von den großen Veranstaltungen aller Sonnensysteme Vortheile ziehen.

---

*) Denn wie helle es die Sterne bei Nacht machen, weiß ein jeder, und daß sich nur wenig Menschen um den gestirnten Himmel bekümmern, ist gleichfalls bekannt.

552. Die höchst merkwürdige Beschaffenheit, Lage und Gestalt der Milchstraße dient zu einigen Schlüssen über die Austheilung des gesammten Sternheeres im Weltraum. Dieser prachtvoll gestirnte Gürtel umgiebt 1) fast in der Richtung eines größten Kreises, und 2) im ununterbrochenen Zusammenhange die ganze Himmelskugel, welches beides man schwerlich einem bloßen ungefähren Zufall zuschreiben kann. Die Sterne der Milchstraße sind daher höchst wahrscheinlich in Vergleichung mit den übrigen nicht wirklich näher beisammen, wie es scheint, sondern sie stehen daselbst in langen Reihen hinter einander, und erscheinen uns deswegen mehr angehäuft, als in andern Gegenden, wo wir ihre Stellung mehrentheils der Fläche nach sehen.

553. Unsere Sonnenwelt liegt vermuthlich nicht im größten Durchschnitt der gesammten Fixsternensysteme, sondern dem Anschein nach etwas seitwärts außerhalb demselben, weil die Milchstraße nicht völlig in der Lage eines größten Kreises der Sphäre erscheint, sondern vom Nordpol bei der Cassiopeja etwa 30; vom Südpol aber, beim südlichen Triangel kaum 20° entfernt ist. Ferner müssen wir außerhalb ihrem Mittelpunkt liegen, weil sie da, wo der Schwan, Fuchs, Adler, Schlangenträger rc. stehen, viel breiter und die Sterne in derselben zerstreuter erscheinen, als gegenüber beim Orion, großen Hund, Schiff rc. Das ganze Fixsternenheer formirt also eine einzige Milchstraße, und alle einzelne Systeme beziehen sich auf eine ähnliche Art auf dieselbe, wie unsere Planeten auf den Thierkreis *).

554. Endlich haben die neuern Astronomen aus Vergleichung mit ältern Beobachtungen, gefunden, daß außer den im vorigen bemerkten scheinbaren Bewegungen, die allen Fixsternen gemein sind, verschiedene noch eine eigene,

*) S. Kant allgemeine Naturgeschichte und Theorie des Himmels; Lamberts cosmologische Briefe über die Einrichtung des Weltbaues, und Herschels Abhandlungen über den Bau des Himmels.

wiewohl sehr langsame Veränderung ihres Orts zeigen. Mayer hat von einigen 70 Sternen vergleichende Beobachtungen geliefert, die auf eine eigene Bewegung derselben schließen lassen. Maskelyne, de Lambre und andere haben hierüber gleichfalls Untersuchungen angestellt; die Resultate der Astronomen über die Größe dieser Fortrückungen zeigen aber noch beträchtliche Unterschiede. Herschel und Prevost haben aus der Richtung jener Ortsveränderungen verschiedener Sterne zu beweisen gesucht, daß solche von einer eigenen Bewegung unsers Sonnensystems vom Eridanus zum Herkules herrühren.

555. Uebrigens können wir auch ohne Beobachtungen voraussetzen, daß keine Kugel des Himmels sich in einer absoluten Ruhe befinden werde, da die Bewegung nothwendig zu seyn scheint, um nach dem Plan der Schöpfung Mannigfaltigkeiten und Abwechselungen im Weltall hervorzubringen *). Die Schwere ist höchst wahrscheinlich durch alle Räume des Weltgebäudes wirksam, die zunächst benachbarten Sonnensysteme haben zufolge derselben gegen einander, und endlich alle gemeinschaftlich gegen einen im Mittelpunkt des gesammten Milchstraßensystems liegenden Körper eine Beziehung, und laufen um denselben vielleicht nach Millionen Jahren. Dieser Centralkörper wird eine seiner weiten Herrschaft angemessene Größe haben, und wenn er mit einem eigenthümlichen Lichte glänzet, sich überall vor andern Sonnen auszeichnen. Da sich nun aus dem Anblick der Milchstraße folgern läßt, daß unser Sonnensystem in Ansehung der Gegend beim Orion diesseits des Mittelpunkts derselben sich befindet, und gerade der hellste unter allen Fixsternen, Sirius, daselbst nahe an der Milchstraße steht, so ist man hierdurch veranlaßt worden, ihm diesen Rang zu geben.

556. Die neuen oder in ihrem Glanze veränderlichen Sterne (§. 85.) halten einige für Sonnen,

*) Diese Bewegung der Fixsterne kann aber keineswegs bei jedem stets geradelinigt vor sich gehen, denn dabei würde ihre, ohne Zweifel, systematische Verfassung aus einander gehen und gestört werden. Sie muß also vielmehr eine bogenähnliche Richtung nehmen.

die sich, wie die unsrige, um ihre Axe drehen, und nicht überall von ihren Oberflächen ein gleich starkes Licht strahlen, oder für Körper, die eine sehr abgeplattete Gestalt haben, und uns bei ihrer Umwälzung zuweilen ihre schmale Seite zuwenden. Auch sind vielleicht lichtlose Körper im Weltraume vorhanden, die sich zuweilen durch irgend eine periodische geringe Ortsveränderung zwischen uns und jene Sonnen stellen. Nach völlig zuverlässigen Beobachtungen giebt es aber unter den tausendmal tausenden nur sehr wenige veränderliche Sterne, und von neu erschienenen und wirklich wieder verschwundenen Sternen hat man noch wenigere Beispiele. Solche erhabene Gegenstände sind nicht so leicht Verwandelungen unterworfen.

557. Die eigentlichen Nebelsterne sind vermuthlich Sonnen, die eine starke Photosphäre, gleich dem Thierkreislichte unserer Sonne, um sich haben. Daher auch einige den Lichtschimmer der Milchstraße aus dergleichen Umgebungen vieler Fixsterne herleiten wollen. Die Sterngruppen bestehen, wie die Fernröhre lehren, aus verschiedenen Sammlungen dem Anscheine nach sehr kleiner und äußerst nahe beisammen stehender Sterne, und können als gewisse näher zusammenstehende Sonnen, die für sich ein besonderes System ausmachen, zu den allgemeinen Fixsternsystemen unserer Milchstraße gehören. Allein die Nebelflecke, welche sich gewöhnlich von der Milchstraße ganz abgesondert, in allen Gegenden des Firmaments, durch Fernröhre, als bloße lichtschimmernde Stellen zeigen, die selbst Herscheis Teleskope nicht in Sterne auflösen, wie im Orion, in der Andromeda, beim Triangel, im Stier, im Wallfisch, Ophiuchus, Schützen, großen Bären, am Berge Maenal, im Schwan *) rc. sind höchstmerkwürdig. Denn sie scheinen mit den Fixsternsystemen unserer Milchstraße in keiner Verbindung mehr zu stehen, sondern weit jenseits derselben im Weltraum

*) S. meine astronomischen Jahrbücher von 1791 und 1794 in welchen die beiden Herschelschen Verzeichnisse von 2000 Nebelsternen, Sternhaufen und Nebelflecken stehen.

zerstreut zu seyn, und es ist zugleich sonderbar, daß sich viele in einer länglichten oder elliptischen Gestalt zeigen *).

558. Man hat hiernach Ursache, sich von diesen neblichten Stellen am Himmel die erhabensten Begriffe zu machen. — Kant, Lambert und Herschel nehmen mit vieler Wahrscheinlichkeit an, daß, außer unserer Milchstraße, noch mehrere Sammlungen zahlreicher Fixsternensysteme im Weltraum vorhanden sind, und wir nur noch den vereinigten Glanz ihrer Legionen Sonnen unter der Erscheinung dieser schwachen lichtschimmernden Stellen erblicken. — Bei diesen Vorstellungen schwindelt der Verstand des Erdbewohners, seine Sprache hat keine Worte, die Größe dieser erhabenen Gegenstände zu beschreiben. Alle seine Begriffe von Zahlen und Weiten hören auf, und der Abstand des nächsten Fixsterns hat gegen die unbegreifliche Ausdehnung der Schöpfung kein Verhältniß mehr. Auch auf den Flügeln des Lichts könnte er leicht Millionen Jahre gebrauchen, um bis an jene entlegenen Milchstraßen zu gelangen, und auch da wäre er vielleicht noch weit von den Gränzen der unermeßlichen Welt entfernt, die der Allmächtige werden hieß! **).

Zwölfter Abschnitt.

Von der Schiffahrtskunde.

559.

Diese gemeinnützige Wissenschaft hat sich immer mehr ihrer Vollkommenheit genähert, seitdem, außer der Geschick-

*) S. meine Himmelscharten, 20stes Blatt. Die zweite Kupfertafel in meinem astronomischen Jahrbuch für 1794 zeigt verschiedene Nebelflecke und Sternhaufen, nach Herschels Beobachtungen.

**) Ich habe im vierten Abschnitt der dritten Abtheilung meiner Anleitung zur Kenntniß des gestirnten Himmels, und in meinen Betrachtungen über das Weltgebäude, diese herzerhebende Vorstellungen weiter ausgeführt.

lichkeit, ein Schiff vermittelst des Steuerruders und der Segel zu regieren, der Compaß erfunden, und die Anwendung des Himmelslaufes dem Seefahrer bekannter gemacht worden. Ich handele im folgenden vornemlich von dem, was sich bei der Schiffahrt auf die Sternkunde bezieht, und kann manches hieher gehörige, als aus dem vorigen bekannt, voraussetzen, und hier nur den Gebrauch bei der Schiffahrt zeigen.

560. Eine Magnet= oder Compaßnadel zeigt bekanntlich horizontal im Gleichgewicht auf einem Stift aufgestellt, mit der einen Spitze beinahe nach Norden, und mit der andern beinahe nach Süden. Diese Abweichung ihrer sogenannten Pole von den Weltpolen oder von der Richtung des wahren Meridians, ist nach einiger Zeit an einem und demselben Ort der Erde veränderlich, und ihre Größe zu gleicher Zeit nicht überall auf der Erd= und Meeresoberfläche gleich. Sie weicht an einigen Orten nach Osten, an andern nach Westen mehr oder weniger vom Meridian ab; es giebt aber auch Gegenden, wo zuweilen keine Abweichung statt findet *).

561. Wenn man auf einer Charte von der Erdkugel alle Oerter bemerkt, wo die Magnetnadel für eine gewisse Zeit eine gleiche Abweichung gehabt, und solche zusammenzieht, so kommen besonders gekrümmte Linien zum Vorschein, die Halley zuerst entdeckt hat **). Z. B. um das Jahr 1770 war in Europa, Afrika, an der Ostküste von Nordamerika, und den zunächst angrenzenden Meeren die Abweichung der Magnetnadel durchaus westlich, und geht hinterhalb Großbrittanien über 25°; auf einer Linie vom weißen Meer durch den südwestlichen Theil von Asien, nach

---

*) Zu Berlin ist die jetzige Abweichung etwa 17° westlich.

**) S. *Bouguer Traité de Navigation*, Muschenbröck Naturwissenschaft, Lamberts magnetische Charte im astron. Jahrbuch für 1799, Funks Hemisphären, und vor allem Handbuch der Schiffahrtskunde, nebst Seemannstafeln, mit 15 Kupf. und zwei Seecharten, ein starker Band in 8, Hamb., 1819.

dem südlichen China, und bis durch die ostindischen Inseln im Ocean, östlich von Borneo, ist keine Abweichung, und von derselben gegen Osten ist sie ostwärts. Auf einer andern krummen Linie von Florida, den brasilischen Küsten nahe östlich vorbei bis fast zum ersten Meridian, ist gleichfalls die Abweichung o, von da gegen Westen durch Südamerika und den mittägigen Theil des stillen Meeres wird sie östlich. Diese magnetischen Linien scheinen langsam von Ost nach West fortzurücken.

562. Die Compaßnadel hat ferner eine Neigung gegen den Horizont. Größtentheils nordwärts vom Aequator senkt sich gewöhnlich die Nordseite derselben tief unter (bei uns über 70°) südwärts aber über der horizontalen Ebene, wiewohl nicht überall und für eine jede Zeit gleich stark. Der Seefahrer begnügt sich, denjenigen Theil der Compaßnadel, welcher, so wie er unter andere Himmelsstriche kömmt, sich über den Horizont erhebt, so lange mit etwas Wachs schwerer zu machen, bis die Nadel sich wieder horizontal stellt.

563. Bei den gewöhnlichen Strich- oder Route-Compassen wird die Magnetnadel auf einem Stift in der Mitte eines nach den Weltgegenden abgetheilten Kreises im Gleichgewicht aufgestellt. Hingegen beim See-Compaß befestigt man die Nadel gemeiniglich unter einer dünnen pappenen mit Glas bedeckten Scheibe, auf welcher die Schiffs- oder Windrose (ein nach den 32 Winden abgetheilter Kreis) verzeichnet wird, die sich darin mit derselben zugleich herumdreht. Die Bezeichnung der vier Hauptgegenden sind: N. Nord, O. Ost, S. Süd, W. West. Die zwischen zwei Hauptgegenden liegenden Nebengegenden entlehnen ihre Benennung halb von der einen, halb von der andern Hauptgegend, und sind bei dieser schicklichen Anordnung leicht zu behalten. Diese Abtheilungen liegen $\frac{360°}{32} = 11\frac{1}{4}°$ von einander, und heißen in der Schiffahrt: Rhombi oder Rumbi, Windwinkel, Compaßstriche.

564. Der Schiffscompaß wird in einer mit Glas belegten Büchse eingeschlossen, und diese von außen an zwei Zapfen innerhalb einem Ringe oder im Gleichgewicht aufgehängt, der wieder, vermittelst zweier Zapfen, 90 Grad von der vorigen an der inwendigen Seite eines viereckigten Kastens eingehängt wird, damit die Magnetnadel bei allen Schwankungen des Schiffs ihre horizontale Lage so viel als möglich behält. Es sey fig 50. A der Vordertheil und B das Steuerruder am Hintertheil eines Schiffs, AB der Kiel desselben: so wird der den Seecompaß einschließende Kasten in einem bei B befindlichen Behältnisse (die Steuermannshütte) so gesetzt, daß der Mittelpunkt c senkrecht über AB und bc mit AB unter einem rechten Winkel steht. Er heißt der Strich- oder Route-Compaß, weil er dient, um den Lauf des Schiffes, vermittelst des Steuerruders, zu lenken. Zeigt z. B. die Magnetnadel nach cn Norden, so ist ncA der Windwinkel, welchen der Weg des Schiffs mit dem Meridian nach Osten macht. Bläset nun der Wind gerade dahin, und stößt folglich senkrecht auf das Seegel DP, so wird das Schiff bloß durch Hülfe des Windes nach der Richtung BA fortgeführt. Der Wind ist aber selten so günstig, und daher muß das Seegel, wenn der Wind von der Seite kömmt, schräge gegen BA gestellt werden; alsdann wird aber das Schiff von der Richtung, nach welcher es der Seefahrer vermittelst des Steuerruders unter den Winkel des Strichcompasses hinlenkt, seitwärts abgetrieben.

565. Diese Abweichung des Schiffs von seinem bestimmten Lauf wird durch den sogenannten Peil-Compaß (Variations-Compaß) gefunden, welcher mit Dioptern und horizontal auch vertical beweglichen Linealen versehen, und dessen Rose in 360° eingetheilt ist. Er dient auch zur Beobachtung der Morgen- und Abendweite, des Azimuths der Sonne und Sterne, imgleichen zur Bestimmung der Winkel, welche entlegene Gegenstände auf der See, als Küsten, Berge, Klippen rc. mit dem Meridian oder einem gewissen Windstrich machen. Steht z. B. das Seegel MO schräge, so daß der Wind von S kömmt, so

wird das Schiff vom Winde, nicht allein seiner Länge nach von C gegen G, wohin es der Steuermann vermittelst des Steuerruders lenkt, sondern auch zugleich etwas nach der andern Seite R fortgetrieben, und es nimmt seinen Weg etwa in der Richtung TCR, welcher mit dem Winde den Winkel RCS und mit A den Winkel RCA macht. Dieser letztere Abweichungswinkel läßt sich mit dem Peil-Compaß von C aus finden, weil das Schiff durch seine schnelle Bewegung hinter sich nach der Richtung CT eine Strecke fort in der See eine Art von Bahn (das Kielwasser) zurückläßt, deren Winkel mit dem Kiel BCT = RCA sich messen läßt. Der Stoß des Windes nach SC wirkt auf das Seegel OM wie auf eine schräge Ebene, und sucht selbiges aus der Stelle zu treiben; das Schiff stellt aber dem Wasser gegen D seine größte Seitenfläche entgegen: daher muß es vorwärts nach G, wiewohl mit einiger Abweichung, gegen R fortseegeln. Ist das Schiff z. B. dreimastig, und erhalten alle drei Seegel eine schräge Richtung, so wird dem Winde eine größere Fläche entgegengestellt und die Wirkung muß dadurch ansehnlich verstärkt werden.

566. Die Abweichung (Fehlweisung) der Magnetnadel muß beim jedesmaligen Gebrauch des Compasses in allen Gegenden des Oceans genau bekannt seyn, um den wahren Windstrich, nach welchem das Schiff fortgeführt worden, zu finden. Hiezu dient die Beobachtung der Sonne, des Mondes, oder bekannter Sterne im Meridian: denn da zeigt die Magnetnadel sogleich die Abweichung von der auf diese culminirenden Himmelskörper, vermittelst der Diopteru-Linealen gerichteten Meridianlinie des Variations-Compasses; oder auf eine ähnliche Art, wenn man weiß, zu welcher Zeit des Nachts bekannte, dem Pol benachbarte Sterne, gerade *unter* oder *über demselben* durch den Meridian gehen.

567. Dann ist auf der See die *Morgen-* und *Abendweite* der Sonne zu beobachten hiezu ganz besonders dienlich. Diese läßt sich aus schon vorhandenen Ta-

feln nehmen *) oder leicht berechnen (§. 129). Die Bemerkung, in welchen Punkten des Horizonts nach dem Compaß die Sonne auf- oder untergeht, verglichen mit dem, was jene Tafeln oder Rechnungen unter der bekannten Polhöhe des Schiffes ansetzen, giebt die Abweichung des Compasses.

568. Die Geschwindigkeit eines seegelnden Schiffs zu finden, dient das sogenannte Log. Dies ist ein Dreieck von hartem Holze, 6 bis 7 Zoll hoch, dessen untere Seite mit Blei beschwert wird, so, daß es sich senkrecht auf der Oberfläche des Wassers stellt, und an seiner obern Spitze wird ein langes dünnes Seil (die Logleine) befestigt. Man läßt es beim Steuerruder in die See fallen, und windet schnell im Seegeln des Schiffs die um eine Spindel geschlagene und in gleich weit von einander befindliche Knoten abgetheilte Logleine ab; und aus der Beobachtung, wie viel Knotenlängen in einer halben Minute abgewunden worden, ergiebt sich, wie geschwind das Schiff während des Versuchs fortseegelt.

569. Gewöhnlich ist der 120ste Theil von $\frac{1}{3}$ einer Seemeile, die auf 17100 Franz. Fuß gerechnet wird, oder $47\frac{1}{2}$ Fuß das Maaß von einem Knoten zum andern. Gesetzt nun, es sind während einer halben Minute von dem Anfangspunkt der Abtheilung an zu rechnen, 6 Knotenlängen der Logleine abgewunden, so ist das Schiff inzwischen $\frac{6 \cdot \frac{1}{3}}{120} = \frac{2}{120} = \frac{1}{60}$ Meilen fortgeseegelt, und man schließt, daß es in einer Stunde $120 \cdot \frac{1}{60} = 2$ Meilen zurücklegen wird. Hiebei setzt man voraus, daß das Log auf der Stelle, wo es ausgeworfen, unbeweglich liegen bleibt, welches nicht völlig zutrifft; und da überdem der Ocean selbst an verschiedenen Oertern einer Bewegung nach einer gewissen Gegend unterworfen ist, welche man die Strömung nennt, so wird sowohl das Log als das

*) Dergleichen Tafeln kommen in allen Büchern von der Schiffahrt vor, auch unter andern in der Beschreibung meiner Weltcharten, Berlin, 1793.

Schiff gemeinschaftlich nach dieser Richtung zugleich fortgeführt, und es kömmt darauf an, ob das Schiff vom Winde mit dem Seestrom nach einer oder entgegengesetzten Richtung, oder unter einem gewissen Winkel fortseegelt, um zu bestimmen, ob und wie weit es dadurch von seinem wahren Lauf abgeleitet worden.

570. Das Weltmeer hat z. B. zwischen den Wendecirculn eine beständige Bewegung von Osten nach Westen, und legt zwei bis drei Meilen in einem Tage zurück. Unter diesem Himmelsstrich zeigt also das Log nur an, wie viel ein nach Westen oder Osten seegelndes Schiff sich geschwinder oder langsamer als die See bewegt hat. Seegelt es von Süden nach Norden, so wird es mit der Logleine parallel von seinem Wege nach Westen abgeführt. Geht endlich der Lauf unter einem gewissen Winkel mit der Richtung des Seestroms vor sich, so macht das Schiff gleichfalls einen größern oder kleinern Weg, als die Logleine angiebt.

571. Der Schiffer muß also in allen Gegenden des Oceans die Richtung und Geschwindigkeit der Meeresströme kennen, wenn er mit Zuverlässigkeit aus dem Loggen den zurückgelegten Weg seines Schiffes bestimmen will. Unterdessen bedürfen Bemerkungen dieser Art noch genauerer Untersuchungen. Außer der allgemeinen Strömung des Wassers zwischen den Wendekreisen nach Westen, welche sich aber doch nordwärts der Mittellinie etwas gegen Mittag, und südlich unter derselben gegen Mitternacht hinzieht, auch in der Nähe des festen Lendes, der Inseln und Vorgebürge, unterbrochen wird, giebt es in verschiedenen Gegenden des Oceans, und in der Nachbarschaft der Küsten, noch besondere beständige oder veränderliche Meeresströme.

572. Wenn dem Schiffer der Ort seiner Abreise durch astronomische Beobachtungen, der Windstrich, unter welchem er fortgeseegelt, nach dem Compaß, und die Geschwindigkeit des Schiffs nach der Logleine bekannt ist, so kann er den zurückgelegten Weg auf den Seecharten verzeichnen, und den Ort des Schiffs nach geographischer Länge und Breite angeben. Die sogenannten platten Seecharten

bilden nur kleine Meeres- und Küsten-Gegenden ab, und daher können auf denselben die Meridiane und Parallele als gerade sich unter rechten Winkeln durchschneidende Linien vorgestellt werden. Die in der Geographie üblichen Charten, welche, nach den Regeln der Perspective, entweder ganze Welttheile, oder die Halbkugel der Erde auf einer Ebene vorstellen, sind in der Schiffahrt nicht brauchbar, weil auf denselben die Meridiane und Parallele, wenigstens die letztern allemal gekrümmt erscheinen. Bei demjenigen Entwurf der Halbkugel der Erde, fig. 51., der den Pol P in der Mitte hat, und die Länder und Meere am wenigsten verzogen darstellt, durchschneiden sich freilich alle Meridiane AP, DP ꝛc. als gerade Linien im Pol, der Aequator AD und dessen Parallele erscheinen als Kreise; allein die Windlinien, nach welchen der Schiffer fortseegeln muß, sind auf dergleichen Charten eben so, wie auf den Erdgloben selbst, spiralförmig gekrümmt, und für den Seefahrer schwer zu bestimmen.

573. Will nun der Schiffer z. B. von dem Punkt des Aequators C aus nach Nordosten steuern, so muß der Lauf seines Schiffs mit allen Meridianen, oder mit der Linie des Compasses, die nach bekannter Abweichung den wahren Norden zeigt, einen beständigen Winkel von 45° machen. Kommt er nun in G, so zeigt jene Linie nach GNP den Nordpol an, und dies ist der Meridian für G. Setzt das Schiff seine Reise nach Nordost fort, so kömmt es von G nach H. Hier muß die Nordlinie die Lage HP annehmen, damit PGH = PHI = 45° werde, und eben so geht es in I ꝛc., wenn das Schiff beständig nach Nordost fortseegelt. Hieraus entsteht die Spirallinie CGHIP, deren Umfang mit der Annäherung gegen den Pol kleiner wird. CNP und CSVP sind dergleichen Linien, die man loxodromische nennt, für Nord Nordost und Ost Nordost. Sie finden überhaupt statt, sobald ein Schiff mit allen Meridianen, durch die es hinseegelt, einen spitzen und unveränderlichen Winkel macht, und folglich seine geographische Länge und Breite beständig verändert, und werden größte Kreise der

Erdkugel, wenn es entweder beständig unter einem und demselben Meridian, oder unter dem Aequator; hingegen kleinere Kreise, wenn es beständig unter irgend einem Parallelkreis des Aequators seegeln könnte. In den beiden letztern Fällen ginge der Schiffscours gerade gegen Osten oder Westen, ohne Veränderung der geographischen Breite; und im erstern Fall gerade gegen Norden oder Süden ohne Veränderung der Länge. Und nur auf diesen Fahrten würde der Seefahrer, nach einer einmaligen Umschiffung sämmtlicher Meridiane und Parallele, wieder gerade den Ort seiner Abreise auf dem kürzesten Wege erreichen. Alle übrigen loxodromischen Linien aber führen ihn durch alle Meridiane der Erdkugel herum auf Umwegen, und niemals wieder in den Hafen der Aussegelung zurück.

574. Der Seefahrer würde nun schwerlich auf dergleichen Seecharten, worauf die loxodromischen oder Windlinien gekrümmt erscheinen, den Weg seines Schiffs verzeichnen können. Ueberdem ist er wegen der Lage des festen Landes, der Inseln und Klippen, widrigen Winden, Meeresströmen ꝛc. genöthigt, seine Schiffsroute inzwischen oft zu ändern. Gesetzt auch, ein sehr entlegener hoher Küsten = Berg n erscheine von C aus in Osten, und ein anderer R in N. O., so wird der Seefahrer, wenn er auch den Strich West und S. W. hält, solche nicht erreichen, sondern nordwärts vorbeiseegeln, wie die Figur zeigt.

575. Man hat daher für den Seefahrer Charten erfunden, auf welchen alle Windlinien gerade vorgestellt werden können. Auf denselben mußten nothwendig alle Meridiane unter sich parallel vorgestellt werden und die Grade der Länge im Aequator und allen Parallelkreisen gleich groß erscheinen. Man nennt solche reducirte Charten, Mercator machte sie im Jahr 1550 zuerst bekannt und Wright zeigte die Theorie ihrer Entwerfungsmethode. Man läßt auf denselben die Grade und Minuten des Meridians, oder der Breite, in gleichem Verhältnisse gegen die Pole zunehmen, als die Grade der Länge in einem jeden

Parallelkreise abnehmen. Nun richtet sich diese Abnahme nach dem Cosinus der Breite (§. 217.): daher muß die Vergrößerung der Grade des Meridians nach der Secante der Breite vor sich gehen; denn der Cosinus wird, z. B. bei zunehmenden Winkeln, gegen den Radius um so vielmal kleiner, als die Secante größer wird. Es folgt hieraus: daß sich unter den Graden der Längen und Breiten auf diesen Charten, nach einem Maaßstab oder Meridian gemessen, dessen Grade sich eben so vergrößern, allemal das richtige Verhältniß wie auf der Erdkugel finden müsse. Eine Folge von dieser Vergrößerung ist, daß die Länder und Meere gegen die Pole immer mehr ausgedehnt erscheinen; unterdessen behalten sie, nach der ihrer Breite zugehörigen Größe eines Grades vom Meridian gemessen, gegen alle übrigen das richtige Verhältniß *).

576. Auf den mehresten nach Mercators Manier entworfenen Seecharten, zieht man aus verschiedenen Punkten die 32 Windstriche des Compasses, damit der Seefahrer den zu befolgenden Wind finden könne, wenn er sucht, welcher Windstrich der einen oder andern gezeichneten Schiffsrose, mit einer von dem Ort seines Aufenthalts zum Ort der Bestimmung gehenden Linie parallel liegt. Allein dergleichen Seecharten werden so sehr mit sich einander durchkreuzenden Windlinien angefüllt, daß die Bezeichnung des zurückgelegten und noch zunehmenden Weges von einem Schiff auf denselben dadurch erschwert wird. Besser ist es demnach, die Parallelen des Aequators und die Meridiane unter rechte Winkel selbst zu ziehen, wobei der Seefahrer den Ort und Weg seines Schiffs mit Zirkel und Lineal, ingleichen einer auf Pappe geklebten, genau eingetheilten Schiffsrose, durch deren Mittelpunkt ein Faden gezogen wird, viel bequemer findet **).

577. Es sey fig. 52 A der nach Länge und Breite bekannte Ort der Abreise eines Schiffs,

*) Bis zu den Polen kann aber eine solche Seecharte nicht ausgedehnt werden, weil die Secante von 90° unendlich wird.

**) S. den Seeatlas der hiesigen Akademie der Wissenschaften vom Jahr 1749. auch ist fig. 52 nach Merkators Manier entworfen.

unter dem 357° der Länge und $40\frac{1}{2}°$ nordlicher Breite. Nun seegele es 80 Franz. Seemeilen (20 auf einen Grad des Aequators oder des Meridians gerechnet) nach Nordost, und dann wieder 100 solcher Meilen unter dem Nord-Nordostwinde. Der Seefahrer legt nun an **A** den Mittelpunkt der auf Pappe gezogenen Schiffsrose, so, daß deren Linie von Süden nach Norden genau mit der Lage des Meridians der Charte übereinkömmt; spannt den Faden über den Windstrich Nordost, und nimmt mit einem Zirkel 80 Meilen = 4° des Meridians, deren Weite sich in der Gegend der Breite, unter welcher das Schiff seegelt (demnach hier zwischen 40 und 44°) bis auf einen geringen Unterschied ergiebt, trägt solche von **A** aus längs dem ausgespannten Faden: so findet sich der Punkt **B** als der Ort der Ankunft des Schiffs, unter dem ersten Grad der Länge und $43\frac{1}{3}°$ der Breite. Legt ferner an **B** den Mittelpunkt der Rose, und spannt den Faden über Ost-Nordost; nimmt von **B** aus an demselben die Weite von 100 Meilen = 5° des Meridians: so ist **C** der Ort, wo sich das Schiff alsdann befindet, unter dem $7\frac{2}{3}°$ der Länge und $45\frac{1}{3}°$ der Breite. Von **A** bis **C** ist es demnach um $10\frac{2}{3}°$ gegen Osten = **AS**, und um $4\frac{5}{6}°$ = **SC** gegen Norden geseegelt. Dergleichen Aufgaben lassen sich noch auf verschiedene Art abändern, nachdem dem Seefahrer das eine oder das andere Stück in den Dreiecken **ABE** und **BGR** bekannt ist.

578. Bei diesen mechanischen Operationen, die zur Erfindung und Bezeichnung des Weges vom Schiff auf den nach einem großen Maaßstab entworfenen Seecharten, hinreichend sind, wird vorausgesetzt, der Seefahrer schätze nicht allein den Lauf und die Geschwindigkeit seines Schiffs, nach dem was die Logleine angiebt, imgleichen den Strich des Windes, unter welchem er fortseegelt, nach dem Compaß; sondern es sey ihm auch die Abtrifft, so wie die Abweichung der Magnetnadel in den durchschifften Gegenden bekannt. Sonst werden die Seecharten den Ort der Ankunft des Schiffs nicht mit der erforderlichen Richtigkeit anzeigen. Der Seefahrer muß daher in **B** die geo-

graphische Länge und Breite, unter welchen er sich befindet, durch astronomische Beobachtungen zu bestimmen suchen. Diese Vorsicht ist auch bei der vermeintlich richtigsten Schätzung des Weges und des Windstriches nöthig, um die Schifffahrt desto sicherer fortsetzen zu können.

579. Das Meer hat, außer der oben angezeigten Bewegung, und der, welche die Stürme verursachen, noch eine tägliche und periodische, die unter dem Namen der Ebbe und Fluth bekannt ist. Es steigt nemlich alle Tage zweimal gegen die hohen Küsten der Länder an, oder überschwemmt die niedrigen Ufer derselben; eben so tritt es in die Mündungen der Häfen und in den Flüssen eine mehr oder mindere Strecke hinauf. Zweimal zieht es sich im Gegentheil täglich wieder zurück, und eine jegliche Höhenabwechselung dauert etwa sechs Stunden. Das Wasser steigt ohngefähr sechs Stunden, und fließt nachher fast eben so lange wieder ab; jenes heißt die Fluth und dieses die Ebbe. Nach dem niedrigsten Stande desselben folgt hierauf eine zweite Fluth rc. Eine jede dieser Meeresveränderungen dauert unterdessen etwas länger als sechs Stunden, und nach 24 Stunden verspätigt sich der höchste und niedrigste Stand des Wassers allemal um etwa 50 Minuten.

580. Diese tägliche Verspätigung der Ebbe und Fluth giebt zu erkennen, daß vornemlich der Mond die Ursache derselben sey, weil derselbe nach 24 Stunden um etwa so viel später den Meridian erreicht. Nach 15 Tagen fallen die Fluthen um 12 Stunden später, und nach Verlauf von 29 Tagen (dem synodischen Umlauf des Mondes) wieder in gleichen Stunden des Tages ein, woraus sich ergiebt, daß die vereinigte Wirkung von Sonne und Mond auf die Gewässer der Erde diese Meeresveränderungen hervorbringen müssen, welches noch mehr die nähern Erscheinungen bei denselben bestätigen. Z. B. In einem jeden Monat steigt um die Zeit des Voll- und Neumondes, auch wenn der Mond in seiner Erdnähe ist, das Wasser höher als gewöhnlich, und die stärksten Fluthen treffen im Jahr

ge-

gewöhnlich ein, wenn um die Zeit der Aequinoctien Neu- oder Vollmond ist.

581. Die Ebbe und Fluth ist hiernach eine Wirkung der allgemeinen Schwere. Sonne und Mond werden, vermöge ihrer Anziehungskraft, wie Kepler und Newton zuerst dargethan, das senkrecht unter ihnen befindliche Wasser etwas erheben, weil dessen Theile nicht so wie die Länder diesem Zuge wiederstehen *). Hiebei wird das Wasser von andern Oertern der See mehr hieher geführt, und häuft sich dadurch unter diesen Himmelskörpern stärker an, als sonst irgendwo auf der denselben zugewendeten Halbkugel, folglich muß es inzwischen in andern Gegenden niedriger werden oder abfließen. Da sich nun die Erdkugel von Westen gegen Osten umwälzt, so wird dieses senkrecht unter dem Mond und der Sonne erhöhete Wasser nach der entgegenstehenden Richtung fortgeführt, und daher herrscht auf dem Meer eine schwankende Bewegung desselben, weil es nemlich, wenn es in einer Gegend hoch steht, in einer andern niedriger werden muß. Wenn Mond und Sonne am Firmament nicht beisammen stehen, so verursacht die anziehende Kraft eines jeden für sich eine größere oder geringere Erhebung des Wassers, an Oertern, worüber er senkrecht weggeht.

582. Da der Mond, wegen seiner Nähe bei uns den größten Antheil an der Ebbe und Fluth hat, so kann man sich denselben Anfangs als den einzigen hierbei wirkenden Körper vorstellen. Demnach sey Fig. 53 E der Mittelpunkt der Erde; A und B zwei entgegenstehende Punkte ihrer Oberfläche, die man sich als überall mit Wasser umflossen vorstellen kann. Ueber dem Punkt A stehe senkrecht der Mond in m, so ist A dem Monde am

*) Kepler stellte vor fast 200 Jahren zuerst die Ebbe und Fluth, als eine Wirkung des Mondes auf. Seit dem hat der Mond über 2400mal seinen synodischen Umlauf vollführt und noch trifft diese Meeresveränderung wie damals mit den Mondlauf zusammen. Es ist also wol ausgemacht, daß wir zur Erklärung derselben keine andere Ursache hervor suchen dürfen.

nächsten, und B von demselben am entlegensten. Das Wasser bei A wird daher mit einer größern Gewalt als der Mittelpunkt der Erde E, und dieser hinwieder etwas stärker, als das Wasser um B vom Mond angezogen. Wenn sich nun das Wasser in A nach dem Mond hinzieht, oder über die Oberfläche der Erde von A bis a sich hebt, so muß es zu gleicher Zeit in B, als einem dem Monde gerade entgegengesetzten Punkt, sich vom Mittelpunkt der Erde gleichfalls entfernen, oder um Bb über die Erdoberfläche erheben, denn weil E vom Monde schwächer angezogen wird, so bleibt das dortige Wasser gleichsam zurück, oder erhält eine geringere Schwere gegen den Mittelpunkt der Erde, wodurch es nothwondig sich von demselben mehr entfernt, also steigt. Hingegen wird das Wasser etwa 6 Stunden vom Meridian, worin der Mond steht, oder um D und C wovon es nach A und B hingeströmt, mittlerweile bis in d und c gefallen seyn, so, daß alsdann hier das niedrigste Wasser ist, wobei folglich die Wasserkugel der Erde die freilich nur geringe ellipsenähnliche Gestalt acdb angenommen.

583. Bliebe nun der Mond in m, so würden diese Meeresveränderungen allemal nach 24 Stunden wieder eintreffen, so aber rückt derselbe mittlerweile etwa 13 Grad am Himmel von Westen gegen Osten in seiner Bahn fort, steht er nun am folgenden Tage zu einer gleichen Stunde in n, so hat A alsdann ohngefähr 50 Minuten später Fluth, weil die Erde sich noch um Ar umdrehen muß, bis A wieder den Mond senkrecht über sich hat. In den Gegenden des Oceans, die gerade unter den Mond kommen können, treffen die Fluthen zur Zeit des neuen und vollen Mondes um die Mittags- und Mitternachtsstunde, und zur Zeit der Viertel um die sechste Abend und Morgenstunde ein, weil der Mond alsdann um diese Tageszeiten im Meridian erscheint. Eigentlich stellt sich aber das höchste Wasser erst einige Zeit nach dem Durchgang des Mondes durch den Meridian oder Scheitelpunkt von A nach B ein.

584. Die Wirkung der Sonne auf die Gewässer der Erde

ist wegen ihrer 400mal größern Entfernung beträchtlich geringer *). Wenn Sonne und Mond nach einer Gegend gemeinschaftlich wirken, so muß der Zufluß des Wassers um so viel größer seyn. Daher entstehen die stärkern Fluthen im neuen und vollen Monde rc. Ueberhaupt lassen sich die Beobachtungen über die Fluth des Oceans, mit dieser kürzlich vorgetragenen Theorie vollkommen vereinigen, es würde aber alles noch besser stimmen, wenn die Erde überall mit Wasser bedeckt wäre, und das feste Land, die Inseln rc. nach ihren verschiedenen Lagen, imgleichen die Seeströme, die Winde rc. nicht den gleichförmigen Zufluß des Wassers nach der Gegend unter dem Mond oder der Sonne, mehr oder weniger verhinderten oder änderten.

585. Auf solchen Meeren, worüber 1) die Sonne oder der Mond niemals senkrecht kommen, oder die 2) wenig Ausdehnung haben, rund umher von Land eingeschlosen sind, oder mit dem Ocean nur durch schmale Meerengen Gemeinschaft haben, wird die Ebbe und Fluth entweder gar nicht, oder doch nur schwach bemerkt. Denn da Sonne und Mond eigentlich nur zwischen den Wendekreisen das Wasser des Oceans durch ihre Anziehung erheben, so wird die Ebbe und Fluth immer geringer, je näher man den Polen kommt, in deren Gegenden das Wasser allemal seinen niedrigsten Stand hat. Uebrigens wird die Größe der Ebbe und Fluth nach der Lage der an den offenen Weltmeeren gränzenden Küsten, der weitern oder engern Mündungen ihrer Häfen, Busen und Flüssen, sehr verschieden bemerkt.

586. Ferner ist auch die Zeit der eintretenden Fluth nach den unterschiedlichen Lagen oder Vertiefungen der Mündungen der Häfen und Flüsse an den Seeküsten sehr verschieden. Das höchste Wasser trifft gemeiniglich erst einige Stunden nach der Culmination des Mondes ein.

---

*) Nach den Berechnungen von Simpson, Euler und andere bewirkt der ☾ allein 6 Fuß = 72 Zoll und die Sonne 15 Zoll Erhebung der Gewässer senkrecht unter ihnen, folglich ist die Wirkung der ☉ dabei etwa 5mal geringer als die des ☾.

Diese Verspätigung ist an einem Ort bis auf den von Wind und Wetter und vom verschiedenen Stande des Mondes gegen die Sonne erregten Unterschied, allemal von gleicher Dauer, und hiernach läßt sich die Zeit des höchsten Wassers für diese Oerter berechnen. Auf dem offenen Weltmeer soll das höchste Wasser jedesmal 3 Stunden nach der Culmination des Mondes zu seiner größten Höhe gelangen *).

587. Der Seefahrer muß nothwendig eines Theils den durch vorige Schiffsmethode gefundenen Lauf seines Schiffs durch astronomische Beobachtungen so oft als möglich zu berichtigen suchen, weil auf dem unabsehbaren Ocean so viele bekannte und unbekannte Hindernisse diese Methode nicht selten sehr unsicher machen, und andern Theils die unter einem jeden Erdgürtel veränderlichen Erscheinungen am Himmel kennen. Es sind ihm daher außer den ersten Gründen der ebenen und sphärischen Trigonometrie, auch Kenntnisse der sphärischen Astronomie und die Lehren der mathematischen Erdbeschreibung, wozu oben Anweisung gegeben, nothwendig. Manche hiebei vorfallende Berechnungen werden dem Seefahrer durch verschiedene in den Schriften von der Schiffahrt vorkommende Tafeln, erspart; auch zeigen meine jährlich herauskommenden astronomischen Jahrbücher den Stand der Sonne und des Mondes für einen jeden Tag, und die vorfallenden Himmelsbegebenheiten, als Finsternisse, Zusammenkünfte oder Bedeckungen der Fixsterne und Planeten vom Mond rc., Verfinsterungen der Jupiterstrabanten rc. an.

588. Die Seequadranten, Sextanten, Octanten rc., können wegen den beständigen Schwankungen des Schiffs keinen zur Bestimmung der Höhe auf dem Gradbogen dienenden Faden, an welchem eine Bleikugel hängt, oder die ein Pendul haben. Der Steuermann muß daher bei den

*) De la Lande hat im 4ten Bande seiner Astronomie eine vollständige Abhandlung über die Ebbe und Fluth geliefert in 4to, Paris 1781, Seite 1 bis 348.

Ausmessungen der Sonnen-, Mond- und Sternenhöhen den Meerhorizont (§. 27.) zur Richtschnur nehmen, wenn ihm nicht die Dunkelheit der Nacht solchen zu sehen verhindert. Die gewöhnlichsten Instrumente dazu sind: der englische Schiffsquadrant, und der hadleysche Reflexionsoctant oder Quadrant.

589. Der englische Schiffsquadrant ist aus zwei Bögen von ungleichen Halbmessern, die aber beide zusammen 90° austragen, zusammengesetzt. Der eine hat 8 bis 9 Zoll, und der andere 18 bis 20 Zoll im Halbmesser; jener faßt etwa 60 und dieser die übrigen 30 Grade des Quadranten. An beiden sind Dioptern angebracht, die sich verschieben lassen. Beim Gebrauch stellt man sich mit dem Rücken gegen die Sonne, und setzt die Diopter am kleinern Gradbogen genau am Endpunkt eines gewissen Grades. Wenn nun die Sonne durch ein in deren Oeffnung gesetztes convexes Glas ihr Bild auf ein beim Mittelpunkt angebrachtes Stück Blech, welches in der Mitte eine Spalte hat, abwirft, so sieht man durch das kleine in der andern auf dem größern Bogen stehenden Diopter befindliche Loch, und verschiebt diese Diopter so lange, bis sich durch selbige und jene Spalte in C der Meerhorizont zeigt; dann giebt folglich die Summe beider zwischen den Dioptern liegenden Bögen die scheinbare Höhe der Sonne über dem Meerhorizont.

590. Das beste Schiffsinstrument zur Ausmessung der Höhen der Himmelskörper über dem Horizont, ist der reflectirende Quadrant (Fig. 34.), den Hadley im Jahr 1731 erfunden. Sein Gradbogen AB faßt nur 45°, allein diese Grade erhalten vermittelst der bei diesem Instrument angebrachten Spiegel, einen doppelten Werth, und er ist daher in 90° abgetheilt, so, daß er als ein Quadrant dient. Es ist bekannt, daß, wenn ein Lichtstrahl unter einem gewissen Winkel mit der lothrechten Linie auf einen Spiegel fällt, er auf der andern Seite unter einem gleich großen Winkel wieder reflectirt wird. Neigt man nun den Spiegel um seinen Mittelpunkt 4° niederwärts, so vergrößert sich sowohl der Einfalls- als Reflexionswin-

kel um eben so viele Grade und demnach der ganze Winkel um 8°.

591. An der Seite DB ist ein Fernrohr O befestigt, ig ist ein kleiner gläserner Spiegel senkrecht an der Seite DA, welcher nur an der Seite gegen O zur Hälfte mit Folie belegt ist, so, daß man von O aus durch den entblößten Theil des Glases den Meerhorizont (wo sich Wasser und Luft zu vereinigen scheinen) nach OH sehen kann. Eben dieser Horizont ist zugleich in dem übrigen belegten Theil des Spiegels noch einmal (aus O betrachtet) zu sehen, indem das Bild desselben von einem andern und größern Spiegel rs, dessen belegte Seite gegen die belegte Seite des kleinen Spiegels ing liegt, und der am Mittelpunkt der beweglichen Regel DC, oder des Quadranten genau nach der Richtung mc befestigt ist, nach mn zurückfällt, so bald diese Regel genau auf den Anfangspunkt der Abtheilung bei a geschoben wird, als in welchem Fall rms mit ing parallel steht, und folglich mL mit der horizontalen Linie OH gleichfalls parallel läuft. So bald aber die Regel mit dem Spiegel rs, von B nach o, z.B. um 12° = amo gerückt wird, so verschwindet das zweite Bild des Horizonts; der Winkel, den vorher das Perpendicul Em des größern Spiegels, mit der Linie mn machte, vergrößert sich, da mn unveränderlich ist, um 12°, und auf der andern Seite nimmt der Neigungswinkel der Linie mL gegen mE gleichfalls um 12° zu, daher wird nun die Linie mL sich um 24° mehr gegen mn neigen, oder der Winkel Lmn sich um 24° vergrößert haben, welche 24° ao angiebt.

592. Bei Beobachtung einer Sonnenhöhe sucht der Seefahrer das Instrument vertical und die Punkte On in einer horizontalen Lage zu erhalten, damit er durch das Fernrohr O den Meerhorizont nach H durch den unbelegten Theil n des kleinen Spiegels sehen kann. Schiebt hierauf die Regel von B so lange fort, bis ihm statt des zweiten von rs auf ig zurückgeworfenen Bildes vom Horizont der obere oder untere Rand der Sonne, durch O betrachtet, genau im Horizont erscheint, so hat inzwischen

die horizontale Linie mL die Sonne L erreicht, oder sich um den Winkel der scheinbaren Sonnenhöhe über den Horizont erhoben, und gesetzt, dies treffe ein, wenn die Regel über o steht, so muß die wirkliche Anzahl Grade von BC nemlich ao doppelt genommen, die gesuchte Höhe der Sonne angeben. Auf dem Gradbogen dieses Instruments sind unterdessen die Grade schon doppelt angesetzt, und daher zählt ao die Höhe des obern oder untern Sonnenrandes über dem Meerhorizont. Wenn die senkrecht unter der Sonne liegende Gegend des Horizonts von hohen Küsten bedeckt wird, kann der Schiffer den gerade gegenüber liegenden Theil des Horizonts zur Richtschnur nehmen, weil sich der hadleysche Octant, durch Versetzung des Spiegels ig, auch so einrichten läßt, daß man dem Himmelskörper den Rücken zuwendend, dennoch dessen Höhe beobachten kann. Es lassen sich auch mit demselben scheinbare Entfernungen der Sterne von einander, und vom Monde, des letztern von der Sonne 2c. bis zu großen Weiten messen.

593. Ist der Meerhorizont entweder durch Küsten und Berge oder Nebel und Wolken bedeckt, so verschafft man sich einen künstlichen Horizont oder eine polirte Horizontalebene, auf welche die Strahlen der Himmelskörper fallen und reflectirt werden. Es wird durch das Fernrohr O ihr reflectirtes Bild durch den unbelegten Theil des Spiegels ig bemerkt, und die Regel so weit fortgeschoben, bis das vom großen auf den kleinen Spiegel reflectirte zweite Bild auf jenem im Fernrohr erscheint, so ist die Höhe beobachtet. Die Regel schneidet hier die doppelte Anzahl Grade der Höhe ab, von welcher also die Hälfte genommen wird. Serson hat als künstlichen Horizont auf der See eine Art von Kräusel ausgedacht *).

594. Die auf diese Art gefundene scheinbare Sonnen- oder Sternenhöhe muß hierauf noch wegen der Re-

*) Auf dem Lande bedient man sich beim Gebrauch der Hadleyschen Reflexionsoctanten oder Sextanten ebengeschliffener Glasscheiben als künstliche Horizonte. S. astron. Jahrbuch 1788, Seite 147 und 148.

fraction, und wegen der Neigung des Meerhorizonts, fig. 56., verbessert werden. Die Verbesserung wegen der Refraction zeigt §. 159. Da auch der Schiffer, bei Beobachtungen der Höhe der Sonne, gewöhnlich den einen oder andern Rand derselben mit dem Octanten an den Meerhorizont bringt, so muß ihm der Halbmesser der Sonne bekannt seyn, um die Höhe ihres Mittelpunkts zu finden. NM, fig. 59., ist ein Theil vom Umfange der Erdkugel; a der Ort des Schiffs; aZ führt zum Zenith: demnach ist aR der scheinbare Horizont für die Meeresfläche in a. Nun sey aber der Seefahrer auf dem Verdeck seines Schiffes, und stehe in n, so wird sich der Ocean mit dem Firmament in o zu vereinigen scheinen, folglich die Gesichtslinie des Meerhorizonts noT, von welchem er anfängt die Höhe zu rechnen, sich unterhalb dem scheinbaren aR oder nr um rnT neigen. Man übersieht also aus n mehr als 90° vom Zenith bis zum Meerhorizont.

595. Es sey SaR = snr die scheinbare Höhe der Sonne aus a oder n mit einem gewöhnlichen astronomischen Quadranten genommen, wobei man diesen Meerhorizont nicht braucht: so wird aus n der Winkel SnT = die Höhe der Sonne mit dem Hadleyschen Octanten oder englischen Schiffsquadranten gemessen, welcher um rnT größer ist. Daher muß die in verschiedentlichen Höhen über a veränderliche Neigung der Linie nT unter dem Horizont von der mit diesem Instrument gefundenen scheinbaren Höhe abgezogen werden. Auf 15 Fuß Höhe über a ist z. B. jene Neigung 4 Min., auf 50 Fuß $7\frac{1}{4}$ Min.

596. Die geographische Breite und die Erfindung der Länge auf der See, sind die vornehmsten Aufgaben bei der Schiffahrt. Da sich überhaupt die Höhe aller Himmelskörper kurz vor und nach ihrer Culmination wenig verändert, und auf der See schon der Compaß, wenn die Abweichung der Magnetnadel nur einigermaßen bekannt ist, mit hinlänglicher Genauigkeit den Meridian nach der Richtung der Linie von Norden nach Süden anzeigen: so wird der Schiffer die Höhe der daselbst erscheinenden bekannten Sterne, ohne die Zeit ihres Standes im

Meridian genau zu wissen, zu seinem Endzweck beobachten können; und dann gebrauchen die Seefahrer, bei Berechnung der geographischen Breite, gewöhnlich den Abstand vom Zenith.

597. Es sey N fig. 3. der Nord = oder Südpol, so ist, wenn der Stern vom Zenith auf der Seite des über dem Horizont sichtbaren Pols 1) zwischen dem Pol N und Horizont R in d im Meridian steht RN = 180° — (Zd + Ed), 2) zwischen dem Pol und Zenith in c... RN = Ac — Zc; wenn der Stern vom Zenith an der dem sichtbaren Pol entgegengesetzten Seite in den Meridian kömmt, und 3) dessen Abweichung und die Breite des Ortes der Beobachtung, entweder beide zugleich nordlich oder südlich sind, so daß N der Nord= oder Südpol und g der Stern sey, RN = Zg + gA; 4) beide, nemlich Abweichung und Breite, verschiedene Benennungen haben, demnach RN eine nordliche oder südliche Polhöhe vorstellt, und der Stern in n steht, RN = Zn — An. Die Anwendung dieser Regeln zeigen folgende Beispiele; da aber bei derselben der Abstand vom Zenith vorkömmt; so muß die Refraction und Neigung des Meerhorizonts zu diesem Abstand addirt werden.

598. Ein Steuermann findet im stillen Meer diesseits der Linie mit dem englischen Seequadranten oder Hadleys Octanten am 24sten October 1775 zu Mittage, da er seine Länge beiläufig auf 250°, folglich 110° von der Insel Ferro, oder 130° = 8 St. 40′ vom Pariser Meridian gegen Westen schätzt, die scheinbare Höhe des untern Sonnenrandes über dem Meerhorizont, oder sno fig. 55 = 64° 10′,0 und damit dessen Abstand vom Zenith 25° 50′,0. Die südliche Abweichung der Sonne war, nach der Pariser Connoissance des tems, um 12 Uhr Mittags auf dem Schiff oder um 8 Uhr 40′ Abends zu Paris (indem der Schiffer 8 St. 40′ vom Pariser Meridian westwärts seegelt, und also so viel wenige zählt), 11° 55′, 4; ferner, der Halbmesser der Sonne 16′,1. Er wird hieraus nach der vierten Regel also rechnen:

Scheinbarer Abstand vom Zenith . .		25° 50′,0
Neigung des Meerhorizonts für eine Erhöhung von 15 Fuß . . .	+	4,0
Refraction für 64° 10′ Höhe . .	+	0,5
Halbmesser der Sonne	—	16,1
Wahrer Abstand des Mittelpunkts der Sonne vom Zenith		25 38,4
Südliche Abweichung der Sonne . .		11 55,4
Daher die nordliche Breite des Schiffs .		13° 43′,0

599. Demnach wird eine einzige beobachtete Meridianhöhe die gesuchte Breite des Schiffs geben. Allein sehr oft können gerade diese Höhen, des trüben Wetters wegen, nicht bemerkt werden, und doch ist die Breite auf der See oftmals nachzusehen, von der äußersten Wichtigkeit. Man hat daher den Schiffer anweisen müssen, die geographische Breite auch durch Beobachtungen der Sonnen- und Sternenhöhen außer dem Meridian zu finden, wozu die Regeln in den Schriften von der Schifffahrt vorkommen *).

600. Außer der Erfindung der geographischen Breite auf der See, giebt es weitläuftigere astronomische Rechnungen, welche Kenntnisse der sphärischen Trigonometrie voraussetzen, und die man dem Seefahrer theils zu erleichtern, theils durch vollständig berechnete Tafeln gänzlich zu ersparen gesucht hat. Zur Erleichterung dieser Rechnung, und wenn der Schiffer etwa auch jene Tafeln nicht bei der Hand hätte, gehört unter andern die von de la Caille eingeführte Projectionsart (der Reductionsrahmen). Der Seefahrer kann vermittelst derselben 1) den Auf- und Untergang der Sonne, ihre Morgen- und Abendweite, Azimuth ꝛc. unter einer gleichen Polhöhe, imgleichen die Zeit der Uhr aus beobachteten Sonnen- und Sternenhöhen, mit Zirkel und Lineal mechanisch finden. Sie dient auch vornemlich

*) S. *Bouguer* Traité de Navigation &c. Röhls Steuermannskunst, Handbuch der Schifffahrtskunde 8. m. K. Hamb. 1819, auch meine Erläuterung der Sternkunde 849 — 851.

2) bei Berechnung der **Meereslänge**, da sie durch verschiedene Maaßstäbe, die wegen der Parallaxe und Refraction nöthige Verbesserung des gemessenen scheinbaren Abstandes eines Sterns vom Monde rc. angiebt. So weit ein bei dieser Projection vorkommender orthographisch eingetheilter Kreis zu den Endzwecken (1) dient, ist solcher in der 56sten Figur vorgestellt. Man beschreibt auf einem mit Papier sauber überzogenen Brette einen Kreis von etwa 8 Zoll im Halbmesser, welcher den Meridian abbildet; theilt solchen genau in einzelne Grade ein, die wie in der Figur von 10 zu 10 bezeichnet werden, und setzt bei jedem 60sten Grade die Stunden I. II. rc. von A an gerechnet. Zieht einen Durchmesser AB, und theilt solchen vom Mittelpunkt C aus nach den Sinussen der Bögen ein, oder legt nur ein Lineal an gleiche Grade des obern und untern Halbcirculs, und bemerkt in den Punkten, wo dasselbe den Durchmesser durchschneidet, wenn man deren Complement zu 90° nimmt, die nemlichen Grade. AB ist der Horizont und dessen Grade zählen das Azimuth von A nach B oder die Morgen- und Abendweiten von C nach B oder A. A der Süd- und B der Nord-, C der West- oder Ostpunkt am Horizont. Alle Linien, die ferner bei ihrem Gebrauch darauf vorkommen müssen, werden nur mit Bleystift gezogen, um sie wieder auslöschen zu können.

601. Den **Auf- und Untergang der Sonne** nach fig. 56. auf der See zu finden, wenn bekannt ist, deren Abweichung 14° 2′ und die Polhöhe 42°, beide nordlich. Hier giebt die Summe der Abweichung und Aequatorhöhe die Mittagshöhe der Sonne **über** und beider Unterschied die größte Tiefe der Sonne **unter** dem Horizont. Demnach wird 14° 2′ + 48° = 62° 2′ von A aufwärts in r, und 48° − 14° 2′ = 33° 58′ von B unterwärts in n bemerkt, und von r nach n eine gerade Linie, den Parallelkreis der Sonne vorstellend, gezogen; von r zieht man einen Durchmesser des Circuls oder größten Kreis der Sphäre rk, dann wird von d, in welchem der Tagescircul der Sonne den Horizont schneidet,

auf rn ein Perpendicul dg aufgerichtet, welches ein Stück eines größten Circuls ist. Man trägt hierauf die Weite Cg von C rechts oder links auf den in Grade eingetheilten Durchmesser, und findet von C an 13° = Cg diese zu 90° = Cr addirt, weil die Sonne an der Seite des sichtbaren Pols vom Aequator steht, geben rg 103° = 6 Stunden 52 Min. für ihre halbe Verweilung über dem Horizont: folglich den Untergang um 6 Uhr 52′ Abends, und Aufgang um 5 Uhr 8′ Morgens. Sie geht ferner in d auf und unter: folglich ist Cd = 19½° ihre Abend- oder Morgenweite. Soll aber das Azimuth der Sonne an diesem Tage gefunden werden, wenn ihre beobachtete und verbesserte Höhe Vor- und Nachmittag 40° ist, so ziehe man durch diesen Grad der Höhe einen mit dem Horizont gleichlaufenden Höhenkreis: und so steht die Sonne in E. Man fälle von E auf den Horizont AB ein Perpendicul oder ein Stück von einem kleinern Kreise; ziehe aus C bis dahin, wo der Höhenkreis durch den Meridian bei 40° geht, eine Linie, welche jenes Perpendicul in u schneidet: so werden damit die Azimuthalgrade aE auf Grade des größten Circuls aC gebracht. Man trägt nemlich Cu von C auf dem Horizont gegen A in f, alsdann giebt au, auf AC gemessen, Af, das Azimuth der Sonne in dieser Höhe = 72° vom Meridian in Süden an gerechnet.

602. Die Zeit auf der See zu finden, 1) durch den Auf- und Untergang der Sonne. Wenn die Abweichung der Sonne und die Polhöhe des Schiffs bekannt ist, so kann der Schiffer, entweder aus den bereits darüber vorhandenen Tafeln des Unterschiedes zwischen der geraden und schiefen Aufsteigung ersehen, oder nach der Anweisung berechnen, oder nach dem vorigen §. mechanisch finden, wenn der Mittelpunkt der Sonne im wahren Horizont ist. Allein dieser erscheint uns dort, wegen der Refraction, um etwa 32 Minuten erhaben; auch wird auf einem Schiff die im Horizont stehende Sonne, wegen der Neigung der Meeresfläche, noch etwas höher über dem scheinbaren Meerhorizont gesehen. Es hält aber schwer,

mit bloßen Augen zu bemerken, wenn der Mittelpunkt der Sonne gerade um die Größe der Refraction und Neigung des Meerhorizonts über dieser sichtbaren Gränze des Oceans und des Firmaments erscheint. Der Schiffer giebt daher nur Acht, wenn nach seiner Taschenuhr sich des Abends der oberste Rand der Sonne unter dem Meerhorizont verbirgt, und des Morgens über demselben wieder zum Vorschein kömmt, wobei noch die Tiefe der Sonne unter dem wahren Horizont um den Halbmesser der Sonne größer ist. Hiezu dient eine Tafel, welche angiebt, wie viele Minuten die Himmelskörper unter einer jeden Polhöhe und bei einer jeden Abweichung Zeit brauchen, um ihre Höhe am Horizont einen Grad zu verändern.

603. Gesetzt, ein Schiffer sieht unter der nordlichen Polhöhe von 42° an einem Tage, da die Abweichung der Sonne 18° nordlich war, den obern Rand derselben nach seiner Taschenuhr des Abends um 7 Uhr 19′,6 unter den Meerhorizont gehen? Die Tafeln, eine Rechnung, oder Zeichnung, geben, daß der Mittelpunkt der Sonne unter dieser Polhöhe und Abweichung im wahren Horizont sey um 7 U. 8′,0

Wenn aber der obere Sonnenrand sich unter dem Meerhorizont verbirgt, so steht bereits deren Mittelpunkt, wenn der Seefahrer etwa 15 Fuß über der Meeresfläche erhaben, auf dem Verdeck seines Schiffs sich befindet, wegen

der Neigung des Meerhorizonts	4	Min.
der Refraction . . .	32	=
des Halbmessers der Sonne	16	=
also um	52	Min.

unter dem scheinbaren Horizont tief. Nun braucht die Sonne unter dieser Polhöhe und Abweichung 5′,9 Zeit, um ihre Höhe einen Grad zu verändern *), also zu 52 Min. 5′,1

Zeit der Beobachtung auf dem Schiff .	7 U. 13′,1
die Uhr zeigte aber	7 U. 19′,6
und eilte demnach der wahren Sonnenzeit vor	6′,5

*) Wofür auch Tafeln in der Schiffahrtskunde berechnet sind

604. Zweitens läßt sich durch Ausmessung einer Höhe der Sonne oder eines Sterns die wahre onnenzeit auf einem Schiff finden. Diese Methode ist genauer wie die vorige, und auch nicht schwer, wenn der Schiffer nur einigermaßen darin geübt ist, indem er statt einer trigonometrischen Rechnung, das verlangte vermittelst eines Entwurfs, wie fig. 56., mechanisch finden kann. Z. B.: Ein Seefahrer findet in den nordlichen Gegenden des stillen Meers am 27sten April 1775 des Nachmittags, unter dem 42° nordlicher Breite und beiläufig geschätzten westlichen Länge, von Paris 160° = 10 St. 40′ mit dem Hadleyschen Octanten, den wahren und verbesserten Abstand des untern Sonnenrandes vom Zenith 50° 15′,9; damit war der Abstand des Mittelpunkts der Sonne vom Zenith gerade 50°, oder ihre Höhe über dem Horizont 40°, als die Taschenuhr auf dem Schiff 3 Uhr 21′,0 zeigte. Nach der Connoissance des tems ist zu Paris, wo man etwa 10 St. 40′ mehr als auf dem Schiff zählt, also um 2 Uhr 1′ Morgens den 28sten April die nordliche Abweichung der Sonne 14° 2′, welche nun für den Ort des Schiffs gilt. Hieraus ergiebt sich nach §. 601, daß die Mittagshöhe der Sonne 62° 2′ und ihre Mitternachtstiefe 33° 58′ sey. Jene bemerkt r, und diese n. Man ziehe rn zusammen, und durch C den Durchmesser rCk, imgleichen durch den 40sten Grad der Sonnenhöhe einen Höhencircul, und wo dieser in E den Parallelkreis rn durchschneidet, steht alsdann die Sonne. Man richte nun auf rn das Perpendicul ET auf, so ist der Theil des Parallelkreises der Sonne rE oder ihr Abstand vom Meridian auf Grade des größten Circuls gebracht, und rT gleich. Man trägt alsdann rT auf den eingetheilten Horizont von A nach C, und findet 48½° = 3 St. 14′ Abstand der Sonne vom Meridian. Es war also zur Zeit der Beobachtung nach der Sonne um 3 Uhr 14′ Nachmittag; da aber des Schiffers Taschenuhr 3 Uhr 21′ zeigte, so ging selbige 7 Minuten voraus. Auf eben die Art läßt sich auch, vermittelst des Reductionsrahmen, unter einer bekannten Polhöhe die Zeit der

Nacht aus Beobachtung der Höhe eines Sterns finden, wenn dessen Abweichung aus den Sternverzeichnissen und dessen Culminationszeit bekannt ist.

605. Die dritte Methode, auf der See die Zeit zu finden, ist durch gleich große Vor- und Nachmittag genommene Sonnenhöhen. Wenn man des Vormittags ungefähr um 9 Uhr die Höhe der Sonne mit dem Reflectionsoctanten gemessen, (die Höhe selbst braucht nicht bekannt zu seyn), so befestigt man die Regel am Gradbogen, und bemerkt in dem Augenblick, was eine regelmäßige, das ist, gleichförmig gehende Taschenuhr, auf dem Schiff zeigt. Hierauf beobachtet man des Nachmittags, nach eben dieser Uhr, die Zeit, da die Sonne eine gleiche Höhe erreicht. Das Mittel aus beiden Zeiten, oder die halbe Summe der Stunden, die von der zunächst vorhergehenden Mitternacht verflossen sind, giebt an, was diese Uhr im wahren Mittag gezeigt. Ueber die Ortsveränderung des Schiffs und veränderliche Abweichung der Sonne in der Zwischenzeit, ist alsdann noch Rechnung zu tragen. Endlich können auch Sonnen- Mond- und Sternenuhren unter gewissen Einschränkungen zur Erfindung der Zeit auf der See dienen.

606. Die berühmte Preisaufgabe, die Länge auf der See zu finden, besteht in folgenden: Wenn der Seefahrer durch eine astronomische Beobachtung die Zeit des Meridians weiß, unter welchem sich sein Schiff auf der See befindet, zu erfahren, wie viel im gleichen Augenblick die Uhr an einem andern Orte sey, dessen Länge als bekannt angenommen werden kann. Wäre also eine Uhr so vollkommen zu verfertigen, daß ihr Gang sich während einer langen Seereise von vielen Monaten nicht merklich änderte, so würde sie hiezu geradehin dienen *). Denn wenn man

*) Harrison, Arnold, Mudge und Emery in England, Berthoud und le Roy in Frankreich, haben vortreffliche Seeuhren, Zeitmesser und Chronometer verfertigt, und gegenwärtig

solche bei der Abreise des Schiffs aus einem Hafen auf die wahre Zeit desselben stellte, so würde sie auf der See an allen Orten die Zeit jenes nach seiner Länge bekannten Hafens richtig anzeigen. Fände dann der Schiffer nach einer der vorigen Methoden, was die Uhr auf seinem Schiffe sey, so würde der Zeitunterschied beider Uhren sehr leicht auf die Berechnung der Länge des Schiffs, oder dessen Entfernung vom ersten Meridian, führen.

607. Z. B. ein Seefahrer beobachtet, daß es auf seinem Schiff um 5 Uhr 18′ Morgen sey. Seine aus London mitgenommene Seeuhr aber zeigte in selbigem Augenblick schon 9 Uhr 12′, so wäre der Zeitunterschied = 3 St. 54′. Da nun auf jede 4 Minuten Zeit ein Grad der Länge geht, so tragen 3 St. 54′ = 234′.... 58° 30′ aus, um welche das Schiff, da es weniger zählt, vom Londner Meridian gegen Westen sich befindet. Es ist aber

die Länge von London 17° 35′ + 360 =	377°	35
Entfernung des Schiffs westlich . .	58	30
also Länge des Schiffs . . .	319	5

Da nun der Schiffer auch die Polhöhe oder Breite seines Schiffs weiß, so kann er dessen Ort in den Seecharten eintragen.

608. So bequem aber auch ein dergleichen Zeitmesser zur Erfindung der Meereslänge immer seyn mag, so ist es doch gefährlich, die Wohlfahrt der Seefahrer einer solchen, schon auf dem festen Lande, geschweige denn auf einem Schiff, mancherlei Zufällen unterworfenen Maschine gänzlich und allein anzuvertrauen, zumal, da deren geringste tägliche Abweichung auf langen Seereisen, die durch verschiedene Klimate gehen, einen sich anhäufenden schädlichen Irrthum zuwege bringen kann. Man ist deswegen wieder auf andere Vorschläge zurückgekommen, die auch schon vorhin zum Theil bekannt und im Gebrauch waren *).

609.

---

bringen auch sehr geschickte Künstler in Deutschland Chronometer in großer Vollkommenheit zu Stande.

*) S. Hassencamp kurze Geschichte der Bemühungen, die Meereslänge zu finden. 3te Ausgabe. Lemgo.

609. Da man anjetzt mehr wie jemals den Lauf der Himmelskörper genau kennt, so bieten die astronomischen Jahrbücher mannigfaltige Gelegenheit zur Erfindung jenes Meridian-Unterschiedes dar. Denn bei einigen Himmelsbegebenheiten, welche dieselben ankündigen, wird bloß der auf der See beobachtete Zeitunterschied der Erscheinung derselben, geradehin die Entfernung des Schiffs von dem bekannten Meridian, für welchen diese Jahrbücher berechnet worden, angegeben; bei andern kommt man durch eine, wiewohl umständlichere Berechnung, gleichfalls zu diesem Zweck. Allein die mehresten Himmelsbegebenheiten lassen sich nur durch Fernröhre genau beobachten, welche auf der See, zumal wenn sie ansehnlich vergrößern müssen, wegen der beständigen Bewegung des Schiffs sehr schwer anzubringen sind, wiewohl man auch diese Beobachtungen möglich zu machen oder zu erleichtern, auf Mittel gedacht *).

610. Eine Sonnenfinsterniß stellt sich aber für einen gewissen Ort der Beobachtung nur selten ein, und selbst, auch wenn sie auf der See genau beobachtet worden, erfordert doch die sich dabei einmisch'ende Parallaxe des Mondes eine weitläuftige Rechnung, um daraus, mit Beihülfe der Jahrbücher, die die Erscheinung und Phasen derselben für einen bekannten Meridian angeben, die Länge des Schiffs zu finden, deren Ausführung man auch einem geschickten Seefahrer schwerlich zumuthen darf. Die Bedeckungen der Fixsterne und Planeten vom Monde geschehen auch nicht so häufig, als man erwarten sollte; sie sind vornemlich, wenn der Mond stark erleuchtet ist, nur durch Fernröhre sichtbar, und die dabei vorkommenden Rechnungen zur Erfindung der Meereslänge sind eben so beschwerlich, als die bei den Sonnenfinsternissen.

*) So hat Irwin in England einen sogenannten Seestuhl oder Sessel angegeben, der auf dem Verdeck am mittlern Mast aufgehängt wird, wo die Schwankungen des Schiffs am unmerklichsten werden, auf welchem der Beobachter sitzend sein achrom. Fernrohr so gut als möglich ruhig erhalten kann.

611. Die Verfinsterungen der Jupiterstrabanten sind ungemein brauchbar, auf dem festen Lande den Meridianunterschied der Oerter zu finden, und seit ihrer Entdeckung sind die Längen vieler Städte, Häfen, Küsten, Inseln bekannt geworden oder berichtigt. Der Ein= und Austritt derselben in und aus dem Schatten des Jupiters, wird für alle Erdbewohner in gleichen Augenblicken, und nur nach dem Unterschiede ihrer Meridiane, in verschiedenen Stunden gesehen. Es fallen monatlich verschiedene über dem Horizont eines Orts sichtbare vor; sie sind aber nur durch Fernröhre sichtbar. Bemerkt ein Schiffer z. B. den Eintritt des ersten Jupiterstrabanten um 9 Uhr 28 Minuten Abends nach der Zeit auf seinem Schiff, die Französischen Ephemeriden aber geben diesen Eintritt zu Paris um 6 Uhr 16 Minuten an, so muß er 3 St. 12 Min. vom Pariser Meridian ostwärts seegeln.

612. Die Mondfinsternisse dienen gleichfalls um die Länge auf der See zu finden. Sie treffen für alle Erdbewohner, in gleichen Augenblicken ein, ob selbige gleich alsdann verschiedene Stunden zählen. Wenn der Mond daher über dem Horizont ist, so giebt der auf der See bemerkte Zeitunterschied ihrer Erscheinung von der Zeit, welche die astronomischen Jahrbücher ansetzen, die Meridianentfernung des Schiffs von dem Meridian, für welchen das Jahrbuch berechnet worden, und folglich dessen Länge. Diese Himmelsbegebenheiten fallen aber gewöhnlich nur von sechs zu sechs Monaten ein, und es giebt nicht selten Jahre, worin sich gar keine Mondfinsternisse ereignen.

6 3. Da nun die Sternkunde außer dem bisher Erzählten, keine augenblicklichen Erscheinungen, die auch zugleich oft genug vorfallen, zur Erfindung der Meereslänge darbietet, so haben verschiedene Astronomen vorgeschlagen, den Lauf des Mondes selbst, oder dessen Abstände von der Sonne oder bekannten Fixsternen, die in einer jeden heitern Nacht, ausgenommen kurz vor und nach dem Neumond, beobachtet werden können, zu diesem Endzweck anzuwenden, weil die Mondstafeln anfangs durch Mayers Bemühung und nachher durch andere, den Ort

des Mondes, für eine jede Zeit, mit einer hiezu erforderlichen Genauigkeit angeben. Seitdem wird die Meereslänge durch eine Ausmessung des Abstandes des Mondes von einem Fixstern, dessen Länge und Breite bekannt ist, zu finden, für die genaueste und sicherste Methode unter allen gehalten.

614. Allein hierzu wird erfordert, 1) daß dem Seefahrer die dazu nöthigen Angaben im voraus bekannt sind. Der engl. Nautical-Almanac und die Pariser Connoiss. des tems, geben für einen jeden Tag, den wahren westlichen oder östlichen Abstand des Mondes von der Sonne, oder einigen der hellsten Fixsternen von 3 zu 3 Stunden, für Greenwich und Paris, an *).

615. Dann muß der Seefahrer 2) mit dem Hadleyschen Octanten oder dem englischen Schiffsquadranten jene scheinbaren Abstände messen, und zugleich die Höhe, sowohl des Mondes als des Sterns, oder der Sonne über dem Horizont, beobachten. Die geographische Breite des Schiffs wird als bekannt vorausgesetzt, auch muß der Schiffer seine Entfernung vom Greenwicher oder Pariser Meridian, nachdem er diese oder jene Ephemeriden braucht, ohngefähr schätzen können.

616. 3) ist es nothwendig, daß der Schiffer die richtige Sonnenzeit auf seinem Schiff, im Augenblick der gemessenen Abstände und Höhen, durch eine oder die andere vorher beschriebene astronomische Beobachtung wisse; und dann hat er 4) entweder vermittelst des Reductionsrahmen oder einer trigonometrischen Rechnung, oder endlich gewisser Hülfstafeln, eine Reduction vorzunehmen, nach welcher das, was die Refraction des Mondes und Sterns, imgleichen die Höhenparallaxe des erstern zwischen dem beobachteten scheinbaren, und dem aus dem Mittelpunkt der Erde erscheinenden wahren Abstand ändert, in Rechnung gezogen wird; hierdurch erhält er für die Zeit der Beobachtung unter dem Meridian des Schiffs, den wahren

*) Der Prof. Schumacher giebt auch seit einigen Jahren: Ephemeriden der Abstände des Mondes von Venus, Mars, Jupiter und Saturn von 3 zu 3 Stunden heraus.

Abstand des Mondes vom Stern, welcher mit den in den Jahrbüchern für einen bekannten Meridian angesetzten, verglichen, die geographische Länge des Schiffs herausbringt *).

Dreizehnter Abschnitt.

Von der Gnomonik oder Sonnenuhrkunst.

617.

Der scheinbare tägliche Umlauf der Sonne, ist für alle Bewohner der Erde der Grund ihrer Zeitabtheilungen, und man ist schon sehr frühe darauf verfallen, an der daher entstehenden veränderlichen Lage des Schattens, den alle Körper der scheinenden Sonne gerade gegen über abwerfen, die Stunden ꝛc. zu bemerken. Die Gnomonik lehrt, wie nach astronomischen und geometrischen Grundsätzen auf horizontalen, verticalen und schiefliegenden Ebenen, auch Kugelflächen, Sonnenuhren zu verzeichnen sind, die durch den Fortgang des Schattens von einem aufgerichteten Zeiger, an gewissen gezogenen Linien die Zeit angeben.

618. Da aber die tägliche Richtung des scheinbaren Sonnenlaufs gegen den Horizont nicht überall gleich in die Augen fällt, so werden auch beim Entwurf der Sonnen-Uhren außer astronomischen Grundsätzen noch Kenntnisse der geographischen Breite der Oerter erfordert **). Man hat auch auf Mittel gedacht, den scheinbaren Fortlauf des Mondes und der Polarsterne, zur beiläuftigen Erfindung der Nachtstunden, besonders bei der Schiffahrt anzuwen-

*) Zur Berechnung des wahren Abstands des Mondes und der Sonne von einem Stern, aus den beobachteten scheinbaren, haben die Astronomen und Geometer verschiedene Methoden vorgeschlagen. In meiner Erläuterung der Sternkunde ꝛc. zweiten Bandes § 877 bis 884 habe ich einige derselben vorgetragen und durch Beispiele erläutert.

**) Die geographische Länge kömmt hierbei in keiner Betrachtung.

den. Und die Gnomonik lehrt auch die Verfertigung solcher Uhren. Den Alten waren die Sonnenuhren ohnstreitig unentbehrlicher als uns, seit dem man in neuern Zeiten Taschen= und Pendul=Uhren erfunden, die so wohl bei Tage als bei Nacht die Stunde und deren Theile zeigen, statt daß die Sonnenuhren nur die Tageszeit und des oftmaligen trüben Himmels wegen, nur selten bemerken.

619. Allein, da unsre Taschen= und Penduluhren, vorausgesetzt, daß sie sonst einen richtigen, das ist, gleichförmigen Gang haben, nur die mittlere Sonnenzeit weisen können, welche bis jetzt noch nicht allgemein eingeführt ist, so müssen wir den Gang dieser mechanischen Uhren durch Sonnenuhren, die richtig entworfen und aufgestellt, allemal die wahre Sonnenzeit anzeigen, prüfen oder untersuchen, wie viel sie von dem für die Zeit der Beobachtung statt findenden Unterschied zwischen der mittlern und wahren Zeit abweichen *).

620. In einer vollständigen Anweisung zur Gnomonik kommen eine Menge Beschreibungen von allerley künstlichen Einrichtungen der Sonnenuhren für alle mögliche Fälle vor **). Ich kann mich aber hier nur auf allgemeine Vorstellung dieser Wissenschaft einlassen. Bemerke aber besonders, daß wir den richtigen Gebrauch der entworfenen Sonnenuhren bloß der großen Entfernung der Sonne von der Erde zu danken haben, die hierbei als unendlich angenommen werden kann. Der Mittelpunkt einer Sonnenuhr wird, als in dem Mittelpunkt des 24stündlichen scheinbaren Umlaufs der Sonne liegend, gedacht. Allein dieser Umlauf geschieht eigentlich um den Mittelpunkt der Erdkugel und nicht um jenem der Sonnenuhr, der 859½ Meilen der Sonne näher liegt, und doch geht die Son-

---

*) S. oben Seite 38. 39.

**) Unter andern in Gaupens mechanische Gnomonik, 4. Lindau, 1708. Schüblers praktische Anleitung zur Sonnenuhrkunst, 8. Nürnberg, 1726. Lamberts Beiträge zum Gebrauch der Mathematik, 2ter Theil, 8. astron. Jahrbuch 1777 Seite 200 und 1779 Seite 110 u. f. Kästners Theorie der Verticaluhren.

nenuhr bei jener Voraussetzung richtig. Wäre die Sonne der Erde vielmal näher, so würde bei genauem Entwurf großer Sonnenuhren auch die Wirkung verschiedner ihrer Höhenparallaxen mit in Rechnung kommen.

621. Die zwölfte oder Mittagsstundenlinie einer Sonnenuhr muß in die Vertikalebene des Meridians gestellt werden, und dazu muß man die Richtung der Mittagslinie im voraus wissen. Eine gute Boussole weiset solche gerade hin an, wenn die an dem Ort der Beobachtung alsdann statt findende Abweichung der Magnetnadel bekannt ist, allein für große Sonnenuhren in einer zu geringen Länge und mit keiner großen Genauigkeit *).

622. Der Astronom sucht auf seiner Sternwarte die Mittagslinie mechanisch auf folgende Art. In einer hohen gegen Süden stehenden Wand des Gebäudes macht man eine Oeffnung, und in dieser wird ein Blech mit einem kleinen runden Loch gesetzt, durch welches die Mittagssonne auf den Fußboden scheinen kann. Am besten im Junius mißt man 3 Stunden vor und nach Mittage einigemal übereinstimmende Sonnenhöhen, und bemerkt die Zeit derselben nach einer gleichförmig gehenden Penduluhr. Sucht hieraus die Zeit, welche die Penduluhr im wahren Mittag zeigte. (§. 139.) Am folgenden Tage bemerkt man im Augenblick des nun aus dem bekannten Gange der Uhr abzunehmenden wahren Mittags, den Punkt auf dem Fußboden, wo der Mittelpunkt des durch die kleine Oeffnung fallenden Sonnenbildes genau um 12 Uhr hintrifft, und zieht durch denselben und den lothrecht unter der Oeffnung im Blech liegenden Punkt des Bodens eine Linie, welches die Mittagslinie wird. Diese Beobachtungen werden etwa im August und September bei der abnehmenden Mittagshöhe der Sonne wiederholt, um die Lage der gezogenen Mittagslinie immer genauer zu berichtigen. Je höher der Gnomon oder die Oeffnung, wodurch die Sonne zu Mittage scheint, über dem Fußboden ist,

*) S. §. 122.

desto genauer wird der Augenblick des wahren Mittags gefunden *).

623. Außer der bereits im §. 122. vorkommenden Methode kann man auch vermittelst des Polarsterns, eine Mittagslinie ziehen **). Wenn derselbe gerade unter oder über dem Pol im nordlichen Meridian steht, so hänge man in der Mitte eines gegen Norden liegenden Fensters eine Bleikugel an einem Faden auf, und eine andere an einem einige Fuß hohen Arm. Stellt letzteren in der möglichgrößten Entfernung vor dem im Fenster aufgehängten so lange hin und her, bis beide Fäden hinter einander aus einem gewissen Abstand betrachtet, den Polarstern zugleich bedecken, so stehen solche in der Ebene des Meridians, und eine Linie in dieser Richtung gezogen giebt die Mittagslinie. Die Zeit des Durchganges vom Polarstern braucht nur bis auf einige Minuten genau bekannt zu seyn, denn bei einem Fehler von $6\frac{1}{3}$ Minuten Zeit ist unter der Polhöhe von 50 Grad nur eine Abweichung in der Lage der Mittagslinie von 20 Secunden im Bogen zu besorgen.

624. Eine Aequinoctial-Sonnenuhr ist am leichtesten zu entwerfen, und ihr Gebrauch ist am allgemeinsten. Man beschreibt auf der obern und untern Seite einer viereckigten kupfernen oder steinernen Platte **DEFG** fig. 57. einen Kreis aus **C**, mit gleich großem Halbmesser, theilt beide in 24 gleiche Theile oder Stunden, so daß eine senkrecht auf **FG** stehende und durch **C** gehende

*) Der größte bisher bekannte Gnonom wurde im 15ten Jahrhundert von Toscanella zu Florenz, 280 Fuß hoch, errichtet. Die berühmte, in der Petroniuskirche zu Bologna, von Cassini gezogene Mittagslinie ist 180 Fuß lang, und in dem marmornen Fußboden von Metall eingelegt. Die Höhe der Oeffnung im Gewölbe hat $83\frac{1}{2}$ Fuß.

**) Die Zeit, da der Polarstern culminirt, läßt sich auch an dem Stand des Sterns Alioth (des ersten am Schwanz des großen Löwen) erkennen, welcher mit dem Polarstern zugleich culminirt, über den Pol, wenn der Polarstern unter dem Pol steht und umgekehrt.

Linie **BCA** die 12te oder Mittagsstundenlinie werde. Durch den Mittelpunkt C wird ein Stift gesteckt, der über der obern und untern Seite so viel hervorragt, daß sein Schatten wenigstens die Mittagsstunde erreicht. Stellt man diese Platte so, daß **BA** genau auf einer gezogenen Mittagslinie liegt, und erhebt die Seite **DE** gegen Süden, um einen der Aequatorhöhe des Orts gleichen Winkel, so wird der Schatten des Zeigers die Stunden richtig bezeichnen, und zwar auf der obern Seite, wenn die Sonne über und auf der untern, wenn sie unter dem Aequator ist *).

625. Da eine Aequinoctialuhr an einem jeden Ort die Stunden richtig zeigt, wenn ihre Ebene nur mit dem Horizont unter den Winkel der Aequatorhöhe geneigt, und ihre 12te Stundenlinie auf eine gezogene Mittagslinie gestellt ist, so giebt dieselbe eine überall brauchbare Sonnenuhr ab, wenn man die Platte, auf welcher sie entworfen ist, mit einer andern durch ein Gewinde an **FG** in Verbindung bringt, so daß sie sich an einem auf jener, an der Seite **O** oder **W** befindlichen Quadranten nach der Größe dieses Winkels jedesmal aufrichten läßt. Ihre Theorie ist übrigens besonders auf einem Globus leicht zu erkennen.

626. Aus der richtigen Stellung einer Aequinoctialuhr für eine gewisse Polhöhe, läßt sich die **horizontale** unmittelbar entwerfen. Denn wenn man die Aequinoctialuhr unter dem gehörigen Winkel gegen die horizontale aufrichtet, so geben die Stundenlinien der erstern, bis auf die Ebene der letztern verlängert, die Punkte an, durch welche die Stundenlinien der horizontalen Uhr gezogen werden müssen. Ihr Mittelpunkt findet sich, wenn man den Zeiger der Aequinoctialuhr gleichfalls verlängert, bis er die horizontale Ebene berührt, wo er zugleich der Zei-

---

*) Nimmt man statt der Platte, einen Ring als den Stundenkreis, so werden die Stunden für nordliche Abweichung auf den obern, für Südliche aber an dessen innerm Rande verzeichnet.

ger der horizontalen Uhr wird, der sich mit der horizontalen Ebene unter den Winkel der Polhöhe neigt.

627. Die gewöhnliche blos mechanische Entwerfung einer horizontalen Uhr, s. fig. 58., ist folgende: Man ziehe auf einer kupfernen oder steinernen Platte eine Linie CRV, als die Mittagslinie; setze an C, den Mittelpunkt der Uhr, einen der Polhöhe gleichen Winkel TCB; ziehe CB in beliebiger Länge, und ferner TB. Auf CB wird von B aus das Perpendicul BR bis an die Mittagslinie gezogen, dann BR von R nach V getragen, und aus V mit dem Halbmesser VR der Quadrant RS beschrieben; dieser wird in 6 Theile getheilt. Man zieht nun von V durch diese Theilungspunkte Linien bis zu einer senkrecht auf VC in R stehenden Linie Re, so ergeben sich die Punkte a, b, c, d, e, nach welchen von C aus die Stundenlinien gezogen werden: dies sind Morgenstunden, und man kann die Abendstunden an der andern Seite der Mittagslinie CV übertragen. Die sechste Stundenlinie fc steht an C senkrecht auf VC, oder parallel mit edR; die 7te und 8te Morgenstundenlinie, durch C verlängert, giebt die 7te und 8te Abendstundenlinie; und eben so die 4te und 5te Morgenstundenlinie, wenn diese Verlängerung durch C für die Abendstundenlinien geschieht. Die 12te oder Mittagsstundenlinie muß genau gegen Norden liegen, und die Ebene, auf welcher die Uhr verzeichnet ist, horizontal gelegt werden. Der Triangel TCB wird aus messingen Blech, aber verhältnißmäßig größer, etwa wie RCd, verfertigt, und senkrecht auf der Mittagslinie aufgerichtet, wo er zum Zeiger dient. Der Schatten der Seite CB, welche mit der Weltaxe parallel liegt, giebt an den Stundenlinien die Zeit an.

628. Da Ra, Rb, Rc ꝛc. Tangenten der an V sich ergebenden Winkel sind, so lassen sich die Stundenlinien auftragen, wenn man VR als den Radius ansieht, und aus den trigonometrischen Tafeln die Tangenten von 15, 30, 45 ꝛc. Graden sucht (weil nemlich 15 Grad auf eine Stunde gehen). Die Figur der Uhr ist willkührlich; es kommt bloß auf die richtige Lage der Stundenlinien

vom Mittelpunkt C aus gegen die Mittagslinie an, man macht aber aus guten Gründen die in der Gegend des Mittags liegenden Stundenlinien länger als die übrigen.

629. Es ist leicht zu beweisen, daß die Tangente einer jeden Stundenlinie der horizontalen Uhr mit dem Meridian gleich ist der Tangente des Stundenwinkels, multiplizirt mit dem Sinus der Polhöhe; und wenn man sich vorstellt, daß eine Horizontalsonnenuhr bloß eine auf der Horizontalebene entworfene Aequinoctialuhr sey, so lassen sich noch mechanisch, vermittelst eines Globus, die Winkel ihrer Stundenlinien mit dem Meridian leicht finden. Man stelle eine Erdkugel auf die bekannte Polhöhe, und einen beliebigen Meridian der Kugel unter den messingenen, so werden alle Meridiane, die um 15° von einander liegen, auf dem Kreis am Horizont, von Süden nach Osten und Westen herum, gleichfalls die Winkel bemerken, welche die Stundenlinien mit der Meridianlinie am Mittelpunkt der Uhr machen müssen. Will man ferner diese horizontale Sonnenuhr für eine andere Polhöhe gebrauchen, so darf man nur ihre Platte an der Nord- oder Südseite um den veränderten Winkel der Polhöhe erhöhen oder erniedrigen.

630. Eine Mittagsuhr steht vertical, und ihre Ebene wird genau auf eine von Westen nach Osten gehende Linie gestellt. Sie kann folglich vom Herbst- bis Frühlingsäquinoctio während der ganzen Verweilung der Sonne über dem Horizont, in den übrigen 6 Monaten des Jahrs aber nur von der Zeit an, da die Sonne des Morgens in Osten erscheint, bis sie des Nachmittags sich gerade in Westen zeigt, an ihrer gegen Mittag gekehrten Seite die Stunden angeben. Ihre Zeichnung wird nach gleichen Regeln wie bei einer horizontalen vorgenommen, außer, daß dabei der Winkel TCB nicht der Pol- sondern der Aequatorhöhe gleich gemacht wird. Eine Morgenuhr steht vertical auf der Mittagslinie, und zeigt an der gegen Osten gekehrten Seite die Stunden vom Aufgang der Sonne bis zu Mittage, so wie im Gegentheil die Abenduhr an der Abendseite die Stunden vom Mit-

tage bis Sonnenuntergang angiebt. Die leichten Regeln, nach welchen diese Sonnenuhren entworfen werden, lehren alle gnomonische Schriften *).

631. Gesetzt aber, die Ebene einer Mauer, an welcher eine Mittagsuhr verzeichnet werden soll, stehe, wie gewöhnlich, nicht senkrecht gegen Süden, sondern weiche vom Süd- also auch vom Westpunkt, z. B. 10½ Grad gegen Norden ab, so verfertige man sich zuerst, zufolge der bekannten Polhöhe **ES** 12, eine horizontale Sonnenuhr nach obigen Regeln fig. 59. **CABD**, deren Mittelpunkt **S** und Mittagslinie **S** 12 ist; nach **A** ist Westen, **B** Osten, **S** Süden, und **XII** Norden; **E** 12 **S** ist der niedergelegte Zeiger dessen Winkel 12 **SE** der Polhöhe gleich ist. Bei dem Mittagspunkt 12 mache man den Winkel **L** 12 **A** der Abweichung der Mauer 10½° hier nordlich vom Westpunkt gleich, und ziehe **LK**, so geben die Stundenlinien der Horizontaluhr sowohl da, wo sie, aus **S** gezogen, die Linie **LK** durchschneiden, als verlängert antreffen, die Punkte der Stundenlinien dieser abweichenden Mittagsuhr auf **LK**. Man ziehe alsdann an der Mauer eine Linie **KL** horizontal, und trage aus einem angenommenen Punkt **XII** auf derselben die Weite der Stundenlinien auf **LK**, **XII. XI.**, **XII. X.**, **XII. IX.** rc., und auf der andern Seite **XII. I.**, **XII. II.**, **XII. III.** rc. In **XII** wird an der Mauer über der gezogenen horizontalen Linie ein Perpendicul **XII. N** in der Länge 12 **E** aufgerichtet, so ist **N** der Mittelpunkt der Uhr, aus welchem die Stundenlinien **NI**, **NII**, **NIII**, rc. gezogen werden. Man lasse ferner in der Zeichnung aus **S** auf **LK** das Perpendicul **Sd** fallen, trage 12 **d** an die Mauer,

---

*) Man entwerfe für die bekannte Polhöhe auf einen etwa 6 oder 8zölligen Würfel, auf der obern Seite eine horizontale, richtige Sonnenuhr und auf den 4 andern eben so die Mittags-, Mitternachts-, Abend- und Morgen-Uhren deutlich mit ihren gehörigen Zeigern nach der vorigen Anzeige, stelle selbigen im Sonnenschein auf, schiebe hierauf den Würfel so lange hin und her, bis zwei Zeiger eine gleiche Stunde angeben, so steht derselbe richtig nach der Mittagslinie.

so ist dN die Substylarlinie, über welche der Zeiger kommt; setze endlich Sd und dN rechtwinklicht zusammen, so giebt NS die Zeigerstange ab, welche unter dem Winkel SNd an der Mauer in N senkrecht über Nd befestigt wird.

632. Lambert lehrt die Entwerfung einer Sonnenuhr, die die Tageszeit, das Azimuth der Sonne, ihren Auf- und Untergang, ihre Höhe über dem Horizont ꝛc. zeigt. Man mache nemlich auf einer steinernen oder kupfernen horizontal liegenden Platte nach fig. 60., den Winkel AV♈ der Polhöhe des Ortes gleich, für welchen eine Azimuthaluhr verzeichnet werden soll; ziehe VA in beliebiger Länge, und A♈ auf V♈ senkrecht. Trage AV aus ♈ in G und E, und mache ♈H = ♈A so ist AH die kleinere Axe einer Ellipse EAGH; der eine Brennpunkt derselben liegt in V, und wenn man AV von A nach T trägt, in T der andere, und hiernach läßt sich die Ellipse nach bekannten Regeln entwerfen. Man beschreibe aus ♈ mit dem Halbmesser ♈G den Kreis GDEL, theile jeden Quadranten desselben in 6 gleiche Theile, und ziehe aus jedem Theilungspunkt gegen GE senkrechte Linien, bis an den Umkreis der Ellipse, wie DXII, rI, hII ꝛc.: so werden sich auf demselben die Stunden verzeichnen lassen. A liegt gegen Norden und hat die Mittags- H aber gegen Süden und hat die Mitternachtsstunde bei sich. G zeigt die 6ste Morgen- und E die 6ste Abendstunde an. An T mache man ferner einen jeden Winkel, wie ♈T♋, ♈T♊, ♈T♉ ꝛc. der Abweichung der Sonne, welche beim Eintritt derselben in diese Zeichen statt hat, gleich, so lassen sich auf ♑♋ die 12 Zeichen der Ecliptik bemerken. Der Zeiger dieser Uhr ist ein gerader Stift von beliebiger Länge, welcher senkrecht über den jedesmaligen Ort der Sonne auf ♑♋ aufgerichtet wird, und daher sich längs dieser Linie fortschieben lassen muß.

633. Ist nun die Sonne im 1° ♉ oder 1° ♍, und der Schatten des in diese Punkte gestellten Zeigerstifts fällt auf IX Uhr Vormittag oder III Uhr Nachmittag, so wird der Winkel A♉IX oder A♉III das Azimuth derselben seyn. Zieht man für diesen Tag aus dem Punkt

♉ die Normallinien ♉ m und ♉ n, welche senkrecht auf dem Umkreis der Ellipse stehen, oder selbige unter einem rechten Winkel durchschneiden, so zeigen diese die Stunde des Auf- und Untergangs der Sonne *). Ferner ist eine jede Linie von dem Ort der Sonne bis zu einer gewissen Stunde am Umkreise der Ellipse gezogen, allemal dem Cosinus der Sonnenhöhe gleich, wenn die zu derselben gehörige Normallinie den Radius vorstellt, und z. B. wenn die Sonne in ♉ tritt, wird ♉ III, ♉ IX dem Cosinus der Sonnenhöhe über dem Horizont um 9 Uhr Vormittag und 3 Uhr Nachmittag gleich seyn, wenn ♉ m oder ♉ n als der Radius angesetzt wird. Noch ist es merkwürdig, daß diese Uhr auch als eine gewöhnliche horizontale dienen kann, wenn man den vorigen Zeiger abnimmt, GE die Mittagslinie seyn läßt, auf ♈ G an ♈ den Zeiger unter den Winkel der Polhöhe aufrichtet, in G die Mittagsstunde setzt, und hiernach die übrigen Stunden rechter Hand von G als Nachmittags-, linker Hand aber als Morgenstunden abändert.

634. Der Mond gebraucht, nach seiner mittlern Bewegung, 24 St. $50\frac{1}{2}'$ Sonnenzeit zu seinem scheinbaren täglichen Umlauf: und daher verhalten sich die Mondstunden zu den Sonnenstunden wie $1440 : 1490\frac{1}{2}$, etwa wie $29:30$. Hiedurch, und wenn noch dazu die Zeit der Culmination des Mondes aus den Ephemeriden bekannt ist, läßt sich die Stunde der Nacht durch den Mondschein entweder 1) durch eine gewöhnliche horizontale Sonnenuhr oder 2) durch eine eigentliche dazu entworfene Monduhr finden.

635. Es sey z. B. bekannt, daß der Mond um 8 Uhr 24′ Abends durch den Meridian gehe. Fällt alsdann der Schatten, den der Zeiger einer richtigen horizontalen Son-

*) Diese Normallinien finden sich, wenn man bei einer nördlichen Abweichung der Sonne aus einem Punkt der Linie ♈ L, und bei einer südlichen aus einem der Linie ♈ D (beide erforderlichen Falls verlängert) einen Bogen durch V, den Ort der Sonne, und T zieht, bis derselbe den Umkreis der Ellipse durchschneidet.

nenuhr vom Mondschein wirft, gerade auf die Mittags-linie, so muß es 8 Uhr 24′ Abends seyn; fällt er aber auf eine andere Stundenlinie, so ist noch eine Reduction der Mond- und Sonnenstunden vorzunehmen. Gesetzt, er falle auf 3 Uhr 16′ Nachmittag, so sind solche eigentlich Mondstunden, welche, nach obigem Verhältniß, 3 St. 23′ Sonnenzeit betragen. Diese zu 8 Uhr 24′ addirt, giebt die Zeit der Nacht 11 Uhr 47′.

636. Man verfertige sich eine Scheibe von Holz oder Messing, in der Größe, daß sie am innern Kreis einer Aequinoctialuhr anschließt, und sich um ihren Mittelpunkt, auf den Zeiger jener Uhr gesteckt, umdrehen läßt. Ihr Umkreis wird in 24 St. 50½′ getheilt, oder es wird am Mittelpunkt für eine jede Stunde ein Winkel von 14° 29½′ gesetzt, so ist dies die eigentliche Monduhr, auf welcher 24 Stunden in eben der Ordnung, wie auf der Aequinoctialuhr, verzeichnet werden. Der sich noch findende überschüssige Raum bleibt der Mitternachtsstunde gegenüber. Steht nun der Mond, nach obigem Beispiel, um 8 Uhr 24′ Abends im Meridian, so wird diese Zeit der Monduhr an die Mittagsstunde der Sonnenuhr geschoben, und fällt in dieser Nacht der Schatten des Zeigers beim Mondschein auf III Uhr 16′ der Sonnenuhr, so zeigt er zugleich auf der Monduhr, daß es 11 Uhr 47′ nach der Sonne sey.

637. Eine Sternenuhr lehrt, vermittelst der in der Nachbarschaft des Nordpols stehenden Sterne, die Stunde der Nacht zu finden, Gemeiniglich werden dieselben auf den Polarstern und die beiden hellen Sterne (β und α) im Viereck des großen Bären, welche mit dem Polarstern auf einer Linie stehen, eingerichtet. Aus der geraden Aufsteigung der Sonne und dieser Sterne läßt sich leicht finden, wenn sie mit der Sonne zugleich in den Meridian kommen; dies geschieht den 2. Septbr. Die Sternenuhr besteht aus zwei Scheiben von Holz oder Messing 2c., davon die innere beweglich ist; imgleichen aus einem beweglichen messingenen Lineal, dessen Mittelpunkt durchbohrt ist. Der Kreis der äußersten Scheibe

wird in die 12 Monate des Jahrs und deren einzelne Tage abgetheilt. An dem Instrument befindet sich eine Handhebe, deren Mitte genau beim 2ten September befestigt wird. Die innere und kleinere Scheibe wird in 24 Stunden des Tages eingetheilt, und ist rund umher mit Zähnen versehen, um auch im Dunkeln daran die Stunden durchs Gefühl abzählen zu können. Der größte Zahn von allen gehört der 12ten oder Mitternachtsstunde. Die Regel läßt sich um den Mittelpunkt an einem Gewinde drehen, und ragt über den äußersten Circul hinaus.

638. Will nun der Seefahrer z. B. in der Nacht vom 10ten auf den 11ten April die Stunde der Nacht, vermittelst einer solchen Sternenuhr, beiläufig finden, so stellt er zuerst den größten Zahn der innern Scheibe auf den 10ten April an der äußern, faßt die Uhr beim Handgriff und hält dieselbe gegen Norden aufrecht, doch so, daß ihre bezeichnete Seite sich gegen Süden kehrt, und ihre Ebene beiläufig unter dem Winkel der Aequatorhöhe mit dem Horizont geneigt ist. Alsdann sieht er durch das in der Mitte des Gewindes der Regel befindliche Loch nach dem Polarstern; verschiebt hierauf die Regel so lange hin und her, bis die zwei bemerkten hellen Sterne im Viereck des großen Bären genau längs ihrer hervorragenden Seite erscheinen, und der Polarstern zugleich durch jenes Loch sich zeigt, so wird die an dieser Seite der Regel liegende Stunde die gesuchte seyn.

Vierzehnter Abschnitt.

Von der Chronologie.

639.

Die mathematische Chronologie gründet sich, der Hauptsache nach, ganz auf die Sternkunde, und heißt daher auch die astronomische Chronologie. Sie beschäftigt sich mit Abmessung und Eintheilung der Zeit, nach den am Himmel richtig beobachteten Umläufen der Sonne und des Mondes, vergleicht die Dauer des Umlaufs derselben mit einander, so wohl in Rücksicht der bürgerlichen oder politischen als kirchlichen Verfassungen gesitteter Völker, und setzt hiernach die wichtigsten Begebenheiten des Alterthums, als verschiedene Zeitepochen, Zeitperioden, fest.

640. Eine Stunde ist der 24ste Theil des aus der Verweilung der Sonne über und unter dem Horizont, folglich aus Tag und Nacht bestehenden Tages, sie wird in 60 Minuten und die Minute wieder in 60 Secunden abgetheilt. Zur Ausmessung der Stunden und ihrer Theile hat man sich, außer der Sonnenuhren, schon im frühesten Alterthum der Wässer- und Sanduhren bedient, welche nicht viel Genauigkeit geben konnten, bis endlich in den neuern Zeiten die Taschen- und Penduluhren erfunden wurden, welche uns auch bei Tage und Nacht Stunden, Minuten und Secunden zuzählen. Der natürliche Tag ist die Dauer der Zeit, welche die Sonne über dem Horizont eines Ortes verweilet; sie ist nach den verschiedenen Zeiten des Jahres sehr ungleich *). Der bürgerliche ist aus Tag und Nacht zusammengesetzt, innerhalb welchem die Sonne ihren scheinbaren Umlauf am Himmel vollführt.

641. Hyppärch setzt in seine Sonnen- und Mondtafeln die Epochen für die Mitternachtsstunden an, er fängt also den Tag mit dieser Stunde an. Ptolemäus zählt bei den astronomischen Berechnungen der Stunden von einem Mittag zum andern, fängt aber den bürgerlichen Tag vom Morgen an, wie wol damals in Aegypten üblich seyn mochte. Gegenwärtig fangen fast alle europäische Völker den Tag von Mitternacht an, und zählen bis zum folgenden Mittage die ersten 12, und dann wieder nochmals 12 Stunden bis zur nächsten Mitternacht **).

---

*) Die Dauer des kürzesten Tages ist z. B. zu Berlin 7 Stunden 24′, des längsten 16 St. 36′.

**) Die Juden und zum Theil noch die Italiener und Chinesen fangen den Tag mit Untergang der Sonne an.

Die erstern heißen dann *Morgen* und die andern *Abendstunden*. Die Astronomen fangen den Tag vom Mittage an *), und zählen bis zum folgenden Mittage 24 Stunden in einem fort; daher kommen die astronomischen Stunden mit den bürgerlichen in den Nachmittagsstunden der Zahl nach, überein; hingegen bei den Vormittagsstunden findet sich ein Unterschied von 12 Stunden, z. B. den 15. May Morgens um 4 Uhr bürgerlicher Rechnung ist nach astronomischer Zeit den 14. May 16 Stunden.

642. Die uralte, bei allen gesitteten Völkern gemeinschaftlich eingeführte Gewohnheit, nach *Wochen* von 7 Tagen zu rechnen, leitet man aus der mosaischen Schöpfungsgeschichte her, und wäre also ein Ueberrest von der Religion der Erzväter, die sich durch Traditionen fortgepflanzt. Man kann aber auch mit vielem Grunde der Wahrscheinlichkeit annehmen, daß schon alle alte Völker sich hiebei, so wie bei ihrer übrigen Zeitrechnung, nach dem Mond gerichtet, der in 29 Tagen seine Lichtgestalt viermal, und folglich etwa alle 7 Tage ändert, so wie noch in unsern Zeiten die Türken, Mohren und verschiedene amerikanische Völkerschaften, ihren ganzen Calender nach den abwechselnden Lichtgestalten des Mondes einrichten.

643. In neuern Zeiten wurden die 7 Planeten der Alten zur Benennung der Wochentage angenommen, die wir noch jetzt zur Abkürzung beibehalten. Diese 7 Planeten wurden, nach dem System der Alten, also geordnet: ♄♃♂☉♀☿☾. Bei den Wochentagen aber:

Sonnt.	Mont.	Dienst.	Mittw.	Donnerst.	Freyt.	Sonnab.
☉	☾	♂	☿	♃	♀	♄

Der Grund hiervon ist folgender: Nach den astrologischen Träumereien regiert ein jeder Planet des Tages eine Stunde, und von demjenigen, welcher die erste Stunde beherrscht, hat der ganze Tag seinen Namen. Fängt man nun vom Sonntage, als dem ersten Wochentage, an, und läßt die Sonne die erste, und nach ihr die übrigen Plane-

*) Von dem Augenblick, da die Sonne den höchsten Stand im Meridian erreicht hat.

ten in den folgenden Stunden nach der Ordnung ☉♀☿ ☾♄♃♂ regieren, so wird die Sonne wieder in der 8ten, 15ten und 22sten Stunde die Reihe treffen, der 23sten ♀, der 24sten ☿, der 25sten oder der ersten Stunde des Montags den ☽ u. s. w.

644. Es giebt Sonnen- und Mondenmonate. Jene bestehen im gemeinen Leben aus 30 oder 31 Tagen, und bei den Astronomen in der Zeitdauer, in welcher die Sonne ein jedes Zeichen oder 30 Grad ihrer Bahn zurücklegt, und sind gleichfalls von ungleicher Länge. Diese aus 29 oder 30 Tagen, in welchen der Mond seinen synodischen Umlauf am Himmel vollendet. Zwölf Monate machen ein Jahr. Das Sonnenjahr ist die Dauer der Zeit, innerhalb welcher die Sonne den Himmel umläuft; es enthält 365 Tage, 5 St. 49′. Das Mondenjahr ist 354 Tage, 8 St. 49′ lang, in welcher Zeit der Mond 12mal seinen synodischen Umlauf am Himmel vollendet.

645. Einige Chronologen haben behauptet, daß die Jahre der ersten Völker der Erde, Mondenmonate waren, und daß sich das hohe Alter der Patriarchen vor der Sündfluth daraus erklären lasse *). Die alten Aegyptier rechneten das Jahr zu 365 Tagen, daher die Sonne jährlich an einem gleichen Monatstage um 6 Stunden zurückblieb. Nach 1461 bürgerlichen Jahren trug dieser Unterschied schon ein ganzes Jahr aus, und die vier Jahreszeiten hatten sich indeß nach und nach in allen Monaten des Jahres eingestellt. Bei uns wird die Länge des Jahrs im bürgerlichen Leben bloß nach dem Sonnenlaufe bestimmt, und dreimal nach einander zu 365 Tagen; das viertemal hingegen zu 366 Tagen gerechnet, der sich alsdann zu einem ganzen Tage angehäuften 6 Stunden wegen. Es

*) Bei dieser Annahme, trifft freilich Methusala's in der Bibel angegebenes Alter 969 Jahr, als Mondenjahre, noch mit den jetzigen 80jährigen höchsten Alter der Menschen; allein ihre damalige Verheirathung im 65sten Jahr läßt sich damit nicht vereinigen. Auch werden gleich nach der Sündfluth nur 200 und wenigere Jahre, als Menschenalter erwähnt.

fängt seit Julius Cäsars Zeiten mit dem ersten Januar an *). Im bürgerlichen Leben nimmt das Jahr im Augenblick der 12ten Mitternachtsstunde zwischen dem 31sten December und 1sten Jan. seinen Anfang; bei den Astronomen aber erst am ersten Januar im Augenblick des wahren Mittags **). Die Namen der zwölf Monate und die Anzahl ihrer Tage sind: Januar oder Jenner, 31 Tage; Februar oder Hornung, 28 (im Schaltjahr 29); März, 31; April, 30; May 31; Junius oder Brachmonat, 30; Julius oder Heumonat, 31: August 31; September oder Herbstmonat, 30; October oder Weinmonat, 31; November oder Wintermonat, 30; December oder Christmonat, 31 Tage.

646. Die alten Römer fingen ihr Jahr mit dem März, und die Griechen im September an. Seit 1564 ist in Frankreich der 1ste Januar der erste Tag im Jahr, da es sonst, wie bei der römischen Kirche, der Ostersonntag war. An einigen Orten Italiens macht man noch das Frühlingsäquinoctium zum Anfange des Jahres; und in England fing sich das Jahr bis Anno 1752 am 25sten März an rc. Die Juden fangen ihr Kirchenjahr mit dem Neumond an, dessen Vollmond zunächst auf das Frühlingsäquinoctium; ihr bürgerliches Jahr aber von dem Neumond, dessen Vollmond auf das Herbstäquinoctium folgt. Die Türken beginnen ihr Mondenjahr nach Verfluß eines zwölfjährigen synodischen Mondumlaufs mit dem Mond Muharram. Ihr Neujahrstag, ihre Fest- und Fasttage wandern daher durch alle Monate des Sonnenjahres.

647. Die Jahre der Juden sind nach dem Lauf des Mondes und der Sonne zugleich eingerichtet. Ihre gemeinen Jahre sind Mondenjahre von 354 Tagen. Sie

*) Weil damals die Sonne sehr nahe bei diesem Tage im 0° ♑ trat, oder der Anfang des Winters einfiel.

**) Ein neues Jahrhundert, z. B. das jetzige Neunzehnte, begann, nach bürgerlicher Rechnung, am Schluß des Achtzehnten, den 31sten December 1800 des Nachts um 12 Uhr, und nach astronomischer den 1sten Jan. 1801 des Mittags um 12 Uhr.

müssen aber zuweilen, um das bürgerliche Jahr wieder mit dem Sonnenjahr zu vereinigen, einen ganzen Monat einschalten, und dann erhält ein solches Schaltjahr 13 Monate oder 384 Tage. Ueberdem, da nach den S[illegible]ngen der Alten niemals ein strenge zu feyernder Fa[illegible]g zunächst vor oder nach dem Sabbath oder Sonnabend eintreffen darf, so sind sie genöthigt, sowohl im gemeinen als Schaltjahren, bald einen Tag mehr, bald einen weniger zu zählen. Ihr Jahr muß nie am Sonntage, Mittwoch und Freitag anfangen, sonst beginnt es einen Tag später. Hieraus entstehen sowohl in den gemeinen als Schaltjahren ordentliche, abgekürzte und überzählige. Ihre 12 Monate, die sie allemal mit dem Neumonde anfangen, heißen: Tisri, 30; Marchesvan, 29; Cisleu, 30; Tebeth, 29; Sheat, 30; Adar, 29; (Veadar im Schaltjahr, 30); Nisan, 30; Jjar, 29; Sivan, 30; Tamuz, 29; Ab, 30; Elul, 29 Tage *). Das bürgerliche Jahr der Juden fängt mit dem Monat Tisri, und das Kirchenjahr mit dem Monat Nisan an.

648. Die Jahre der Türken oder Muhamedaner sind bloße Mondenjahre von 354 oder 355 Tagen, welche nach 30 Jahren in gleicher Ordnung wiederkehren. Ihre 12 Mondenmonate heißen: Muharram, 30; Saphar, 29; Rabia I, 30; Rabia II, 29; Jomada I, 30; Jomada II, 29; Rajab, 30; Shaaban, 29; Ramadan, 30; Shwall, 29; Dulkaadah, 30; Dulheggia, 29 (im Schaltjahr 30) Tage.

649. Bei den alten Römern hatte das Jahr nach Romulus Verordnung nur 304 Tage, oder 10 Monate. Der März war der erste, und der December der letze Monat **). Numa Pompilius setzte noch 713 vor der christlichen Zeitrechnung 50 oder 51 Tage zu, kürzte die Mo=

---

*) In überzähligen Gemein= und Schaltiahren hat Marchesvan einen Tag mehr, und in abgekürzten, Cisleu einen Tag weniger.

**) Welches noch die Namen, September, October, November und December andeuten.

nate von 30 Tagen ab, und führte noch den Januar zu 29 Tage, als den ersten, und den Februar von 28 Tagen als den letzten Monat des Jahrs ein, woraus ein Mondenjahr von 355 Tagen entstand. Im Jahr 450 vor Ch. G. ließ man den Februar gleich auf den Januar folgen. Dieses Mondenjahr wich aber vom Sonnenjahr 10¼ Tage ab, und daher trat die Sonne nach dreien Sonnenjahren einen ganzen Monat früher in ein und dasselbe Zeichen. Diese Abweichung, und daß das Mondenjahr um einen Tag zu groß gerechnet wurde, machte bei den Römern eine oftmalige Einschaltung verschiedener Tage nothwendig, wodurch die Calenderrechnung oft sehr verwickelt und unrichtig ausfiel. Etwa 50 Jahre vor Christi Geburt, wich der Calender schon um 79 Tage von dem Stand der Sonne mit welchem sie ehemals zutrafen, ab. Des Kaisers Julius Cäsars Absicht ging dahin, die bürgerlichen Jahre mit den astronomischen so zu vereinigen, daß der Eintritt der Sonne in ein neues Zeichen: beständig an einem gewissen Monatstage einfallen möchte.

650. Er zog dabei ins besondere einen aegyptischen Mathematiker Sosigones zu Rathe und dieser schlug als das sicherste Mittel vor, den Mond bei der Jahrrechnung gänzlich aus der Acht zu lassen, und sich bloß nach den Lauf der Sonne zu richten. Da aber diese in 365 Tagen 6 St. den Thierkreis durchläuft, so müßte man dem bürgerlichen Jahre so oft einen Tag mehr geben, als jene 6 Stunden zu einem ganzen Tag anwachsen. Da dies nun nach 4 Jahren geschieht so wurde festgesetzt: drei Jahre nach einander zu 365 Tagen, und das vierte zu 366 zu rechnen. Im Jahr 45 vor Christi Geburt ordnete Julius Cäsar diese verbesserte Zeitrechnung an, also war das 44ste Jahr vor Ch. G. das erste der regulirten Julianischen Zeitrechnung. Der April, Junius, September und November erhielt 30; die übrigen aber, bis auf einen, 31 Tage, denn der Februar bekam im gemeinen Jahr nur 28 Tage.

651. Die Tage der Monate theilten die alten Römer auf eine sonderbare Art, in Calendas, Nonas und

Idus ein. Der erste Tag in jedem Monat wurde Calendae genannt, die folgenden 6 Tage im März, May, Julius und October hießen Nonae; die übrigen Monate hatten nur vier Nonae; auf diese folgen in jedem Monat 8 Idus; die folgenden Tage hießen Calendae des nächsten Monats, und wurden, so wie die vorigen, rückwärts gezählt. Der alle 4 Jahr überschüssige Tag wurde nach dem 23sten Februar oder VII Calendas Martias eingeschaltet, worauf sonst in gemeinen Jahren VI Calendas Martias folgte, den man im Schaltjahre auf den 25sten Februar verlegte. Der Schalttag, als der 24ste Februar, behielt unterdessen von diesem Tage seine Benennung, und wurde deswegen bis Sexto Calendas genannt. Daher heißen die Schaltjahre Bissextiles, und der Februarmonat erhielt in denselben 29 Tage. In der christlichen Zeitrechnung fällt ein Schaltjahr ein, wenn sich die Jahreszahl ohne Bruch durch 4 theilen läßt.

652. Ob nun gleich der Julianische Calender vor den Jahrrechnungen der alten Römer und Aegyptier einen großen Vorzug hatte, so kam er dennoch nicht genau mit dem Himmel überein, weil dabei jedes Jahr durchaus zu 365 Tage 6 Stunden lang gerechnet wurde, da doch der genaue tropische Umlauf der Sonne nur 365 Tage 5 Stunden 48 Minuten 48 Secunden dauert *). Diese zu viel gerechneten 11 Minuten 12 Secunden in jedem Jahre häuften sich nach 128 Jahren zu einem ganzen Tage an, und veranlaßten, nebst andern vorgenommenen willkührlichen Veränderungen, in der Folge Unrichtigkeiten in der Zeitrechnung, hiedurch wurde im 16ten Jahrhundert eine abermalige Calender-Verbesserung veranlaßt.

653. Im Jahre 1582, unter der Regierung Gregorii XIII. ging der Fehler auf 10 Tagen **), so, daß

*) Hiernach hat ein bürgerliches gemeines Jahr von 365 Tagen, 8760 St. 525600 Min. 31536000 Sec., ein Schaltjahr von 366 Tagen 86400 Sec. mehr.

**) Dividirt man aber 1626 durch 128, so kommen fast 13 Tage, zum Beweise, daß man indeß von des Cäsars Vorschrift abgewichen.

das Frühlingsäquinoctium schon am 11ten März einfiel. Dieser Pabst veranstaltete daher eine Verbesserung der alten Julianischen Jahrrechnung, welches längst gewünscht wurde. Er machte sein Vorhaben 1577 allen christlichen Potentaten bekannt, um diese dem gemeinen Wesen wichtige Sache mit den Astronomen in Ueberlegung zu nehmen. Sie kam endlich in Rom zu Stande, und mit den Bedingungen, daß nach dem Schluß der alten nicäischen Ao. 325 gehaltenen Kirchenversammlung 1) das Frühlingsäquinoctium beständig auf den 21sten März fallen, und 2) Ostern am Sonntage nach dem Vollmond, der zunächst dem Frühlingsäquinoctio folgt, gefeyert werden sollte.

654. Er verordnete daher im Jahr 1581. 1) daß nach dem 4ten October des folgenden 1582sten Jahres sogleich der 15te gerechnet werden sollte, wodurch dies Jahr nur 355 Tage erhielt *). Damit auch 2) das Frühlingsäquinoctium sich nicht wieder vom 21sten März entfernen könne, so sollten die Schaltjahre, bei drei nach einander folgenden Säcularjahren (Schlußjahren der Jahrhunderte) wegfallen. Demnach das Jahr 1600 ein Schaltjahr; 1700, 1800 und 1900 gemeine Jahre und 2000 erst wieder ein Schaltjahr seyn ꝛc. Hiedurch wurde der bei der Julianischen Rechnung, die das Jahr durchaus auf 365 Tage 6 Stunden setzte, nach 400 Jahren sich anhäufende Fehler von drei überschüssigen Tagen, bis auf etwa 3 Stunden, abgeholfen, die nach 3200 Jahren erst wieder zu einem ganzen Tage sich anhäufen würden.

655. Dieser neue gregorianische Calender wurde hierauf in allen katholischen Staaten eingeführt, dahingegen blieb man in den protestantischen Ländern von Europa noch über ein ganzes Jahrhundert, beim alten Julianischen, und zählte 10 Tage weniger. Dieser Unterschied

*) Diesemnach sind im Jahr 1582 im Gregorianischen Kalender die Tage vom 4ten zum 14ten October nie gezählt worden. Der 4te October war ein Donnerstag, der 15te also, der ein Montag gewesen wäre, wurde zum Freitag.

ging 1700 auf 11 und 1800 auf 12 Tage, weil diese Jahre nach der julianischen Anordnung Schaltjahre, hingegen nach der gregorianischen gemeine Jahre waren. Hiernach wird man Ao. 1909 im gregorianischen Calender 13; Ao. 2000 aber, weil dies Jahr ein in beiden Calendern gemeinschaftliches Schaltjahr ist, gleichfalls 13 Tage früher als im julianischen, das Jahr anfangen.

656. Die Unordnungen und Mißhelligkeiten, welche in den protestantischen und katholischen Ländern jene verschiedene Art, die Tage zu zählen, beim Handel und im bürgerlichen Leben nicht selten veranlaßten, bewog endlich die protestantischen Stände in Deutschland, Holland, Dänemork, Schweiz rc. im letzten Jahre des siebzehnten Jahrhunderts, mit den Katholiken gemeinschaftlich den neuen gregorianischen Calender anzunehmen *). Es wurden demnach im Jahr 1700 aus ihrem bisherigen alten julianischen Calender 11 Tage herausgelassen, und vom 18ten Februar sogleich auf den 1sten März fortgezählt, so daß auch dieses Jahr nur 354 Tage lang war. Dieser protestantische Calender wurde der verbesserte genannt. Erst Ao. 1752 haben die Engländer und 1753 die Schweden diesen neuen verbesserten Calender angenommen. Jene zählten vom 20sten August sogleich den 1sten September und diese vom 17ten Februar sogleich den 1sten März. Bloß in Rußland ist anjetzt der alte julianische Calender noch im Gebrauch, wo im gegenwärtigen Jahrhundert 12 Tage weniger als im neuen gregorianischen gezählt werden.

657. Um eine Jahrzahl von der andern desto leichter unterscheiden zu können, hat man in der Chronologie besonders folgende drei Circul von ungleichen Abtheilungen eingeführt: 1) der Sonnencircul, mit welchem die Sonntagsbuchstaben in Verbindung stehen, ist eine Periode von 28 Jahren, nach deren Verfluß die Sonn- und alle Wochentage wieder an gleichen Monatstagen, und in eben der Ordnung einfallen. Er könnte daher richtiger der Sonntagscircul heißen. So wie wir anjetzt die Jahre dieses

*) Wozu besonders Leibniz und Weigel behülflich waren.

Circuls rechnen, fällt unter andern ein Anfang desselben 9 Jahre vor der christlichen Zeitrechnung. Um demnach die Zahl des Sonnencirculs im julianischen oder gregorianischen Calender zu finden, werden zu dem gegebenen Jahre 9 addirt, und die Summe durch 28 dividirt, so zeigt der Quotient an, wie oft seit jenem Anfange dieser Periode der Circul herumgekommen, und der Ueberrest giebt die gesuchte Zahl desselben, wenn nichts übrig bleibt, so ist 28 selbst der Sonnencircul, z. B. für 1825 + 9 = 1834 durch 28 dividirt, giebt 65, und 14 in Rest = der Sonnencircul.

658. Dieser Circul würde in 7 Jahren herumkommen, wenn keine Schaltjahre wären, so aber werden 4 . 7 = 28 Jahre dazu erfordert. Der Sonnencircul geht auch nur in dem julianischen Calender beständig in einem fort, da er hingegen im gregorianischen, theils wegen der Ao. 1582 aus demselben herausgelassenen 10 Tage, und dann auch wegen der aufgehobenen Schaltjahre für 1700, 1800 und 1900 unterbrochen wird.

659. Man bezeichnet durchs ganze Jahr die Wochentage mit den ersten sieben Buchstaben des Alphabets, A bis G, und den ersten Januar allemal mit A; der Buchstab, welcher alsdann auf den ersten, und folglich auf alle übrigen Sonntage des Jahres fällt, heißt der Sonntagsbuchstab. Gesetzt nun, das erste Jahr nach einem Schaltjahr, also ein gemeines Jahr, fängt mit einem Sonntag oder dem ersten Wochentag an, so ist A der Sonntagsbuchstab desselben Jahres, dies Jahr hat 52 Wochen und 1 Tag, und folglich wird der letzte Tag in diesem Jahr abermals ein Sonntag seyn und den Buchstab A führen, der darauf folgende Montag oder erste Tag des nächsten Jahres hat A, also kommt G auf den ersten und alle folgenden Sonntage, und giebt den Sonntagsbuchstab für das zweite Jahr an. Hiernach muß im dritten Jahr F und im vierten E der Sonntagsbuchstab werden *). Dies vierte Jahr ist nun ein Schaltjahr, worin

*) Folglich gehn die Sonntagsbuchstaben rückwärts von einem Jahr zum andern fort.

der Februar 29 Tage hat; daher wird **E** nur bis zum Schalttage, oder den 24sten Februar (diesen mit eingerechnet) dienen, da dieser Schalttag, der alten Form gemäß, mit dem vorhergehenden 23sten Februar einen gleichen Buchstab erhält, auf den zunächst folgenden Sonntag fällt also **D**, und ist der Sonntagsbuchstab für die übrigen 10 Monate des Schaltjahrs, daher kommen in einem Schaltjahre zwei Sonntagsbuchstaben vor.

660. Um in diesem 19ten Jahrhundert den Sonntagsbuchstab des gregorianischen Calenders zu finden, dividirt man die seit 1800 verflossene und um ihren vierten Theil vermehrte Anzahl Jahre durch 7 (der Ueberrest wird nicht gerechnet), und zieht den Ueberrest, nachdem es angeht, von 5 oder 12 ab, so ergiebt sich die Zahl des Sonntagsbuchstabens, wenn **A** = 1; **B** = 2; **C** = 3; **D** = 4 u. s. w. gesetzt wird.

Z. B. für 1825 — 1800 = 25

$$\begin{array}{r} \frac{1}{4} + 6 \\ \hline 31 \\ \hline 7 \end{array} \quad \text{Rest } \begin{array}{r} 3 \\ 5 \\ \hline 2 = \mathbf{B} \end{array}$$

der gesuchte Sonntagsbuchstab.

661. Folgende Tafel zeigt, wenn die Zahl des Sonnencirculs bekannt ist, die **Sonntagsbuchstaben**, sowohl im **julianischen** als **gregorianischen** Calender, für erstern auf beständig, für letztern aber nur von 1800 bis 1900.

⊙ circ.	Julian.	Gregorian.	⊙ Circ.	Julian.	Gregorian.	⊙ Circ.	Julian.	Gregorian.
1	GF	ED	10	B	G	19	E	C
2	E	C	11	A	F	20	D	B
3	D	B	12	G	E	21	CB	AG
4	C	A	13	FE	DC	22	A	F
5	BA	GF	14	D	B	23	G	E
6	G	E	15	C	A	24	F	D
7	F	D	16	B	G	25	ED	CB
8	E	C	17	AG	FE	26	C	A
9	DC	BA	18	F	D	27	B	G
						28	A	F

Nach Obigem ist im Jahr 1825 der Sonnencircul 14, also der Sonntagsbuchstab im gregor. Calender B.

662 Wenn der Sonntagsbuchstab bekannt ist, so zeigt folgende Tafel sehr bequem, auf welchen Wochentag der Neujahrstag, so wie ein jeder gegebener Monatstag einfällt.

Jul. April.	Sept. Decbr.	Jun.	Febr. März. Novbr.	August.	May.	Jan. Octob.
1	2	3	4	5	6	7
8	9	10	11	12	13	14
15	16	17	18	19	20	21
22	23	24	25	26	27	28
29	30	31				
G Sonntag. ☉	F Montag. ☾	E Dienstag. ♂	D Mittwoch. ☿	C Donnerstag. ♃	B Freytag. ♀	A Sonnabend. ♄

Z. B. im Jahr 1825 ist der Sonntagsbuchstab B, daher sind alle in der Tafel angesetzte Wochentage, Freytage, also auch der 7. Januar, folglich muß 6 Tage vorher, oder der 1ste Januar (Neujahrstag) ein Sonnabend seyn; der 10. Jun. ein Freytag, also ist der 14. ein Dienstag; der 18. März ein Freytag, also der 14. ein Montag u. s. f.

663. 2) Der Mondescircul ist ein Zeitraum von 19 julianischen Sonnenjahren, jedes zu $365\frac{1}{4}$ Tagen gerechnet, also von $19 . 365\frac{1}{4} = 6939$ Tagen 18 Stunden, in welchen, bis auf nur etwa $1\frac{1}{2}$ Stunden, 235 Neumonde einfallen, nach deren Verlauf die Neumonde an gleichen Tagen des Jahres wiederkehren. Das erste Jahr des Mondencirculs ist dasjenige, in welchem der Neumond am ersten Januar einfällt, welches wenigstens im gregorianischen Calender zutrifft. Dieser merkwürdige Cyclus wurde 430 Jahre vor Christi Geburt von Meton erfunden, und man hielt diese Entdeckung in Griechenland für so wichtig, daß die Zahl, welche das vorgegebene Jahr vom Anfang desselben zählt, die güldne genannt wurde.

664. Um sie zu finden, wird zu der vorgegebenen Jahrzahl 1 addirt, und die Summe durch 19 dividirt.

Der Quotient zeigt die Anzahl der Umläufe dieses Circuls, und dessen Ueberrest die Zahl des Mondencirculs an. Wenn nichts übrig bleibt, ist 19 selbst die güldne Zahl. Z. B. für $\frac{1825 + 1 = 1826}{19) \overline{96}}$ rest. 2 die güldne Zahl. Dieser Circul giebt aber jetzt nach 1470 Jahren die Neumonde des julianischen Calenders um 4 bis 5 Tage zu spät an.

665. Man bedient sich 3) seit dem Anfang des Jahres 313 des Circuls der Indiction oder Römer Zinszahl *). Wenn zu dem gegebenen Jahre 3 addirt, und die Summe durch 15 dividirt wird, so zeigt sich im Quotienten, wie oft dieser Circul seit der Zeit herumgekommen, und der Ueberrest giebt seine Zahl für das laufende Jahr. Bleibt nichts übrig, so ist solche 15. Z. B. 1825 + 3 = 1828 durch 19 dividirt, läßt Rest 13 der Römer Zinszahl.

666. Die julianische Periode ist das Product von den Zahlen des Sonnencirculs, der güldenen Zahl und der Römerzinszahl in einander, also: 28 . 19 . 15, welches 7980 Jahre giebt, nach welchem langen Zeitraum die Zahlen dieser drei Circul erst in gleicher Ordnung wiederkehren. Da nun unsere älteste Zeitrechnung noch nicht über 6000 Jahre zurück geht, so lassen sich alle bisherigen Jahre durch selbige von einander unterscheiden.

667. Scaliger hat diese julianische Periode als einen allgemeinen Maaßstab in der Chronologie eingeführt, worauf sich alle übrigen Epochen oder Jahrzahl-Anfänge leicht reduciren lassen. Die julianische Periode fängt 4713 Jahre vor der christlichen Zeitrechnung, und also lange vor aller Geschichtskunde des jetzigen Menschengeschlechts, an, als in welchem Jahr sowohl der Sonnencircul als Römer Zinszahl und güldene Zahl 1 war. Daher giebt die Summe

*) Die Indictionen waren unter Constantin des Großen und der folgenden Kaiser Regierung, gerichtliche Vorladungen zur Abtragung gewisser Steuern, welche, ohne daß man die Ursache davon noch weiß, in der Chronologie einen Cyclus von 15 Jahren veranlaßten.

einer gegebenen Jahrzahl und 4713 das Jahr der julianischen Periode.

668. Um in einem Jahre der christlichen Zeitrechnung aus dem Sonnencircul, der güldenen Zahl und der Römer Zinszahl, die Zahl der julianischen Periode zu finden, nehme man die Summe der Producte von 3780 durch die güldene Zahl, und 1064 durch der Römer Zinszahl; von dem Product 4845 durch den Sonnencircul (vermehrt, wenn es nöthig ist, um 7980). Den Unterschied dividire man durch 7980 (wenn es angeht), und der Ueberrest zeigt die gesuchte Zahl der julianischen Periode.

669. Verlangt man im Gegentheil für ein gegebenes Jahr der julianischen Periode den Sonnencircul, die güldne Zahl und der Römer Zinszahl, so wird das gegebene Jahr durch 28, 19 und 15 dividirt, folglich im ersten Fall der Sonnencircul, im zweiten die güldene Zahl, und im dritten der Römer Zinszahl übrig bleiben.

670. Die imaginäre Zeitepoche der Schöpfung wird von Petavius in das 730ste Jahr der julianischen Periode, 3984 Jahre vor Christi Geburt, gesetzt, so, daß das 1825ste Jahr das 5809te Jahr der Welt wäre. Allein Scaliger findet das 764ste Jahr der julianischen Periode, und hiemit kommt Calvisius überein. Die Griechen der neuern Zeit zählen schon über 7300 Jahre von Erschaffung der Welt. Dieser Jahrrechnung bedienten sich auch ehedem die Russen, welche nnn ihre Jahre gleichfalls von der Geburt Christi an rechnen.

671. Nach jüdischer Rechnung fällt der Welt Anfang in das 953ste Jahr der julianischen Periode, und das Jahr 1825 wäre das 5585ste Jahr der Welt. Es wird dabei ein Circul von 19 Mondenjahren gebraucht, wenn man das Jahr der Juden mit 19 dividirt, und es bleiben 3, 6, 8, 11, 14, 17 übrig, so ist es ein Schaltjahr.

672. Die Griechen zählten ihre Jahre von der Einführung der olympischen Spiele, die alle 4 Jahr gefeiert wurden. Ihr Anfang wird in das 3938ste Jahr der julianischen Periode, 776 Jahre vor Christi Geburt, gesetzt. Unser 1825stes Jahr ist das 2601ste der Olympiaden,

und das erste der 651sten Olympiade. Sie fangen allemal im Julius an.

673. Die alten Römer setzten die Erbauung der Stadt Rom als ihre Epoche fest. Diese wird durch Varron in das 3961ste Jahr der julianischen Periode und dessen 21sten April, folglich 753 Jahr vor C. G. gesetzt. Der Epoche des Nabonassars bedienten sich Hypparchus und Ptolemeus bei ihren astronomischen Berechnungen und Beobachtungen. Ihr Anfang fällt auf den 26sten Februar des 3967sten Jahres der julianischen Periode. Hiernach werden auch die ägyptischen Jahre gerechnet. 1461 nabonassarische Jahre geben 1460 julianische. Das Jahr hat beständig 365 Tage. Es trifft alle 4 Jahr, wegen des zurückgebliebenen Schalttages, um einen Tag früher ein.

674. Die Türken und Araber rechnen von der Flucht Mahomeds aus Mecca nach Medina, welche am 16 Juli Ao. 622 oder im 5335sten Jahre der julianischen Periode geschah (Sie heißt Hegira.) Ihre Jahre sind ordentliche Mondenjahre von 354 oder 355 Tagen, welche in einem Circul von 30 Jahren in gleicher Ordnung wiederkehren; 1461 solcher Circul geben 42524 julianische Jahre.

675. Die Perser rechneten ehedem ihre Jahre von der Regierung ihres letzten Königs Yezdegirde. Ihre Rechnung kömmt in allen Stücken mit der nabonassarischen überein, außer das sich das Jahr vom 16ten Juli anfängt, und die Monate andere Namen haben. In neuern Zeiten haben sie ihre Jahrform verändert, und die richtige Länge des Sonnenjahrs dabei zum Grunde gelegt.

676. Das erste Jahr der christlichen Zeitrechnung, oder von der Geburt Christi, ist, der gemeinen Rechnung nach, das 4713te der julianischen Periode; das 3983ste Jahr der Welt, und das 46ste nach Julius Cäsars Calenderverbesserung. Einige Geschichtsschreiber setzen diese Epoche oder das Geburtsjahr Christi 3 oder 4 Jahre weiter zurück. Diese Ungewißheit entsteht vornemlich daher, weil es erst 525 Jahre hernach dem Römischen Abt

Dionysius einfiel, dasselbe als einen Anfangstermin der Zeitrechnung in der abendländischen Christenheit einzuführen *).

677. Ein astronomisches Mondenjahr hat, in vollen Tagen gerechnet, 354; ein bürgerliches Sonnenjahr aber 365 Tage. Der Unterschied beläuft sich jährlich auf 11 Tage; nach zwei Jahren also auf 22; nach drei auf 33, oder, da die Summe über einen ganzen Monat = 30 Tage geht, auf 3; nach 4 Jahren auf 14; nach 5 auf 25; nach 6 auf 36 oder 6 u. s. f. Diese Unterschiede der Tage im Sonnen- und Mondenjahre heißen Epacten (Zugaben) des Mondes. Wenn solche wie hier nur in ganzen Tagen fortgehen, so werden sie kirchliche genannt, und dienen bloß, in dem seit 1582 eingeführten gregorianischen oder katholischen Calender, nach den Regeln der Kirche die Tage der kirchlichen Neumonde wornach die Feste gerechnet werden, zu bestimmen. Sie kommen daher nicht mit den astronomischen Epacten überein **).

678. Die kirchlichen Epacten sollen gleichfalls wie die astronomischen das Alter des Mondes oder die seit dem Neumond verflossenen Tage am ersten Tage des Jahrs anzeigen, treffen aber nicht allemal damit zu. Ist die Epacte für ein gewisses Jahr 0, so trifft der Neumond am 1sten Januar ein. Beim Anfang des folgenden Jahres wird die Epacte oder das Alter des Mondes 11 seyn, weil sich das Mondenjahr 11 Tage früher als das Sonnenjahr endigt. Addirt man nun für das folgende Jahr 11 hinzu, und subtrahirt, so oft es angeht, 30, so wird sichs finden, daß die Epacten mit der güldnen Zahl nach 19 Jahren wiederkehren, weil nach deren Verfluß die Neumonde wieder an gleichen Monatstagen fallen. Ist die

---

*) Die in diesem so wie im 667. 670. 671. 672. 673. 674. 675. §. vorkommenden Zeitepochen (Aeren) führe ich jedesmal in meinem astronomischen Jahrbuch auf.

**) Der Unterschied zwischen den zwei bürgerlichen Sonnenjahren und dem mittlern Mondjahre ist genau 10 T. 15 St. 11′ 25″.

güldne Zahl 1, so ist die julianische Epacte XI; ist jene 2, so ist diese XXII, u. s. f. Am Ende des Mondencirculs, oder wenn die güldne Zahl von 19 bis auf 1 geht, wird statt 11 ... 12 addirt. Im Julianischen Calender gehen die Epacten durch alle Jahrhunderte nach obiger Regel fort; im Gregorianischen aber wird diese Ordnung in gewissen Jahrhunderten *) unterbrochen, und daher ist der Unterschied zwischen den Epacten beider Calender veränderlich. Man erhält die gregorianischen Epacten für ein gegebnes Jahr, wenn man von der julianischen zwischen 1600 und 1700, 10; zwischen 1700 und 1900, 11 subtrahirt (wenn die Subtraction nicht angeht, werden vorher 30 addirt).

679. Folgende Tafel zeigt hiernach die der güldnen Zahl, im julianischen Calender für beständig; im gregorianischen aber von 1700 bis 1900 zukommende Epacte.

Güldne Zahl.	Julianische Epacten.	Gregorian. Epacten.	Güldne Zahl.	Julianische Epacten.	Gregorian. Epacten.
1	XI	XXX od. *	11	I	XX
2	XXII	XI	12	XII	I
3	III	XXII	13	XXIII	XII
4	XIV	III	14	IV	XXIII
5	XXV	XIV	15	XV	IV
6	VI	XXV	16	XXVI	XV
7	XVII	VI	17	VII	XXVI
8	XXVIII	XVII	18	XVIII	VII
9	IX	XXVIII	19	XXIX	XVIII
10	XX	IX	20	XI	XXX od. *

Die Julianische Epacte wird auch gefunden, wenn man die güldene Zahl mit 11 multiplicirt, und das Product wenn es angeht durch 30 dividirt, so zeigt sie sich im Rest. Die gregorianische Epacte ergiebt sich von 1700 bis 1900 wenn man zur Julianischen 19 addirt und von der Summe, wenn es angeht 30 subtrahirt.

680. Es sind in der Christenheit wie aus den obigen erhellet, dreierlei Calender bisher eingeführt: 1) der alte

*) Z. B. 1700, 1800, 1900 die keine Schaltjahre sind (S. oben).

alte julianische; 2) der neue gregorianische oder katholische; und 3) der verbesserte oder protestantische. Der alte Julianische geht vornemlich dadurch von den übrigen ab, daß er in dem jetzigen 19ten Jahrhundert 12 Tage, weniger zählt. Der verbesserte war darin hauptsächlich von dem gregorianischen unterschieden, daß das Osterfest in demselben auf eine andere Art bestimmt, und viele andere Namenstage der Heiligen verändert worden. Unsere Festrechnung gründet sich auf den oben angeführten Schluß der uralten nicäischen Kirchenversammlung, nemlich: Ostern an dem Sonntage zu feyern, der zunächst auf den ersten Vollmond nach dem Frühlingsäquinoctio folgt, und, wenn dieser Vollmond selbst auf einen Sonntag einfällt, das Osterfest bis auf den nächstfolgenden Sonntag zu verlegen. Das letztere sollte auch geschehen, wenn es sich fügte, daß der Ostersonntag auf den ersten jüdischen Ostersonntag einfällt.

681. Im gregorianischen Calender wird nun der Ostervollmond nach den kirchlichen Epacten berechnet; weil solche aber nicht genau mit dem Himmel übereinstimmen, so beschlossen die evangelischen Stände im Jahr 1700; daß der Ostervollmond in ihrem verbesserten Calender, so wenig nach der im julianischen Calender gebräuchlichen dionysischen Rechnung, als den gregorianischen Epacten, sondern nach astronomischen Rechnungen bestimmt werden sollte.

682. Bis Ao. 1723 zeigte sich zwischen den astronomischen Rechnungen der Protestanten und der cyclischen der Katholiken keine solche Abweichung, daß nicht die Osterfeyer in beiden Kirchen an einem und demselben Sonntag einfiel. Allein 1724, 1744, 1778 und 1798 zeigte sich dergleichen. Ueberdem fielen in den beiden letztern Jahren die jüdischen Ostern mit dem Ostersonntag des verbesserten Calenders zusammen, damit mußten die Ostern der Protestanten auf 8 Tage hinausgesetzt werden, und dies ist auch 1778 wirklich geschehen. Allein 1798 fand keine Verlegung statt.

683. Folgende Tafel zeigt, wenn die güldne Zahl, der Sonntagsbuchstab und die Epacte des gregorianischen Calenders bekannt sind, den Ostervollmond für das 18te und 19te Jahrhundert, so wol im Julianischen als Gregorianischen Calender.

Güldne Zahl.	Julianischer Oster-Vollmond.			Gregorian. Epacten.	Gregorianischer Oster-Vollmond.		
1	5	April	d	*	13	April	e
2	25	März	g	XI	2	April	a
3	13	April	e	XXII	22	März	d
4	2	April	a	III	10	April	b
5	22	März	d	XIV	30	März	e
6	10	April	b	XXV	18	April	c
7	30	März	e	VI	7	April	f
8	18	April	c	XVII	27	März	b
9	7	April	f	XXVIII	15	April	g
10	27	März	b	IX	4	April	c
11	15	April	g	XX	24	März	f
12	4	April	c	I	12	April	d
13	24	März	f	XII	1	April	g
14	12	April	d	XXIII	21	März	c
15	1	April	g	IV	9	April	a
16	21	März	c	XV	29	März	d
17	9	April	a	XXVI	17	April	b
18	29	März	d	VII	6	April	c
19	17	April	b	XVIII	26	März	a

Beispiel für 1825

Die güldne Zahl ist in beiden Calendern . . 2
Der Sonntagsbuchstab im Gregorianischen . . B
= = = = Julianischen . . D
Die Epacte im Gregorianischen XI

Die guldne Zahl 2 giebt den Julianischen Vollmond den 25. März.

Der Buchstab g deutet Mittwoch an, weil der Sonntagsbuchstab D ist. Daher ist der 29ste März der Oster-Sonntag des Julianischen Calenders.

Die Epacte XI giebt den Oster-Vollmond des Gregorian. Calenders den 2ten April, der Buchstab a zeigt Sonnabend an, weil B der Sonntagsbuchstab ist, daher ist der 3te April der Oster-Sonntag des Gregorian. Calenders *).

684. Es würde, zur Vermeidung aller Unordnung, am besten seyn, Ostern allemal an einem gewissen Sonntage des Jahrs, z. B. am ersten Sonntage nach dem Frühlingsäquinoctio, zu feyern. Unterdessen haben die protestantischen Stände im Jahr 1775 auf dem Reichstage zu Regensburg den Antrag des Kaisers eingewilligt: 1) Ostern im Jahr 1778, um den Juden auszuweichen, im verbesserten Calender auf acht Tage zu verlegen, und mit den Katholiken zugleich am 19ten April zu feyern; und dann 2) im Jahr 1776 wirklich beschlossen und auf immer festgesetzt, dem bisherigen gregorianischen Calender der Katholiken unter der Benennung eines allgemeinen Reichscalenders beizutreten, und also die in demselben nach der cyclischen Rechnung angesetzten Ostern und alle davon abhängende Feste jederzeit mit den Katholiken zugleich zu feyern, wodurch nun alle Streitigkeiten gehoben sind.

685. Der Hofrath Gauß in Göttingen hat noch folgende leichte Methode angegeben, den Ostersonntag im Julianischen so wol als im Gregorianischen Calender, ohne alle Cyclische Rechnung **), zu finden.

Im Julian. Calender sey allemal $m = 15$ und $n = 6$
Im Gregorian. — von 1800 bis 1899 $m = 23$ und $n = 4$
Man theile das vorgegebene Jahr durch 19 und nenne den Rest a; durch 4 den Rest b; durch 7 den Rest c.
Ferner die Anzahl $(19.\,a + m)$ durch 30 Rest d
— — — $(2\,b + 4\,c + 6\,d + n)$ durch 7 Rest e
So ist der Ostersonntag in beiden Calendern der $22 + d + e$ März

*) Die Ostergränzen sind zwischen den 22sten März und 25sten April eingeschlossen, so daß also Ostern niemals früher und niemals später einfallen kann.

**) Bei welcher, wie aus den vorigen erhellet, der Sonnencircul, die güldne Zahl, der Sonntagsbuchstab und die Epacten bekannt seyn müssen.

Z. B. für 1825

19)1825 rest. 1 = a 4)1825 rest. 1 = b 7)1825 rest. 5 = c

Für den Julianischen Calender

(19 . 1) + 15 = 34
30) rest. 4 = d.. (2.1)+(4.5)+(6.4)+6 = 52
7) rest. 3 = e

22 + 4 + 3 März = 29 März Ostersonntag

Für den Gregorianischen Calender

(19.1)+23 = 42
30) rest. 12 = d. (2.1)+(4.5)+6.12)+4 = 98
7) rest. 0 = e

22 + 12 + 0 März = 34 März oder 3 April der Ostersonntag.

686. Von Ostern hängen alle bewegliche Feste und Sonntage ab. Der Sonntag, 9 Wochen vor Ostern, heißt Septuagesima; die diesem vorgehen, werden vom Feste Epiphania oder der drei Könige an gezählt. Nach Septuagesima folgen bis Ostern die Sonntage: Sexagesima, Estomihi (Dienstag darauf Fastnacht, und den Mittwoch Aschermittwoch), Invocavit, Reminiscere, Oculi, Lätare, Judica, Palmarum, Donnerstag darauf grüner Donnerstag, und der Freytag der Charfreytag, der nächstfolgende Sonntag ist der Ostersonntag. Nach Ostern folgen alsdann die Sonntage: Quasimodogeniti, Misericordias Domini, Jubilate, Cantate, Rogate (Donnerstag darauf Himmelfahrt), Exaudi, Pfingstsonntag. Der Sonntag nach Pfingsten heißt Trinitatis, und von demselben werden alle folgende Sonntage bis zum ersten Adventsonntage fortgezählt. Dieser fällt allemal zwischen den 27sten November und 3ten December incl.; dann folgen bis Weihnachten noch drei Adventsonntage *). Die vier Quatember sind Fasttage bei

*) In den Preuß. Staaten ist der Mittwoch nach Jubilate, der allgemeine Bettag; der Sonntag nach Michaelis, das Erndtefest; und der letzte Sonntag Trinitatis, die Feyer zum Gedächtniß der Verstorbenen.

den Katholiken, und fallen ein: Mittwoch, 1) nach Invocavit, 2) nach Pfingsten, 3) nach Kreuzerhöhung oder nach dem 14ten September, 4) nach Luciä oder nach dem 13ten December.

687. Die unbeweglichen Feste sind: Neujahr am ersten Januar; Epiphania oder heilige drei Könige, am 6ten Januar; Mariä Reinigung oder Lichtmeß, am 2ten Februar; Mariä Verkündigung, am 25sten März; Johannistag, am 24sten Junius; Mariä Heimsuchung, am 2ten Julius; Michaelis, am 29sten September; Weihnachten, am 25sten December. Endlich Frohnleichnam, am Donnerstag nach dem Sonntag Trinitatis; viele Heiligen- und Aposteltage durchs ganze Jahr bei den Katholiken, die aber zum Theil abgeschafft worden.

688. Im Judencalender fällt der erste Shebat in unsern Januar. Den 14ten Adar, in gemeinen Jahren Purim oder das Hamansfest; in Schaltjahren aber den 14ten Veadar. Mit dem Monat Nisan fängt ihr Kirchenjahr an; den 15ten Nisan nimmt ihr Osterfest seinen Anfang, welches den 15ten, 16ten und 22sten streng gefeiert wird. Den 6ten und 7ten Sivan Pfingsten. Der 17te Tamuz und 9te Ab sind Fasttage, wegen Eroberung und Verbrennung des Tempels. Der erste Tisri Neujahrstag des bürgerlichen Jahres, welcher gemeiniglich in unserm September einfällt; den 3ten Fasten Gedalja; den 10ten großer Versöhnungstag oder lange Nacht; vom 15ten bis 22sten das Lauberhüttenfest, welches den 15ten, 16ten, 21sten und 22sten streng gefeiert wird; den 23sten Gesetzfreude. Den 25sten Cisleu Kirchweihe. Den 10ten Tebeth Fasttag.

* * *

Statt mancher vorhandenen Bücher über die Chronologie, erwähne ich nur zum Schluß das erst kürzlich hieselbst erschienene Werk von Meier Kornick, betitelt: System der Zeitrechnung, in chronologischen

Tabellen, 48 Bogen in groß Folio, Berlin, 1825. Es enthält eine vollständige Anleitung zur Kenntniß des julianischen, gregorianischen, jüdischen und muhamedanischen Calenders, besonders zur immerwährenden cyclischen Berechnung des Osterfestes, nach den Bestimmungen der Nicäischen Kirchenversammlung und mit Bezug auf die verschiedenen Kirchen-Calender. Diese mit vieler Sachkenntniß äußerst mühsam und vollständig ausgearbeitete Chronologie, verdient den Beifall aller Kenner und Liebhaber dieser Wissenschaft.

Bei Fragen zur Produktsicherheit wenden Sie sich bitte an:
If you have any questions regarding product safety,
please contact:

Walter de Gruyter GmbH
Genthiner Straße 13
10785 Berlin
productsafety@degruyterbrill.com